de

www.tredition.de

© 2021 Eric Markhoff

Verlag und Druck: tredition GmbH, Halenreie 40-44, 22359 Hamburg

ISBN
Paperback: 978-3-347-30441-3
Hardcover: 978-3-347-30442-0
e-Book: 978-3-347-30443-7

Evolution, Eugenik und Transhumanismus – Ein Sachbuch

Eric Markhoff

Evolution, Eugenik und Transhumanismus

Inhaltsverzeichnis

1.   Prolog

Zu Beginn des im Jahre 2006 gedrehten, nicht sonderlich erfolgreichen amerikanischen Films "Idiocracy" stellen Trevor und Carol, ein Paar hochintelligenter Akademiker zu Beginn des 21. Jahrhunderts fest, dass die Entscheidung, Kinder zu haben, eine derart wichtige Entscheidung sei, und dass man hierbei nichts überstürzen dürfe. Man müsse den richtigen Moment abpassen, der gerade nicht da sei.

Diese beiden Musterakademiker werden in den folgenden Szenen mit Clevon verglichen, dessen Frau Trish gerade feststellt, dass sie schon wieder schwanger ist, worauf Clevon fluchend die Bierdose auf den Tisch knallt. Er habe schon zu viele verdammte Kinder und habe gedacht, Trish nehme doch die Pille, aber wahrscheinlich habe er sie wohl mit Britney verwechselt. Trish wirft in wütender Eifersucht eine Pfanne nach ihm. In der Ecke wird Clevon's Stammbaum gezeigt, in dem er schon 4 Kinder mit Trish und eins mit Britney hat.

Szenewechsel zu Trevor und Carol, die, wenig älter als zuvor, wieder ruhig auf dem gepflegten Wohnzimmersofa sitzen und nur kopfschüttelnd feststellen, dass sie derzeit keine Kinder haben könnten, nicht bei der derzeitigen Marktlage. Clevon's Frau Trish hat unterdessen einen handfesten Streit mit der schwangeren Nachbarin, bei dem Bierflaschen fliegen, während um sie herum das laute Chaos der ungeordneten Unterschichtsgroßfamilie herscht.

In der nächsten Szene, wieder auf dem gepflegten Wohnzimmersofa, wieder etwas älter, stellt Carol, fest, dass man nun plane, Kinder zu haben, dies jedoch nicht gut funktioniere, was wohl an der mangelhaften Spermienqualität Trevors liege. Dieser versucht hilflos apolegetisch etwas zu erwidern, stellt dann aber nur fest, dass diese Bemerkung Carols nicht hilfreich sei. Die deutlich gealterte Carol hat schließlich noch einen traurigen Solo Auftritt, in dem sie verkündet, dass Trevor an einer Herzattacke gestorben sei, die er beim Masturbieren, um Spermien für eine künstliche Befruchtung zu gewinnen, erlitten habe. Aber immerhin habe sie ein paar Eier eingefroren, auf die sie zurückgreifen werde, sobald der richtige Mann daherkomme. Der Stammbaum der Nachfahren Clevons füllt inzwischen die ganze Kinoleinwand.

Diese 2-minütige Anfangssequenz des Films soll illustrieren, dass die menschliche Evolution nicht automatisch Intelligenz belohne. Ohne natürliche Bedrohung belohne die Evolution einfach diejenigen, die sich am meisten fortpflanzen, wodurch die Intelligenten zu einer bedrohten Art werden. Nach den monströsen Verbrechen, zu denen Sozialdarwinismus und Eugenik im 20. Jahrhundert geführt haben, ist es jedoch äußerst heikel darauf hinzuweisen, dass die Mechanismen der natürlichen Selektion auch auf den *Homo sapiens* wirken. Ein Ausschalten der natürlichen Selektion, bzw. eine Modifikation der Selektionskriterien, im Falle *Idiocracy* mit einer Begünstigung reduzierter kognitiver Leistungen, die mit einer deutlich höheren Reproduktivität einhergehen, bleibt möglicherweise über einige Generationen hinweg nicht folgenlos. Sollte der Mensch also doch versuchen in die eigene Evolution einzugreifen?

Selektionsprozesse in Wirtschaft und Handel

Den Mechanismen der natürlichen Selektion in der Evolutionsbiologie entspricht in der Wirtschaft theoretisch die konkurrenzbedingte Auslese. Einzelen Akteure in einem konkurrenzbasierten Wirtschaftssystem tragen ein hohes Risiko zu scheitern, wodurch jedoch diese Gefahr für den gesamten Wirtschaftszweig reduziert wird. Nassim Taleb hat für Systeme, die wenig fragil sind, das Wort „antifragil" geprägt. Für einen antifragilen Wirtschaftszweig sei die Gastronomie ein gutes Beispiel. Einzelne Restaurants sind fragil und können, wenn die Kundschaft ausbleibt, nach kurzer Zeit wieder eingehen. Gleichzeitig gibt es in Städten wie Hamburg ein gutes Angebot an Restaurants. Diese konkurrieren miteinander, wodurch dem Besucher eine breite Auswahl an Restaurants mit vielen verschiedenen Angeboten zur Verfügung steht. Obwohl also das einzelne Restaurant durchaus fragil ist, stellt sich die Gesamtheit der Restaurants, das „Restaurantsystem", als sehr antifragil dar (1).

Märkte und Marktmechanismen mit den dazugehörigen Selektionsprozessen sind also ein fester Bestandteil menschlicher Handelsinteraktionen. Allerdings sind vollkommen freie Märkte (entfesselte Märkte) auch frei von jeglicher ethisch-moralischen Wertung. Wenn zwei Akteure am Markt agieren und konkurieren, wird sich der Akteur durchsetzen, der mehr Profit macht. Ob das hierfür verkaufte Produkt für die Gesellschaft gut oder schlecht ist, spielt hierfür zunächst mal keine Rolle. Mathias Broeckers gibt hierfür ein anschauliches Beispiel, indem er 2 Geschäftsleute im Amerika Ende der 1940er Jahre vergleicht. Beide stehen in Erwartung einer Warenlieferung an den Docks von New Orleans. Sam handelt mit Zucker aus Lateinamerika, den er rafiniert und mit 30% Profit an einen Großhändler verkauft. Nach Abzug der Kosten für Anbau, Transport und Weiterverarbeitung macht Sam etwa 10% Gewinn. Dave arbeitet mit einem anderen Agrarprodukt, für das er auch Rohstoffe importiert, veredelt und an einen Großhändler weiterverkauft. Allerdings bekommt Dave 50-mal mehr für sein veredeltes Produkt, Kokain. Natürlich hat auch Dave Kosten für Anbau, Transport, Bestechungsgelder und Radargeräte zur Umgehung der Küstenwache. Nach Aufrechnung von Kosten und Gewinn verdient Dave mit jeder angelieferten Fracht etwa 100-mal mehr als Sam.

Um ein Gefühl für die Implikationen der Gewinnunterschiede zu bekommen, muß man sich eigentlich nur die folgenden Fragen mit gesundem Menschenverstand beantworten:

Wer ist besser im Geschäft? Sam oder Dave?

Wer ist bei den lokalen Banken beliebter? Sam oder Dave?

Wer spendet mehr für Politiker und Wohlfahrt? Sam oder Dave?

Wer kann sich die besseren Anwälte leisten? Sam oder Dave?

Wer könnte irgendwann die Firma des Anderen kaufen? Sam oder Dave?

Wer könnte bei der Übernahme mit Unterstützung von Bankern und Politikern rechnen? Sam oder Dave?

Wer bezahlt wohl eher die Gehälter der Experten- oder der Medienschaffenden? Sam oder Dave?

Welches Geschäft wird, wenn solche Entwicklungen über einen längeren Zeitraum von Jahrzehnten mit Wirkung von Zins und Zinseszins erfolgen, mehr gesellschaftlichen Einfluss gewinnen? Die Ökonomin Catherine Austin Fitts, die dieses Beispiel erdacht hat, ruft ausdrücklich dazu auf, zur Beantwortung dieser Fragen nicht auf Expertenmeinungen oder Medien zu hören, auch nicht auf sie (Fitts) solle man hören, sondern nur auf seine eigne Intuition (2).

Über die Motivation, die Staaten haben, Drogen zu verbieten, ließe sich ebenfalls eine Diskussion eröffnen, jedoch würde diese uns etwas zu weit vom eigentlichen Thema dieses Buches wegführen. Hier sei nur exemplarisch auf die Rolle, die Opium bei der kolonialen Unterwerfung Chinas durch die britische Krone bzw, die britische East India Company spielte hingewiesen. In Bengalen (Indien) wurde durch Sklavenarbeit großflächig Opium angebaut, welches von den Engländern nach China exportiert wurde um dort Chinesische Seide, Gewürze und Tee mit Opium zu bezahlen. Solange Opium nur ein Zahlungsmittel bzw. ein normales Tauschhandelsgut war, bewegten sich die Opiumpreise auf einem recht stabilen Niveau. Das Opium trieb viele Chinesen in die Drogenabhängigkeit und die Chinesen wollten sich vor dem kolonialen Opium schützen und deshalb erhoben sie Zölle. Schließlich verbot der Kaiser von China die Einfuhr von Opium und der chinesische Zoll vernichtete ankommende Opiumlieferungen. Daraufhin stiegen die Opiumimporte, die durch das kaiserliche Verbot besonders gewinnbringend waren an. Die Mohnpflanze selbst aber war nicht wertvoller geworden. Erst das Verbot hatte die Preise ansteigen lassen. Schließlich schickten die Briten Kanonenboote nach China um 1830 einen Krieg (Opiumkrieg) vom Zaun zu brechen. Nach mehreren Kriegsjahren gaben die Chinesen klein bei.

Nun könnte man hier einwenden, dass Drogenhandel per se nicht unmoralisch oder unethisch sein muss und dass auch Zucker inzwischen in viel zu hohen Mengen konsumiert wird und entsprechend gesundheitsbeeinträchtigend wirkt. Der Drogenhandel wurde nur durch die Tatsache, dass der Gesetzgeber Verbote gegen entsprechende bewustseinsverändernde Substanzen, aber nicht gegen (die Droge?) Zucker verhängt hat zu einem kriminellen Geschäft. Auch wären die Gewinmargen im Drogenhandel nicht so hoch, wenn er legal wäre. Aber stellen wir uns einfach vor, Dave wäre ein Waffenhändler, der durch seine Waffenlieferungen mörderische Kriege anfeuerte und dabei reich und mächtig wird.

Offenbar ist bei vollkommen entfesseltem Wettbewerb Skrupellosigkeit ein Wettbewerbsvorteil. Wenn sich also, wie in *Idiocracy* Menschen mit niedrigen Intelligenzmarkern deutlich stärker fortpflanzen als intelligente Menschen und sich im Wirtschaftsleben rücksichtsloses Verhalten durchsetzt, dann wird die Menschheit auf lange Sicht aus mehrheitlich sehr einfach strukturierten Menschen bestehen mit rücksichtlos-skrupellosen Wohlhabenden in den einflussreichen Oberschichten. Keine sonderlich erfreulichen Aussichten.

Die evolutionären Selektionsmechanismen des freien Marktes führen zu einer Effizienzsteigerung hinsichtlich der Kapitalakkumulation. Effiziente Prozesse implizieren einen optimalen „Return of Investment" also möglichst hohe Gewinne bei möglichst niedrigem Aufwand. Lieferketten werden aufeinander abgestimmt, so dass ein Bauteil erst dann geliefert wird, wenn es verbaut wird, wodurch der Bedarf an Lagerraum, Lagerzeit und Lagerkosten möglichst gering wird („Just in time Kapitalismus"). Alles was unnötige Kosten verursacht wird wegoptimiert. Dies trifft auch für die Personalplanung zu. Eine Wirtschaft, die für Unternehmen selektiert, die möglichst wenig Aufwand betreiben, um Gewinne zu er-

zielen hat allerdings immer weniger Reserven. Im Gesundheits-
wesen kommt dieser Mangel an Reserven bei Epidemien mit er-
höhtem Patientenaufkommen zum Vorschein. Durch Abbau von
Überkapazitäten und das Zusammenlegen von Krankenhaus-
standorten haben private Krankenhauskonzerne den Betrieb von
Krankenhäusern zu einem gewinnträchtigen Unterfangen gemacht. Im Normalbetrieb gewährleisten sie hiermit die Versorgung und streichen dabei Gewinne ein (im Gegensatz zu den öffentlichen Krankenhäusern, die nach Versorgungskriterien geplant, gebaut und betrieben wurden). Wenn sich durch eine Epidemie der Bedarf and Krankenhauskapazitäten plötzlich erhöht,
zeigt sich der Nachteil eines Effizienzoptimierten Gesundheitssys-
tems: Kaum Reserven, da diese im Normalbetrieb ineffizient sind
und nur Kosten verursachen. Allerdings sollte man denken, dass
die Kostzeneffizienz aus Sicht der Krankenhausbetreiber auch im
Epidemiegeschehen erhalten bleibt, ja gar noch etwas optimiert
wird, da nun endlich die betriebswirtschaftlich wünschenswerte
Maximalnutzung der Beatmungskapazitäten eintritt. Ironischer-
weise führte aber das Bereitstellen von Intensivkapazitäten in Erwartung der Pandemiewelle in vielen Ländern zur Reduzierung
der Normalversorgung auf das Nötigste und führte zu entsprechenden Verlusten durch Bettenleerstand, sowie Kollateralmorbi-
dität, z.B. aufgrund verschobener medizinischer Eingriffe. Durch
die im Rahmen der Covid-19 Pandemie weltweit verhängten Aus-
gangssperren und Freiheitsbeschränkungen haben mittelständi-
sche Unternehmen und Kleinbetriebe, die als Rückgrat einer gesunden, der Gesellschaft dienenden Ökonomie gelten, besonders

große Einbußen in Kauf nehmen müssen, während internationale Großkonzerne und Monopolisten weiter an Marktmacht gewonnen haben. Zudem gibt es immer weniger wirtschaftliche und gesellschaftliche Transaktionen, die jenseits digitaler Schnittstellen stattfinden. Bei bargeldlosen Zahlungsvorgängen besteht eine Schnittstelle zwischen der zwischenmenschlichen und der digitalen Sphäre. Durch Lieferdienste rückt auch bei der Warenübergabe, bzw. Annahme die digitale Sphäre zwischen die in Handelsinteraktion tretenden Menschen. Dennoch besteht bei solchen Prozessen noch eine klare Trennung zwischen Menschen und Maschine. Auch die Bedenken hinsichtlich der durch die Schnittstellen zur digitalen Sphäre entstehenden Datenspuren, beziehen sich (noch) auf die Instrumentalisierung durch Menschen, bzw. Netzwerke von Menschen. Solange der Macht- und Machtmißbrauchszweck durch Menschen über Menschen erfolgt werden die Maschinen Mittel zum Zweck bleiben. Ein Paradigmenwechsel besteht, wenn Maschinen aus eigenem Antrieb eigene Zwecke entwickeln und verfolgen.

2.   Grundlagen der Evolution der Arten

Als wichtigstes Grundlagenwerk der Evolutionsbiologie gilt Darwins „On the Origin of Species" (Über die Entstehung der Arten), welches 1859 veröffentlicht wurde. Evolution braucht Zeit. Entscheidend für Darwins Einsichten war eine Zeitausdehnung hinsichtlich der Vorstellungen über die Erdvergangenheit. Noch bis ins 19. Jahrhundert wurde das Alter der Erde auf religiösen Schriften beruhend nur auf Tausende von Jahren geschätzt. Der Naturforscher Edmund Halley schloss aus dem Salzgehalt von Flüssen und Meeren, dass die Erde deutlich älter sein müsse als 6.000 Jahre, begnügte sich aber im 18 Jahrhundert mit dieser Feststellung, ohne dass er selbst eine Zahl angab (3). Zu Darwins Zeiten war also das Alter der Erde noch unbekannt. Unabhängig von externen Lehrmeinungen hatte wohl aber Darwin selbst schon erkannt, dass die auf der Erde existierenden Arten wesentlich länger als 6.000 Jahre Zeit gehabt haben mußten, wenn seine Evolutionstheorie plausibel sein sollte. In „On the Origin of Species" schätzte Darwin das Alter der Erde auf 300 Millionen Jahre. Vor 300 Millionen Jahren war die Übergangszeit zwischen Perm und Karbon. Die reiche Wald- und Sumpfflora der Karbonzeit bildet die Grundlage heutiger Kohlelagerstätten. Im Tierreich entwickelten sich immer mehr Amphibien, die mehr und mehr vom Wasser unabhängig wurden. Heute wird das Alter unseres Planeten auf etwa 4,6 Milliarden Jahre geschätzt.

Darwinismus und Lamarckismus

Der französische Naturforscher Jean Baptiste de Lamarck (1744-1829) formulierte bereits die Idee der Höherentwicklung von Arten. Darwins Ideen lagen somit gewissermaßen in der Luft. Alfred Russel Wallace (1823-1913) hätte wohl die in „Origin of Species" von Darwin formulierten Konzepte ebenfalls entwickelt, wenn es Darwin nicht gegeben hätte. Zweifellos gibt es auch viele Übereinstimmungen mit Darwin in den Ansichten Lamarcks, weshalb, wenn vom Lamarckismus die Rede ist, im Wesentlichen die Unterschiede betont werden. So wird im Lamarckismus die Vererbung erworbener Eigenschaften betont. Solch eine Vererbung erworbener Eigenschaften wäre prinzipiell auch in kürzeren Zeitspannen denkbar als die durch natürliche Selektion erfolgende, sich über viele Generationen erstreckende Evolution.

Ein Musterbeispiel, um die Unterschiede zwischen Darwins und Lamarcks Theorie zu illustrieren, ist die Giraffe: Ihr langer Hals ermöglicht es ihr, das Laub in Baumhöhen zu fressen, an die keine anderen Pflanzenfresser der Prärie herankommen. Nach Lamarck hätten Giraffen vergangener Generationen sich immer wieder nach oben gestreckt und den Hals lang gemacht, wodurch dieser zu Lebzeiten allmählich länger wurde. Die durch das Verhalten im Leben ausgelöste Verlängerung würde demnach an die nächste Generation weitergegeben worden sein. Nach der darwinistischen Sicht entstand der lange Giraffenhals jedoch nicht durch Weitergabe eines antrainierten langen Halses an die nächste Generation. Vielmehr haben Giraffen mit langem Hals bessere Überlebens- und Reproduktionschancen und vererben somit häufiger ihre Eigenschaften an die nächste Generation als Giraffen mit kurzem Hals. Lamarck postulierte also, dass die Weitergabe erworbener, antrainierter Eigenschaften an die nächste Generation die Triebkraft der Evolution sei. Darwin hingegen postulierte, dass unterschiedliche Reproduktionswahrscheinlichkeiten von Individuen mit bestehenden Eigenschaften entscheidend seien.

Was heist eigentlich erfolgreich in der Evolution?

Die der Evolution zu Grunde liegende natürliche Selektion auf „Survival of the Fittest" zu reduzieren greift zu kurz. Im Sozialdarwinismus wurde hieraus schlimmstenfalls ein natürliches Recht des Stärkeren abgeleitet. Dieses wurde z.B. von den Nationalsozialisten ideologisch instrumentalisiert und führte zu grässlichen, rassistisch mit vermeintlicher Überlegenheit der eigenen Rasse gerechtfertigten Greueltaten. Natürliche Selektion bedeutet lediglich, dass es Eigenschaften gibt, die es wahrscheinlicher machen, dass das Genom eines Organismus vollständig (asexuelle Vermehrung) oder zu 50% (sexuelle Vermehrung) an die nächste Generation weitergegeben wird. Diese Eigenschaften müssen nicht unbedingt solche sein, die wir gemeinhin als vorteilhaft ansehen (z.B. Stärke, Intelligenz). Massgeblich für „evolutionären Erfolg" ist lediglich die Weitergabe des Genoms an die nächste Generation. Zuweilen hört man, dass sich in der Evolution die Eigenschaften durchsetzten, welche die Überlebenschancen erhöhten. Dies mag oftmals der Fall sein, insbesondere, wenn die Überlebenszeit mit der Zahl der Nachkommen assoziiert ist. (Ein Saisonbrüter der jedes Jahr Nachkommen hat ist evolutionär erfolgreicher, wenn er länger lebt). In einigen Fällen kann Verhalten das Überleben des Individuums verlängern, jedoch auf Kosten der Reproduktionsmöglichkeiten. Für Bienendrohnen ist die Paarung mit der Bienenkönigin tödlich, da das die Samen enthaltenden Geschlechtsorgan in der Bienenkönigin verbleibt und beim Paarungsakt der Hinterleib der Drohne tödlich verletzt wird. Drohnen, die sich nicht paaren, leben also länger (bis zum nächsten Herbst). Sie vermehren sich aber nicht.

Entscheidend für evolutionären Erfolg sind also Eigenschaften, die die Reproduktionswahrscheinlichkeit erhöhen. Demnach wäre „Generation-persitance of the reproductively successful" treffender gewesen als „Survival of the Fittest". Der Begriff „Survival of t he Fittest" wurde von dem englischen Sozialphilosophen Herbert Spencer (1820-1903) geprägt. Spencer war wohl einer der ersten, der Darwins Erkenntnisse gezielt auf menschliche Gesellschaften anwendete und somit den Sozialdarwinismus entscheidend mitbegründete.

3.   Ganz von Anfang an

Evolution durch natürliche Selektion braucht Zeit. Deshalb soll noch einmal der Zeitrahmen, in dem sich die Evolution abspielt, gesetzt werden. Die Frage, was vor dem Urknall war und was außerhalb des Universums ist, können wir getrost den Physikern überlassen. (Man kann an dieser Stelle einwenden, dass die Frage, was vor dem Urknall gewesen war sinnlos sei, da es vor dem Urknall noch keine Zeit gab).

Der Urknall fand vor etwa 13,8 Milliarden Jahren statt und seitdem dehnt sich das Universum aus. Unser Sonnensystem mit der Erde ist vor etwa 4,6 Milliarden Jahren entstanden. Die ersten Lebensformen entstanden vor etwa 3 Milliarden Jahren im Wasser. Die Hälfte der seitdem bis heute vergangenen Zeit blieb dieses Leben einzellig; erst vor etwa 1,5 Milliarden Jahren schluckte ein einzelliges Lebewesen ein anderes, welches jedoch nicht verdaut wurde, sondern in dem aufnehmenden Lebewesen endosymbiontisch weiterlebte und Teilfunktionen des kombinierten Organismus übernahm. Solche „Eukaryotenzellen" bilden auch die Bausteine vielzelliger Organismen, wobei die einzelne Zelle in komplexen vielzelligen Organismen nicht mehr autonom sondern immer stärker funktionell spezialisiert ist (Organzellen).

Seitdem hat sich zunehmend vielzelliges Leben weiterentwickelt. Die etwa 4 cm langen *Pikaia*, die vor 525 Millionen Jahren im Wasser lebten, waren die ersten uns bekannten Vertreter im Stamm der Chordatiere (zu denen wir auch gehören). Chordatiere haben einen am Rücken über dem Darm und unter dem Neuralrohr liegenden Stützstaab (die Chorda) gemeinsam. Der Schritt an Land wurde von den ersten Amphibien vor etwa 300 Millionen Jahren unternommen. Das Zeitalter der Dinosaurier begann vor etwa 235 Millionen Jahren, dauerte etwa 150 Millionen Jahre und endete vor 66 Millionen Jahren durch einen Meteoriteneinschlag, dessen 180 km durchmessender Krater in den 1990er Jahren vor der mexikanischen Halbinsel Yucatan entdeckt wurde (der daraus abgeleitete Durchmesser des eingeschlagenen Kometen wird auf mindestens 10 km geschätzt). Um ein Gefühl für evolutionäre Zeitmaßstäbe zu bekommen wird gerne ein fiktiver Tag oder ein fiktives Jahr bemüht, da diese für uns sinnlich erfassbare Zeiteinheiten darstellen. In Tabelle 1 werden ein paar Meilensteine der Evolution in Verhältnis zu einem fiktiven Jahr gesetzt.

Tabelle 1: Einordnung von Meilensteinen der Erdgeschichte in einem fiktiven Jahr unter Aufschlüsselung des letzten Tages in Stunden und Minuten

Evolutionärer Meilenstein	Wann vor unserer Zeit?	Datum unseres fiktiven Jahres		
Entstehung der Erde	4,5 Milliarden Jahre	Neujahr		
Erstes Leben	3,0 Milliarden Jahre	2. Mai		
Beginn Vielzelligen Lebens	1,5 Milliarden Jahre	31. August		
Chordatiere	525 Millionen Jahre	18. November		
Erste Dinosaurier	235 Millionen Jahre	12. Dezember		
Aussterben der Dinosaurier	66 Millionen Jahre	25. Dezember		

Anbruch des letzten Tages unseres fiktiven Jahres (31. Dezember)	Wann vor unserer Zeit?	Uhrzeit des letzten Tages
Letzter gemeinsamer Vorfahre Schimpanse – Mensch	6 Millionen Jahre	12:19 Uhr
Homo erectus	2 Millionen Jahre	20:06 Uhr
Homo sapiens	300.000 Jahre	23:25 Uhr
Neolithische Revolution	12.000 Jahre	23:58:36 Uhr
Öl- und Plastikzeitalter	250 Jahre	23:58:58 Uhr

Als Kind hat mich die französische Zeichentrickserie „Es war einmal der Mensch" unheimlich beeindruckt. In der deutschen Fassung wurde die Titelmusik und die Abspannmusik von dem 2014 verstorbenen Musiker und Komponisten Udo Jürgens gesungen. Dieses kleine Musikstück hat bei mir eine unheimlich starke, nicht nur inhaltliche, sondern auch emotionale Erinnerung hinterlassen. Das flüsternd gesungene „Was ist Zeit", dass auf „Tausend Jahre sind ein Tag" folgte, löst heute allein in der Erinnerung noch Gänsehaut aus. Deshalb möchte ich auch noch diesen Masstab betrachten: Wenn 1000 Jahre einem Tag entsprächen, wären die Dinosaurier vor 66.000 Tagen (66 Mio. Jahren) ausgestorben, der letzte gemeinsame Vorfahre von Schimpanse und Mensch hätte vor 6.000 (6 Millionen Jahren) Tagen gelebt und der *Homo sapiens* wäre gerade mal seit 300 Tagen (300.000 Jahren) auf der Erde unterwegs, die meiste Zeit davon als Jäger und Sammler bis sich vor 12 Tagen (12.000 Jahren) die ersten Menschen zum Feldbau niedergelassen hatten. Öl zur Energieerzeugung würde der Mensch erst seit 6 Stunden (250 Jahren) verbrennen und erst seit etwa 5 Stunden (um 1804) läge die Weltbevölkerung über 1 Milliarde Menschen, seit weniger als einer Fussballspiellänge (um 1960) über 3 Milliarden und seit 13 Minuten (2011) bei über 7 Milliarden *Homo sapiens.*

Vom Stein zum Sein - Der Beginn des Lebens

Prozesse der Selektion spielen natürlich auch in der Astrophysik eine Rolle, jedoch wollen wir uns hier auf die Evolution des Lebens beschränken. Richard Dawkins im Jahr 1976 erschienenes Buch „The Selfish Gene" kann wohl inzwischen auch als Grundlagenwerk der Evolutionstheorie gewertet werden (4).

Stabile, sich reproduzierende Molekülstrukturen

Vorraussetzung für die Entstehung des Lebens war die Entstehung stabiler Strukturen, die sich reproduzieren konnten, also mehr oder weniger identische (oder reziproke) Kopien von sich selbst herstellen konnten. Wenn Atome immer wieder aufeinandertreffen und hierbei stabile Wechselwirkungen eingehen, die in stabile Strukturen übergehen, nennen wir die entstehenden stabilen komplexen Gebilde Moleküle. Stabilität über die Zeit kann einerseits durch langfristiges Bestehen über die Zeit erreicht werden, oder durch Replikation bzw. Reproduktion, also das wiederholte Entstehen eines „Molekülmodells". Das lange Bestehen über die Zeit ist zumindest in unserer Welt eher in unbelebter Materie zu finden. Das Bestehen über die Zeit durch Entstehen und Vergehen bzw. durch Replikation ist ein grundlegendes Merkmal des Lebens. Ein lebendes Sein ist dauerhafter, wenn es nicht von der Dauer des einzelnen Seienden abhängt, sondern als Konzept besteht, welches sich durch Replikation über die Zeit fortsetzen kann. Auf molekularer Ebene spielen sich ständig chemische Reaktionen ab, durch die Moleküle entstehen und vergehen. Dennoch würde man hier wohl nicht von Leben sprechen.

Wasser ist ein Beispiel einer aus einem Sauerstoff und zwei Wasserstoffatomen bestehenden Molekülstruktur, die sich bewährt hat und immer wieder entsteht und vergeht. Nun ist Wasser (H_2O) mit seinen zwei Wasserstoff- und dem einzelnen Sauerstoffatom recht einfach gebaut und kommt wohl durch die zufällige Affinität zwischen Wasser- und Sauerstoff zustande, die dazu führte, dass diese Atome unendlich oft, ewig und immer wieder zusammenfinden und sich an Stellen verbinden, die einfach sehr gut zueinander passen. Einen in den Molekülen angelegten Bauplan braucht es dafür nicht. Längere komplexere Moleküle werden in der organischen Chemie abgehandelt. Ihnen liegt die Tendenz von Kohlenwasserstoffverbindungen, Ketten auszubilden, zu Grunde. Diese können Atome wie Sauerstoff, Stickstoff oder Phopshor mit an Bord nehmen und durch Faltungen und Verzweigungen komplexe räumliche Strukturen ausbilden. Auch für die meisten organischen Moleküle braucht es keinen eingebauten

Bauplan, da sie einfach durch „trial and error" immer wieder unzählige Konstellationen und Verbindungen ausbilden, von denen
halt manche sehr oft entstehen und andere seltener. Komplexe
Kohlenstoffverbindungen werden in unserer heutigen Welt durch
Lebensformen vom Bakterium bis zum Elefanten aufgenommen
und verstoffwechselt. Auf der Erde vor 4 Milliarden Jahren gab es
aber noch kein Leben, so dass entstehende Atom- und Molekül-
konglomerate ungestört in allen möglichen und unmöglichen
Kombinationen entstanden und vergangen. Vielfach gleiche Moleküle können also auch durch stochastisch angelegte affinitäts-
bedingte Kombinationshäufungen entstehen. Bei Kristallinem
Wachstum ordnen sich solche vielfach gleichen Moleküle anei-
nander. Kristalline Strukturen liegen z.B. Metallen, Zucker, Salz
und Schnee zu Grunde.

Mit zunehmender Komplexität kann man jedoch immer weniger
erwarten, dass sich ein entsprechend komplexes Gebilde durch
reinen Zufall immer wieder mit denselben Bausteinen in der immer
wieder selben Konstellation ausbildet, ohne dass die Struktur der
zukünftigen Kopie im bestehenden Molekül als eingebauter Bauplan angelegt ist. Auf molekularer Ebene muss es also durch Zufall zu Molekülen gekommen sein, die ihre eigene Struktur replizieren konnten und dabei einen in sich eingebauten „Bauplan" abarbeiten. Richard Dawkins bezeichnete in „The selfish gene" ein
zufällig entstandenes Molekül mit der eingebetteten Fähigkeit,
sich zu replizieren als „Replikator". Vor 3-4 Mrd Jahren waren die
Bausteine in der den Replikator umgebenden Brühe vorhanden

und zeichneten sich durch bestimmte Affinitäten zu anderen Bausteinen des Replikators aus. Einige Affinitäten waren stärker, so dass besonders oft Kopien von Replikatoren entstanden, deren in direkter Nachbarschaft zueinander bestehende Bausteine eine besonders hohe Affinität zueinander hatten.

Um tatsächlich von der Umsetzung eines im Replikator strukturell angelegten Bauplans sprechen zu können, muss es zu Ablesemechanismen kommen, die z.B. die Reihenfolge von Molekülen im Replikator in Information zum Zusammenbau des Duplikatmoleküls verwandeln. Prinzipiell kann die im Replikator angelegte Information genutzt werden, um ein identisches Molekül mit identischen Bausteinen zu bauen. Stellen wir uns aber die Form eines Einzelbausteins vor, dann wird klar, dass eine identische Kopie dieser Form in den meisten Fällen kaum Bindungsmöglichkeiten zum Ausgangsgegenstück hat: Zwei Kugeln lassen sich nicht stabil verschränken. Eine Kugel liegt hingegen stabil in einer Kuhle. Zwei Schlüssel bilden keine stabile Verbindung aus, jedoch steckt ein Schlüssel stabil in einem passenden Schloss. Entsprechend hat sich für das Leben das Prinzip der negativen Abbilder durchgesetzt, wobei ein Molekül als *Negativ* aus nicht identischen Bausteinen, deren Anordnung und Reihenfolge durch die *Positiv*-Ausgangsbausteine im Replikator angelegt ist, entsteht. Vom Positiv wird also ein *Negativ*abdruck gemacht, von dem wiederum ein *Positiv*abdruck gemacht wird von dem wiederum ein *Negativ*abdruck gemacht wird, ...usw.

Letzteres Positiv-Negativ-Replikationsprinzip hat sich im genetischen Code der Desoxyribo- und Ribo-Nukleinsäuren (DNS und RNS) durchgesetzt: Die Reihenfolge von 4 Nukleinsäuren, Adenin (A), Guanin (G), Cytosin (C) und Uracil (U) stellen die Buchstaben des RNS Alphabets dar. In der DNS steht anstelle des U das Thymin (T).

Die durch Wasserstoffbrücken vermittelte *Positiv-Negativ* Affinität im genetischen Code besteht in der **DNS** zwischen G - C und A - T (bzw. C - G und T - A).

Die durch Wasserstoffbrücken vermittelte *Positiv-Negativ* Affinität im genetischen Code besteht in der **RNS** zwischen G - C und A - **U** (bzw. C - G und **U** - A).

Mit der DNS und der RNS entstanden also die Informationsträger, auf denen die Informationen des Lebens als genetischer Code verschlüsselt gespeichert werden. Für die Entstehung von Proteinen z.B. wird von der DNS eine RNS Kopie, die sogenannte mRNS (m="messenger"; englisch für Bote) gebildet. Diese mRNS Abschrift wird dann zurechtgeschnitten (Splicen), so dass auf der proteincodierenden RNS nur noch die Informationen, die für die Produktion des entsprechenden Proteins notwendig sind, in der richtigen Reihenfolge codiert sind, wobei jeweils drei RNS-Basen für eine Aminosäure codieren. Die Proteinproduktion wird dann von Ribosomen vorgenommen, die an der mRNS Triplet für Triplet entlangwandern und dabei die Aminosäuren aneinanderreihen.

Wie kam es aber über die Jahrmillionen zu immer komplexeren Lebensformen? Nach den gängigen Definitionen von Leben, die man in Biologiebüchern findet, sind sich selbst replizierende Moleküle (DNS) noch nicht als Lebensform zu betrachten. Selbst Viren, die ja schon eine recht hohe Komplexität aufweisen können, wurden in meinem Biologieschulbuch in den späten 1980er Jahren als nicht lebend klassifiziert. Wenn man Stoffwechsel, Fortpflanzung und Evolution als Kriterium für „Lebewesen" anlegt, so kann man konstatieren, dass Viren evolutionären Prozessen unterliegen, aber keinen eigenen Stoffwechsel haben. Zur Fortpflanzung sind Viren auf Replikationsapparate des infizierten Wirtsorganismus angewiesen, z.B. zur RNS-, bzw. DNS- Replikation und zur Synthese von Virusstrukturen wie einfachen Enzymen oder Strukturproteinen. Wenn Viren aber Wirtsorganismen mit höherer Komplexität benötigen wäre die Entwicklung komplexer Viren auf die Entwicklung komplexer (lebender?) Wirtsorganismen angewiesen, um das nackte (zukünftige) Virusgenom in Strukturen zu verpacken, die aus dem nackten Erbgut erst ein Virus machen. Viren können durch Freisetzung endogener viraler Erbgutsequenzen im Verband mit „entführten" Strukturelementen aus komplexen Organismen entstehen (5). Gab es also Viren bevor es lebende Organismen gab oder sind Viren erst aus lebenden Organsimen entwichen? Dieses scheinbare Henne Ei Problem läßt sich überwinden, wenn man einfach von der binären Unterscheidung Leben vs. Nichtleben abkommt. Dem Virus ist es egal, ob seine Strukturen von etwas Lebenden oder Nicht-Lebenden repliziert wurden (natürlich kann einem Virus mangels Willen nichts egal aber auch nichts nicht egal sein, ein Virus kann nur sein).

Bakterien gelten als Lebewesen. Rein zahlen- (und massen-) mäßig sind Bakterien gar die dominanten Lebensformen auf der Erde. Allein im Darm eines Menschen leben gemäß Ed Yongs Buch „I contain multitudes" schätzungsweise 100 Billionen (10^{14}) Bakterien. Somit wären in meinen Darm etwa eine Millionen mal mehr mehr Bakterien als Sterne in unserer Galaxie (Milchstraße), deren Zahl auf 100 (10^8)-400 Millionen geschätzt wird (6).

Bakterien im Zusammenspiel mit Archaebakterien bildeten die Grundlage zur Entwicklung komplexen Lebens. Nach Aufnahme eines Bakteriums durch ein Archaeon (beides Prokaryoten, also Einzeller ohne Zellkern) entstand eine symbiotische Lebensform, aus der sich die Eukaryoten entwickelten (gemäß der Endobiontensynthesetheorie (7)). Eukarotenzellen haben einen Zellkern, der das Erbgut des Organismus enthält, sind kompartiert mit Organellen, welche verschiedene Stoffwechselaufgaben erfüllen und stellen somit wesentlich komplexere Zellen dar, die auch etwa 100-10.000-mal größer sind als Bakterien oder Archaen. Eukaryoten können einzellig sein (z.B. Amöben, Malariaparasiten), jedoch im Gegensatz zu den Bakterien auch vielzellige Lebensformen bilden. Pflanzen, Pilze und Tiere sind aus Eukaryotenzellen aufgebaut.

Erste Spuren von Leben auf der Erde

Die ersten (umstrittenen) Anzeichen für Leben auf der Erde gab es vor etwa 3,8 Mrd. Jahren. Anomalien in Kohlenstoffisotopen und Röhrchenbildung in Gesteinsproben aus Grönland wurden als Anzeichen für Oxidationsprozesse in einer hydrothermalen Umgebung interpretiert, die den Spuren ähneln, die Stoffwechselprozesse heutiger eisenoxidierender Bakterien im Gestein hinterlassen (8).

Etwas sicherer ist man sich bei der Bewertung von Schieferproben aus dem Gunflint-Massiv in Kanada. Die hier gefundenen Spuren einzelliger lebender Organsimen wurden als Spuren 1,9 Milliarden Jahre alter Cyanobakterien (Blaualgen) interpretiert. Cyanobakterien zeichnen sich im Gegensatz zu anderen Bakterien durch oxydierende Photosynthese aus. Ihnen wird deshalb eine wichtige Rolle beim Umbau der Erdatmosphäre von einer sauerstoffarmen zu einer sauerstoffreichen Atmosphäre, die vor etwa 3 Mrd. Jahren stattgefunden hat, zugeschrieben. (Demnach müssten die Cyanobakterien schon eine Milliarde Jahre länger auf der Erde gewesen sein, als es die Gunflint-Spuren bezeugen).

Die Sauerstoffanreicherung der Atmosphäre und in den Ozeanen machte den damals existierenden anaeroben Organismen den Garaus. Das entstehende Sauerstoffangebot öffnete der Evolution vollkommen neue Wege. Durch stufenweise Oxidation energiereicher Moleküle ermöglichte der entstandene Sauerstoff effizientere Möglichkeiten der Energiegewinnung für Leben und Lebensentstehung. Die folgenden Betrachtungen beschränken sich auf vielzellige Organismen, die ich zuweilen „komplexe Organismen" nenne. Die einzelligen Prokaryoten möchte ich dennoch als wichtigen Bestandteil der Evolution anerkennen, auch wenn sie im Folgenden nicht dieselbe Aufmerksamkeit bekommen werden wie die komplexeren vielzelligen Lebewesen.

Entstehung vielzelligen Lebens

Vielzelliges Leben entstand vor etwa 1,5 Mrd. Jahren: gemäß der Endosymbiontentheorie durch phagozytotische Aufnahme von Bakterien durch andere einzellige Organismen, wohl Archaebakterien, wobei die aufgenommenen Bakterien zu Organellen wie Mitochondrien wurden (bzw. zu Chloroplasten bei photosynthetisch aktiven Pflanzen und Algen) (9).

Wenn wir Evolutionsprozesse beschreiben haben wir oft nur die Tierwelt (Fauna) im Kopf, obwohl die Pflanzen aus physikochemischer Sicht bemerkenswerter sind. Denn sie entwickelten die Fähigkeit, die Sonnenenergie direkt umzusetzen. Einer der entstandenen biochemischen Prozesse, die von den Chloroplasten bewerkstelligte Photosynthese, ist heute für das gesamte Leben auf der Erde und auch für das Weltklima von zentraler Bedeutung. Pflanzen nutzen die Sonnenenergie zur Synthese komplexer Moleküle. Bei der oxygenen Photosynthese wird Kohlendioxid gebunden und Sauerstoff gebildet, der zum wichtigsten Reaktanten bei der Energiebereitstellung tierischen Lebens geworden ist und nach Umbau zu Ozon die Grundlage für die Ausbildung der Ozonschicht wurde. Tiere können keine Photosynthese betreiben, obgleich das von Tieren ausgeatmete CO_2 wie oben beschrieben von den Pflanzen zur oxygenen Photosynthese genutzt wird (10). Tierische Stoffwechselprodukte können also auch die Zusammensetzung der Atmosphäre beeinträchtigen, wobei Nutztiere, insbesondere Rinder, neben CO_2 in großen Mengen Methan produzieren, dem als potentes Treibhausgas eine Mitschuld am Klimawandel zugeschrieben wird.

Die kambrische Explosion des Lebens

Lange blieb das Leben einzellig und klein, bis in den Meeren des Kambriums eine regelrechte Explosion komplexen vielzelligen Lebens stattfand: In den 56 Millionen Jahren des Kambriums (vor etwa 541–485 Millionen Jahren) entstanden die Gründerorganismen der meisten noch heute erhaltenen Stämme vielzelliger Tier- und Pflanzenstämme (Phyla), wie zum Beispiel die Chordatiere, deren Unterstamm die Wirbeltiere bilden. Was zu dieser Explosion des Lebens geführt hat, lädt zu Spekulationen ein. Ein Anstieg des atmosphärischen Sauerstoffs in den Jahrmillionen vor dem Kambrium mag die Grundlage für die Entwicklung energieintensiverer Daseinsformen geschaffen haben. Die Mechanismen der natürlichen Selektion wurden raffinierter und es entstanden Jäger-Beute Interaktionen, was wiederum auf Seite der Jäger als auch der Beute zur Herausbildung effektiverer Sinnesorgane führte. Jäger, die ihre Beute besser detektieren konnten (z.b. durch optische Wahrnehmung -Augen) gewannen hierdurch einen Selektionsvorteil, ebenso wie Beutelebewesen, die Bedrohungen besser erkennen und abwehren konnten. So bildeten sich ökologische Nischen mit komplexen Interaktionen zwischen den Lebewesen aus. Aber auch innerhalb der Lebewesen kam es zusehends zu Spezialisierungen von Organen und Körperteilen sowie deren Zellen.

Die Trilobiten, die eine sehr erfolgreiche Klasse im Arthropodenstamm (Gliederfüßer) waren und etwa 250 Millionen Jahre lang in allen Meeren der Welt lebten, entstanden im Kambrium. Anhand der Trilobiten läßt sich die Spezialisierungstendenz mit Entwicklung spezialisierter Organe und Körperteile aufzeigen. Trilobiten hatten Beine zur Fortbewegung, Augen zur Lichtwahrnehmung und somit auch Nervensystemstrukturen zur Prozessierung der mit optischen Wellen einhergehenden Informationen aus der Meeresumwelt. Die Umwandlung von Energie war nicht mehr nur ein rein biochemischer Prozess, sondern wurde durch verschiedene, spezialisierte Organe bewerkstelligt. Für die Aufnahme von Nahrung(senergie) hatten Trilobiten Mundöffnungen von denen aus die Nahrung (z.B. Würmer und Seegurken) in ein Verdauungssystem gelangte, wo sie aufgespalten, brauchbare Nahrungsbestandteilen aufgenommen und der Rest ausgeschieden wurde. Zudem hatten Trilobiten ein Exoskelett, das dem Organismus Stabilität, aber auch Schutz bot. Trilobiten gehörten zum

Stamm der Arthropoden, wie heutige Insekten, Krebse, Tausend-füßer und Spinnentiere. Die Trilobiten dominierten die Kambri-schen Meere, aber auch die Meere der folgenden Erdzeitalter weltweit, bis Sie vor etwa 250 Millionen Jahren dem größten Mas-senaussterben komplexen Lebens zum Opfer fielen. Auf Abbil-dungen, die basierend auf reichhaltigen Fossilienfunden gezeich-net wurden, erinnern Trilobiten im Aussehen am Ehesten an heut-zutage lebende Asseln.

Exkurs: Die präkambrische Explosion des Lebens

Mitte des letzten Jahrhunderts wurden in den Ediacara Bergen Australiens Fossilien komplexer Lebewesen in Schichten, die äl-ter als 540 Millionen Jahre waren, gefunden. Die dazugehörigen Lebewesen mußten also vor der Kambrischen Explosion des Le-bens gelebt haben. Die Wichtigkeit der kambrischen Explosion wird hierdurch nicht in Frage gestellt, da die Stämme heutiger Le-bewesen ihren Ursprung in dieser wichtigen Periode hatten. Den-noch ist es bemerkenswert, dass es etwa 33 Millionen Jahre vor der kambrischen Explosion komplexen Lebens schon einmal eine Explosion des komplexen Lebens, nämlich die Avalonische Ex-plosion des Lebens, etwa vor 575 Millionen Jahren gab. Die Fos-silien der damals lebenden Organismen erscheinen selbst Taxo-nomen ungewohnt. Rangeomorpha-Fossilien haben morpholo-gisch Ähnlichkeit mit Farngewächsen, obgleich sie wohl mit keiner modernen Lebensform verwandt sind. Rangeomorpha lebten an den Meeresboden angeheftet und filterten sich wahrscheinlich Ihre Nahrung aus dem Wasser. Bemerkenswert war das fraktale

Wachstum der Rangeomorpha: Jeder Abzweig war eine form-identische Miniaturausgabe der Stammfigur. Während sich bei heutigen komplexen Lebewesen häufig bilaterale Achsensymmetrie findet, fanden sich bei Organismen der avalonischen Explosion des Lebens häufig trilaterale Symmetrieausprägungen.

Ob die avalonischen Lebewesen als Urstamm der während der kambrischen Explosion entstehenden Stämme oder eher als evolutionäre Sackgasse anzusehen sind, wird debatiert. Die meisten präkambrischen Arten sind ausgestorben. Es gibt aber durchaus Fossilien, deren Formen eine direkte Verbindung zu späteren Lebensformen möglich erscheinen lassen, so ähneln „Spriginna" Fossilien den später so erfolgreichen Trilobiten. Im Jahr 2004 beschloss die „International Union of Geological Sciences" eine neue Zeitperiode zu benennen: Das Ediacarium (vor 635 bis vor 541 Millionen Jahren) reichte direkt vor das Kambrium und gilt nun als die Periode, in der vielzelliges Leben entstand (darin enthalten auch schon komplexes Leben, das zuvor erst dem Kambrium zugestanden wurde).

Der Stamm der Chordatiere

Der *Homo sapiens* ist die einzige noch lebende Art der Gattung *Homo,* welche mit den Gattungen der Gorillas, der Schimpansen und Zwergschimpansen und der Orang Utans zur Familie der Menschenaffen gehört. Soweit sind unsere verwandschaftlichen Beziehungen ja noch einigermaßen übersichtlich. Die Familie der Menschenaffen gehört wiederum zu den Säugetieren, welche in der Klasse der Wirberltiere einzuordnen sind. Zu den Wirbeltieren gehören neben den Säugtieren die Fische, Amphibien, Vögel und Reptilien. Den Gegenpol zu den Wirbeltieren bilden die Wirbellosen. Ein Basisbauprinzip der Wirbeltiere, wodurch sie in den Stamm der Chordatiere eingeordnet werden, ist deren Rückgrat, die *„Chorda dorsalis"*. Und hiermit können wir uns bis ins Kambrium vor 500 Millionen Jahren ableiten. Damals entstand nämlich auch der Stamm der Chordatiere. Der Mensch ist ein Säugetier. Alle Säugetiere sind Chordatiere, aber nicht alle Chordatiere sind Säugetiere. Die Linie der Säugetiere ging aus der der sogenannten Synapsiden hervor, in Abgrenzung zur Linie der Sauropsiden, welche Vögel und Reptilien und damit auch die Dinosaurier hervorbrachten. Die Trennung der Synapsiden- von der Sauropsidenlinie ergab sich vor etwa 300 Millionen Jahren, wobei die Synapsiden, und darunter abgebildet die Säugetiere über Jahrmillionen eher eine unspektakuläre Randexistenz führten, bis die dominierenden, zur Sauropsidenlinie gehörenden Dinosaurier vor 66 Millionen Jahren durch einen Kometeneinschlag ausstarben.

Wasser und Landtiere

Die kambrische Explosion der Artenvielfalt tierischen Lebens (vor etwa 541–485 Millionen Jahren) fand gänzlich im Wasser statt. Damals gab es an Land also noch kein komplexes Leben, während die Meere immer belebter wurden. (Inwiefern es an

Land schon Pflanzen gab, also ob die Landflora sich schon Jahrmillionen vor der Landfauna bildete, ist umstritten (11, 12)).

Die „Erfindung" des Eis (Amnioten)

Vor 350 Millionen Jahren gab es immerhin Amphibien, also Lebewesen, welche die meiste Zeit im Wasser verbrachten, aber zu ausgedehnten Landgängen in Wassernähe in der Lage waren. Allerdings waren selbst Amphibien, die lange Zeit ausserhalb des Wasserhabitats existieren konnten, für die Fortpflanzung auf Wasser angewiesen. Der Schritt von den Amphibien zu den Landwirbeltieren wurde erst durch die Entstehung von wasserunabhängigen Eiern möglich. Diese hatten eine Eierschale, waren wasserdicht und konnten auf trockenem Land abgelegt werden. Die Innere Eihaut, welche den Fötus umgibt, wird Amnion genannt.

Diese evolutionäre Innovation – das Ei - wurde namensgebend für die neuentstande Gruppe im Tierreich: die der Amnioten. Die Amnioten waren somit in der Lage gänzlich an Land zu leben (ohne dabei die Nähe zum Wasser unbedingt aufzugeben). Die aquatische, zum Entstehen und Wachsen des Nachwuchses benötigte Umgebung wurde von den Amnioten in ein Ei verpackt. Die Schale, die zunächst wohl, wie bei einigen Reptilien heute noch, eher ledrig war und erst später durch Verkalkung auch als Hartschale vorkam, schützte die Frucht vor dem Austrocknen, vor Infektionen und vor Fressfeinden. Gleichzeitig erlaubte die poröse Eierschale und die darunterliegende Chorionhaut den nötigen

Stoffwechselaustausch mit der Außenwelt (z.B. das Eindringen von Sauerstoff und die Abgabe von Kohlendioxid). Das Amnion ist die Innenhaut, welche den Innenraum des Eis, die Amnionhöhle, umgibt, in dem der Embryo in der Amnionflüssigkeit schwimmt. Die Amnionhöhle ist also das in ein Ei gepackte aquatische Habitat, welches die Embryonalentwicklung unabhängig von Wasser möglich macht. Die Amnioten spalteten sich in zwei sehr erfolgreiche Wirbeltierlinien: Die Synapsiden und die Sauropsiden. Zu den Synapsiden gehören die Säugetiere und zu den Sauropsiden die Reptilien, Vögel und Dinosaurier. Lange Zeit führten die Synapsiden und damit die Säugetiere ein Schattendasein, während die Dinosaurier das große, komplexe Leben auf der Erde bestimmten. Erst das Aussterben der Dinosaurier durch einen Kometeneinschlag vor 66 Millionen Jahren öffnete den wenigen überlebenden Säugetierarten freigewordene ökologische Nischen an Land und im Meer.

Exkurs: Wie entwickelten sich die Erdkontinente zwischen der „Erfindung" des Eis (vor 350 Mio. Jahren) und dem Aussterben der Dinosaurier (vor 66 Mio. Jahren)

Im Perm, vor etwa 300 Millionen Jahren, war der Superkontinent Pangaea durch den Zusammenschluss des Südkontinents Gondwana mit dem Nordkontinent Laurussia entstanden. Die Formation des Superkontinents hatte zu einer Verringerung der in der Vergangenheit für das Leben wichtigen Küstenhabitate geführt. Stattdessen gab es nun einen endlos großen Ozean und an Land große Kontinentalgebiete, die durch Wüsten geprägt waren, auch weil Niederschläge das Inland selten erreichten und gleichzeitig die Tiefdruckgebiete an den Küsten heiße, trockene Luft aus dem Inland anzogen.

Die Perm-Trias-Grenze vor etwa 250 Millionen Jahren wird in der geologischen Zeiteinteilung auch als Übergang von Erdaltertum zu Erdmittelalter betrachtet. An der Perm-Trias-Grenze ereignete sich vor 252 Millionen Jahren das größte Massenaussterben der Erdgeschichte (13). Etwa drei Viertel der an Land lebenden Arten und etwa 95 % der marinen Arten gingen verloren, darunter die letzten vier Trilobitenarten, die vorherige Massenaussterben überstanden hatten, sowie viele Insektenarten, die von Massenaussterbeereignissen sonst weniger betroffen waren. Der überaus erfolgreiche Stamm der Trilobiten war somit unwiederbringlich ausgelöscht, nachdem sie etwa 300 Millionen Jahre lang das komplexere Leben auf der Erde maßgeblich geprägt hatten (14).

Nach diesem „tabula rasa"- Ereignis tauchten vor etwa 245 Millionen Jahren die ersten Vorläufer der Dinosaurier, die Archaeosaurier auf. Die Welt der Dinosaurier war zu Beginn durch den Großkontinent Pangea und später durch dessen Auseinanderdriften (ab etwa vor 230 Millionen Jahren) geprägt: Pangea war ein Konglomerat aller heute bekannten Landmassen, ein großer trockenheißer Superkontinent mit wenig Binnenwasser, aber umgeben von einem endlosen Urozean. Durch das Auseinanderdriften verbesserten sich die Lebensbedingungen, da sich wieder mehr Küstenhabitate ausbildeten und die kleineren Landmassen ein feuchttropisches Klima zuließen. Allerdings führte die Kontinentaldrift auch zu geologischen Großereignissen:

Das Perm-Trias-Massenaussterben vor rund 252 Millionen Jahren geschah in einem für geologische Dimensionen enorm kurzen Zeitraum von etwa 60.000 Jahren. Der Sibirische Trapp ist eine riesige vulkanische Flutbasalt-Ablagerung. Diese findet sich in Schichten, welche die Zeit des Massenaussterbens vor 252 Millionen Jahren repräsentieren, auf einer Fläche von heute etwa 2 Mio., ursprünglich etwa 7 Mio. km^2 in 3 km dicken Schichten. Um sich eine Vorstellung von der Gewaltigkeit dieser Schichten machen zu können: 7 Mio. km^2 entspricht der 20-fachen Fläche der Bundesrepublik Deutschland (Fläche 357.000 km^2). Diese gewaltigen Magmamassen sind in einer in geologischen Zeitdimensionen kurzen Zeit von wenigen hunderttausend Jahren entstanden (15). Das große Massenaussterben vor 252 Millionen Jahren wurde durch den Vulkanismus und zusätzlich durch in Brand gesetzte Kohlelagerstätten ausgelöst. Es wurden gewaltige Mengen CO_2 freigesetzt, die zu einer Erwärmung der Atmosphäre (Treibhauseffekt) und einer Übersäuerung der Ozeane führten. Die Meere erwärmten sich rasch (um bis zu 8 Grad Celsius in oberen Schichten), wodurch ihr Sauerstoffgehalt sank. Aus einem sauerstoffreichen pH-Wert-optimierten Lebensraum wurde eine lebensfeindliche, anoxisch übersäuerte, trübe Brühe.

Vor 201 Millionen Jahren gab es dann noch ein Massenaussterben komplexen Lebens (Trias-Jura Grenze). Mit Anbrechen der Jura-Periode (im Englischen „Jurassic" – man denke an die „Jurassic Park" Filme) begann vor 201 Millionen Jahren entgültig das Zeitalter der Dinosaurier, das sich 165 Millionen Jahre über die Perioden Jura und Kreide erstreckte und vor 66 Millionen Jahren durch das fünfte große Massenaussterben nach einem Kometeneinschlag vor der Halbinsel Yucatan (Mexiko) jäh beendet wurde (zum Vergleich: Den *Homo sapiens* gibt es seit gerade mal 300.000 Jahren). Durch das Auseinanderdriften der Kontinente, insbesondere die Westdrift Amerikas mit Öffnung des Atlantiks entwickelten sich verschiedene Dinosaurier auf verschiedenen Kontinenten. Sowohl die Antarktis als auch Australien hatten sich zusammen mit Afrika vor etwa 200 Millionen Jahren vom Großkontinent Pangaea gelöst. Afrika driftete nach Norden, kollidierte vor etwa 53 Millionen Jahren mit der europäischen Kontinentalplatte und warf dabei die Alpen auf. Australien, das sich vor etwa 45 Millionen Jahren aus dem Antarktischen Kontinent löste wurde zum Reich der Beuteltiere. Vor etwa 40 Millionen Jahren kollidierte Indien von Süden kommend mit der Eurasischen Landmasse, wodurch das höchste und größte Gebirge der Erde, der Himalaya, entstand.

Intersessanterweise entstand in den Jahrmillionen dieser Zeit (zwischen 200 – 66 Millionen Jahre vor unserer Zeit) der Großteil des Erdöls, das wir seit dem 19. Jahrhundert innerhalb von nicht mal 300 Jahren in unglaublichen Mengen verfeuert haben. Allerdings entstand das Erdöl (größtenteils) nicht aus verendeten Dinosauriern, sondern aus zu Schlamm verrotteten Algen. Durch Überlagerung und Absenkung gelangten kohlenstoffreiche Algenrückstände in tiefere Schichten, wo Druck und Temperatur einwirkten und für eine Umwandlung in flüssige (Erdöl) und gasförmige Aggregatzustände (Erdgas) sorgten. Das große Aussterben vor 66 Millionen Jahren löschte die Dinosaurier aus, jedoch überlebten einige kleinere Sauropsidenarten: die Vögel und Reptilien. Ebenfalls überlebt hatte Megazostrodon, ein kleines, spitzmausähnliches befelltes Tierchen aus der Gruppe der Synapsiden, welches zuvor den mächtigen Dinosaurieren zwischen den Füssen herumgelaufen war, bzw. sich vor den gefährlichen Großechsen verstecken musste.

Der Aufstieg der Säugetiere

Die Kleinsäugetiere, die das Massensterben vor 66 Millionen Jahren überlebt hatten, ernährten sich von Insekten (von denen auch viele Arten das Massensterben überlebt hatten). Nun, da viele zuvor besetzte ökologische Nischen frei waren, konnten sich die Säugetiere aus Ihren Löchern wagen und sich überall auf der Erde breitmachen, sogar in den von den Fischen dominierten Meeren. Aus den überlebenden Sauropsiden entwickelten sich die Vögel. Initial hatten die überlebenden kleinen insektenfressenden Säugetiere wenig Fressfeinde zu fürchten, bis sich aus Ihren eigenen Reihen die ersten Fleischfresser entwickelten. Einige nagetierähnliche Arten entwickelten sich zu Baumbewohnern, aus denen dann später auch die Vorläufer der Primaten hervorgingen. Deren Entwicklung wurde wohl auch durch eine Warmzeit vor 56 Millionen Jahren (also nur 10 Millionen Jahre nach dem Kometeneinschlag, der die Dinosaurier wegfegte) begünstigt. Während des „Paläozän-Eozän-Temperaturmaximums (PETM) waren die Polkappen eisfrei und die gesamte Erde war ein sehr warmer Ort mit feuchtwarmer tropischer Vegetation oder trockenen Wüsten. Die Mischung aus Tropenklima und hohem Kohlenstoffangebot ließ das pflanzliche Leben auf der Erde geradezu explodieren und machte die Landmassen der Erde zu einer „grünen Hölle". In den Ozeanen hatte die Erwärmung jedoch wesentlich lebensfeindlichere Effekte. Viele Zooplanktonarten waren für die hohen Wassertemperaturen einfach nicht gemacht; zudem wurde das Wasser durch den Kohlensäure-bildenden CO_2-Eintrag saurer. Hierdurch wurden zum Beispiel die Kalkgehäuse der sogenannten benthiformen Foraminiferen, kleiner aquatischer Lebewesen, die sehr formen- und artenreich sind, instabil.

Für die Landsäugetiere und Reptilien war das PETM jedoch eine gute Zeit. Die Primatenvorfahren zum Beispiel entwickelten sich prächtig. Nach dem Aussterben der Saurier hatten einige, der in Bäumen lebenden Spitzmaus-ähnlichen Megazostrodon Linien, die Augen nach vorn verlagert und Hände und Füsse zu Kletter und Greifwerkzeugen umgestaltet.

Exkurs: Paläozän-Eozän-Temperaturmaximums (PETM) (vor 56 Millionen Jahren)

„Nur" 10 Millionen Jahre nach dem Aussterben der Dinosaurier, während des Paläozän-Eozän-Temperaturmaximums (PETM) vor etwa 56 Millionen Jahren stieg die CO_2-Konzentration der Atmosphäre von etwa 800 ppm auf über 2000 ppm in einem sehr kurzen Zeitraum von etwa 10.000 Jahren und die Temperaturen stiegen um 5–8 Grad Celsius (die präindustrielle CO_2-Konzentration

vor 1750 lag bei etwa 280 ppm, die heutige bei über 415 ppm).
Wie kam es zu diesem unheimlich schnellen Anstieg an kohlenstoffhaltigen Treibhausgasen wie CO_2 und Methan? Hierzu gibt es
verschiedene Theorien, bei denen die Freisetzung von gebundenem Kohlenstoff eine Rolle spielt. Bei der üppigen Vegetation würden großflächige, weitverbreitete Waldbrände viel CO_2 freisetzen,
ebenso das Abfackeln von Kohleflözen und Torfmooren. Durch
den Temperaturanstieg könnte es zu einer Freisetzung von Methan in den im Permafrost und an den ozeanischen Kontinentalschelfen gelegenen Methanhydratfeldern gekommen sein, was
den Treibhauseffekt wiederum verstärkt haben würde. In geologischen Zeitdimensionen hielt das PETM nicht sonderlich lange an.
Schon nach 3 Millionen Jahren, vor etwa 53 Millionen Jahren, fielen die Temperaturen wieder und vor 34 Millionen Jahren waren
die Polkappen wieder vollkommen vereist. Wie es hierzu kam, ist
ebenfalls Gegenstand von Spekulationen. Chlorophylhaltige Wasserpflanzen (Azola), die vor 49 Millionen Jahren die Meere überwucherten, banden demnach CO_2 und nahmen es beim Absterben mit in die Tiefe. Der Entzug des Treibhausgases CO_2 aus der
Atmosphäre hätte demnach zu einer Abkühlung geführt.

Alt- und Neuweltaffen

Schon vor etwa 180 Millionen Jahren, also noch zur Hochzeit
der Dinosaurier, begann Pangaea wieder auseinander zu driften.
Für die Entwicklung der Säugetiere enstanden somit 2 voneinander abgeschirmte Kontinente, weshalb heute die amerikanischen
Affenarten als Neuweltaffen und die eurasisch-afrikanischen Ar-

ten als Altweltaffen bezeichnent werden. Die ältesten Affenfossilien, die in Amerika gefunden wurden, sind etwa 36 Millionen Jahre alt. Obwohl nicht restlos geklärt, geht man davon aus, dass die Neuweltaffen sich aus Altweltaffen entwickelten. Die waren irgendwie, z.B. über schwimmende, von Mangroven gelöste Inseln, über den Atlantik gelangt, der im Eozän (vor 56-33 Millionen Jahren) wesentlich schmaler war als heute. Zu den Altweltaffen gehören auch die Menschenaffen, zu denen der Mensch gehört. In den folgenden 30-40 Jahrmillionen drifteten die Kontinente der Alten und der Neuen Welt weiter auseinander und vergrößerten so den Atlantik. Irgendwann war die Entfernung zwischen Amerika und Eurasien so groß, dass sich bei den Affen zwei vollkommen getrennte Evolutionsnetzwerke bildeten.

Auf dem afrikanischen Kontinent entwickelten sich die Altweltaffen prächtig und vor 25-30 Millionen Jahren spalteten sich die Menschenartigen (Hominoidea) als eigene Linie von den Altweltaffen ab. Charakteristisches Merkmal der Hominoidea ist die Schwanzlosigkeit. Von der anderen Linie, den geschwänzten Altweltaffen, existiert heute nur noch die Familie der Meerkatzenverwandten. (Taxonomische Erinnerung: Arten werden in Gattungen gruppiert, Gattungen in Familien). An die enge Verwandschaft erinnert uns vielleicht die Tatsache, dass das HIV Virus irgendwann zu Beginn des 20. Jahrhunderts vom Schimpansen (HIV 1) bzw. den Meerkatzenverwandten Mangaben (HIV 2) auf den *Homo sapiens* übergegangen ist und sich seitdem sehr erfolgreich durch Mensch-zu-Mensch Übertragung ausgebreitet hat.

Zu den Menschenartigen gehören neben den Menschen die Gorillas, die Orang-Utans, die Schimpansen und -immer wieder gerne vergessen- die Gibbons. (Gibbons haben auch keinen Schwanz). Und warum werden die Gibbons gerne vergessen? Weil die Hominoidea eine Überfamilie darstellen, zu der neben der Familie der Gibbons die Familie der ausgestorbenen Proconsul und die Familie der Hominiden (Gorillas, Orang-Utans, Schimpansen und Menschen) gehören. Hominoiden, Hominiden.

4. Evolutionsgeschichte des Menschen

Der Mensch, *Homo sapiens* und der Schimpanse, *Pan troglodytes* haben gemeinsame Vorfahren, jedoch trennten sich die Abstammungslinien vor etwa 5-7 Millionen Jahren. Heute ist *Homo sapiens* die einzig überlebende Art der Gattung *Homo*. Von der Gattung *Pan* (Schimpansen) leben heute noch zwei Arten: *Pan troglodytes* (Schimpanse) und *Pan paniscus* (Bonobo oder Zwergschimpanse). Mit den Schimpansen gehört die Gattung *Homo* zur übergeordneten Familie der Menschenaffen (Hominiden), der auch noch die Gorillas und die Orang-Utans angehören (aber nicht die Gibbons – dann wäre es die Familie der Menschenartigen Affen, Hominoide).

Wie Wissen über die Evolutionsgeschichte des Menschen ensteht

Über meinem Schreibtisch habe ich einen Cartoon aufgehängt, der Seitensansichten von menschlichen Gestalten zeigt. Diese gehen in zunehmend aufrechter Haltung von links nach rechts, wobei der vorletzte, den *Homo sapiens* darstellende Mann brutal auf den Rücken eines Hoodie-Teenagers aufläuft, der im Weg stehend auf sein Mobiltelephon starrt. Der Cartoon ist eine gute Persiflage auf den allerorten zu beobachtenden Smartphoneautismus. Ein weiterer Cartoon zeigt von links nach rechts Seitensansichten menschlicher Gestalten, die bis zur Mitte zunehmend aufrechter gehen und dann mit zunehmendem Werkzeuggebrauch (Speer, Presslufthammer) eine immer gebeugterer Haltug annehmen. Ganz rechts sitzt ein moderner Mensch, bucklig zusammengekrümmt vor dem Computer. Garniert ist dieser Cartoon mit dem Hinweis, dass hier wohl irgendwo irgendwas schiefgelaufen sei (Somewhere, something went terribly wrong).

Derartige Cartoons sind bei Wissenschaftsinteressierten beliebt und auch meinen Geschmack sprechen sie an. Eine gute Darstellung dessen, was menschliche Evolution oder Evolution an sich ausmacht, sind sie allerdings nicht. Die Evolution des Menschen ist kein geradliniger Prozess, bei dem jeweils ein Vorgängermodell durch ein etwas aufrechter gehendes, verbessertes Nachfolgemodell ersetzt wird. Stattdessen sind die Entwicklungslinien wohl wesentlich komplexer und wir müssen davon ausgehen, dass wir nur von wenigen unserer Vorfahren und von wenigen der Nachfahren des *Australopithecus africanus*, der vor 3,2 Millionen Jahren in den Hochebene Ostafrikas lebte, wissen. Neben den Entwicklungslinien, die zu uns führten gibt, es sicherlich noch viele andere Menschen(affen)ähnliche Wesen, die ebenfalls von *Australopithecus africanus* abstammen, jedoch inzwischen ausgestorben sind. Auch können wir nicht sicher sein, dass der *Homo sapiens* tatsächlich ein Nachfahre des *Australopithecus* ist, obwohl dies derzeit die gängige Lehrmeinung ist.

Damit wir von einer Art wissen, sind immer mehrere unwahrscheinliche, glückliche Zufälle erforderlich. Irgendwo auf der Welt muss ein Individuum der entsprechenden Art in einer, die Versteinerung begünstigenden Umgebung, verstorben sein. Es muss tatsächlich zur Versteinerung (Fossilierung) kommen, und das Fossil muss Jahrhunderttausende von Jahren erhalten bleiben. Durch eine Kombination unwahrscheinlicher Umstände muss dieses Fossil von einem zeitgenössischen Vertreter der Gattung *Homo sapiens* gefunden werden. Durch eine weitere Kombination unwahrscheinlicher Umstände muss es als bedeutsam und somit anzeigenswert erachtet werden, um schließlich Eingang in unser Fossilienverzeichnis zu finden (16).

Die Entstehung eines hunderttausende von Jahren überdauernden Fossils aus einem verstorbenen Körper ist immer ein absolut seltener Ausnahmefall. Normalerweise verwesen zunächst die Weichteile und es bleiben die Knochen übrig, deren Zerfall sich über Jahrzehnte oder Jahrhunderte hinzieht. Fossilien, die aus den eigentlichen Körperbestandteilen (meist Knochen) bestehen, werden Körperfossilien genannt. Bei Ausgrabungen, die die jüngere Geschichte betreffen, spielen zuweilen die erhaltenen Knochengewebe selbst eine Rolle. Allerdings wird man es in der Paläoanthropologie, insbesondere bei mehrere Hunderttausend oder Millionen Jahre alten Fossilien, in der Regel mit Versteinerungen zu tun haben, bei denen das eigentliche Gewebe durch Mineralien ersetzt worden ist. Die Frage, inwiefern ein Fossil noch

Reste des Ursprungsgewebes enthält, wird immer wichtiger werden, da mit modernen molekulargenetischen Methoden bei jüngeren Fossilien neben der Form des Fundes auch die Aufschlüsselung der DNS Aufschlüsse geben kann (17). Die Erhaltung besonders alter Fossilien ist meist nur durch die rasche luftdichte Einbettung in Erdschichten, z.B. durch Einsinken in Lehm oder Vulkanasche, möglich geworden. Durch zunehmende Auflagerung von Erdschichten verdichtet sich die Sedimentschicht unter Einwirkung von Druck und Temperatur zu Stein und die körperlichen Überreste (i.d.R Knochen) mineralisieren. Sogenannte „Aufschlüsse" sind Stellen, an denen geologische Schichten längst vergangener Tage durch Erosion, Erdkrustenbewegungen und Verwerfungen zu Tage treten, in denen dann auch Fossilien aus der entsprechenden Epoche eingebettet sind.

Besonders häufig werden Fossilien unserer menschlichen Vorfahren in Ostafrika gefunden und auffällig oft stammen die Fossilien von denselben Fundstätten anderer wichtiger Fossilienfunde. Durch das Auseinanderbrechen des afrikanischen Kontinents (das Horn von Afrika und Teile Ostafrikas entlang der langezogenen Seen Tanganykasee und Malawisee driften weg) haben sich in Ostafrika tausende Kilometer lange Abbruchkanten, die den Großen Afrikanischen Grabenbruch (Great Rift Valley) ausmachen, gebildet. Nirgendwo sonst auf der Welt sind Erdschichten vergangener Epochen so gut auf solch langen Strecken zugänglich, wie an den Abbruchkanten des Afrikanischen Grabenbruchs. Vielleicht ist unsere Vorstellung der afrikanischen menschlichen

Herkunft schlicht ein „Detektionsartefarkt" und wir finden hier nur deshalb so viele Fossilien, weil sie in Afrika durch die geologischen Rahmenbedingungen besonders gut zugänglich sind, jedoch in anderen Teilen der Welt nicht.

Die hohe genetische Vielfalt der auf dem Afrikanischen Kontinent lebenden Menschen spricht aber auch dafür, dass unsere menschlichen Vorfahren auf dem afrikanischen Kontinent tatsächlich früher vertreten waren als an anderen Orten der Welt. Vielleicht waren in der Frühzeit der Menschwerdung die Populationen hier größer und dichter, so dass hier mehr menschliche Fossilien entstanden und gefunden werden können. Diese Annahmen sind die Grundlage der „Out-of Africa Hypothese(n)", die die Wiege der Menschheit auf dem Afrikanischen Kontinent verorten. Ich spreche hier absichtlich im Plural von „Out-of Africa Hypothese(n)". Ursprünglich war mit „Out of Africa" die Ausbreitung unserer eigenen Spezies, des *Homo sapiens* gemeint. Dieser hatte sich demnach vor 200-300.000 Jahren auf dem afrikanischen Kontinent, wahrscheinlich am Horn von Afrika entwickelt und ist dann in die Welt gezogen. Da diese Wanderungsbewegungen nicht länger als 200-300.000 Jahre zurückliegen können (da es vorher noch keine *Homo sapiens* gab), wird zuweilen auch von der „Recent African Origin" Hypothese, oder „Out of Africa II" gesprochen.

Die Funde menschlicher Fossilien ausserhalb Afrikas, die weit älter sind als *Homo sapiens,* führen uns zur „Out of Africa I Hypothese". Diese beschreibt eine ältere Migrationsbewegung des *Homo erectus,* von dem 1991 etwa 1,8 Millionen Jahren alte Überreste bei Dnamissi in Süd Georgien gefunden wurden, also weit außerhalb Afrikas. Die Entfernung von Kairo nach Tiflis beträgt etwa 2700 km. Die Entfernung von den ostafrikanischen Fundstätten menschlicher *Homo erectus* Fossilien nach Kairo ist etwa noch einmal so weit. Der südgeorgische Fund liegt also zwischen 3.000 und 6.000 km „Out of Africa". Auch werden Funde aus Ostasien, wie die des berühmten Peking Menschen, aber auch die des Java Menschen der Art *H. erectus* zugeordnet. *Homo erectus* gilt zuweilen als unmittelbarer Vorfahre des *H. sapiens.* Die Geschichte der Menschwerdung reicht aber noch viel weiter zurück.

Von *Australopithecus africanus* wissen wir durch das Taung Kind. Dessen fossilisierter Gesichtsschädel mit einem fossilisierten Gehirn wurde im Jahr 1924 in einem Kalksteinbruch in der Nähe des südafrikanischen Örtchens Taung gefunden und von dem Australier Raymond Dart der Öffentlichkeit vorgestellt. Vermutungen, welcher Tragödie das etwa 3-jährige Kind zum Opfer fiel, ergeben sich aus Schnabelhackspuren an der Augenhöhle, die vermuten lassen, dass das Kind Opfer eines großen Greifvogels wurde, für den ein etwa 10 kg schweres *Australopithecus* Kind durchaus ins Beuteschema passte (18). (Für Kronenadler der Wälder West- und Zentralafrikas stellen Affen die wichtigsten Beutetiere dar.)

Die Taung-Kind Fossillie war aber nicht der erste Fund. Als eigentlicher Beginn der Human-Paläontologie ist wohl eher der Fund von 16 Knochenfragmenten, darunter eine humanen Schädelkalotte, im Jahr 1856 im Neanderthal bei Düsseldorf anzusehen. Nicht, dass man nicht schon vorher Neandertalerknochen gefunden hätte, aber bei den vorherigen Funden in den Niederlanden und in Gibraltar war die Bedeutung der Funde nicht erkannt worden. Während das Alter der Fossilien des *Australopithecus* Taung-Kindes auf etwa 2,4 Millionen Jahre geschätzt wird, sind die des Neadertalers gerade mal etwa 40.000 Jahre alt und stammen somit aus einer Zeit, als es schon den *Homo sapiens* in Europa gab. Die Tatsache, dass wir die einzige derzeit lebende Art der Gattung *Homo* darstellen, ist wohl auch eher ungewöhnlich. Wahrscheinlich gab es in der menschlichen Evolution meistens eine höhere Artenvielfalt: Bis vor etwa 40.000 Jahren gabe es in der Tat mindestens zwei parallel in Europa co-existierende *Homo*-Arten: *Homo neanderthalensis* und *Homo sapiens.*

Das (wenig nützliche) „Missing Link" Konzept

Das Finden des „Missing Link", also des evolutionären Bindeglieds zwischen uns und unserem „Vorgängermodell" oder aber auch zwischen Affe und Mensch, trieb lange Zeit die öffentliche Wahrnehmung der „Urmenschenkunde", aber auch die Paläontologen selbst an. Das „Missing Link" Konzept ist jedoch nur noch für Karrikaturen gut. Der Evolutionstheorie ist es eher nicht dienlich, da es einen linearen Verlauf, bei dem jeweils ein Vorgänger-modell durch ein etwas verbessertes Nachfolgemodell ersetzt wird, suggeriert. Der Wert der Taung-Fossilien wurde auch wegen der „Missing Link" Obsession erst nach mehreren Jahrzehnten wirklich anerkannt. Der Gesichtsschädel war noch mehr Affe als Mensch und das Gehirn viel zu klein, als dass die Taung Funde nach Ansicht der damaligen etablierten Paläontologen von einem mit uns verwandten Lebewesen und schon gar nicht von einem Vorgänger auf der Linie zum *Homo sapiens* stammen konnten. Das englische päläontologische Establishment war nun mal in die-ser Zeit von der Idee besessen, Fossilien von möglichst hochent-wickelten Menschen mit großem Gehirn finden zu wollen, und das gefälligst in England und nicht in Deutschland oder gar Afrika (noch dazu von einem Australier). Offener war man für „echte Mis-sing Link Funde", wie die von Dawson 1912 präsentierten Fosillien des Piltdown Menschen „*Eoanthropus dawsoni*". Dieser Fund prägte fast vierzig Jahre lang entscheidend die Theoriebildung in der Paläoanthropologie der menschlichen Evolution. Leider waren die Piltdown Fossilien gefälscht. Wie sich 1953 bei einer erneuten ausführlichen Untersuchung herausstellte, bestand der Fund aus einem mittelalterlichen Menschenschädel und einem Orang-Utan Unterkiefer.

Spalter und Zusammenfasser

Bei neuen Funden menschlicher Fossilien besteht die Ten-denz, mit jeder Entdeckung eine neue Art auszurufen. Eitelkeit und das Bedürfnis nach Ruhm und Ehre sind menschliche Schwächen, vor denen auch Wissenschaftler nicht gefeit sind, weshalb die Finder möchten, dass Ihr Fund bedeutsam ist. Ernst Mayr mahnte Mitte der 1950-er Jahre mehr Zurückhaltung bei der Neuausrufung neuer Arten an. Demnach sollte zunächst immer erst einmal versucht werden, neue Funde in bestehende taxonomische Arten einzuordnen. In der englischen Fachliteratur ist von „Splitters" (Spaltern) und „Lumpers" (Zusammenfassern) die Rede. Ernst Mayr war demnach ein „Lumper".

Die Tendenz, bei neuen Funden neue Arten zu deklarieren, führt zu engen Artdefinitionen (sensu stricto) mit zahlreichen kleinen Kategorien. Ernst Mayrs Ansatz führt zu großzügigen, breiten Artkategorien (sensu lato). Die biologische Artdefinition, die darin besteht, dass Individuen, die miteinander Nachkommen zeugen können derselben Art angehören, ist in der Paläontologie, wo sämtliche Schlüsse aus wenigen Knochen und eventuell Beifunden aus deren Schichtumgebung gezogen werden, wenig hilfreich. Auch können Individuen auf derselben Entwicklungslinie durch hunderttausende von Jahren Generationenabstand getrennt liegen.

Die Entdeckungsgeschichte der menschlichen Fossilienfunde, die uns unser heutiges Bild von der Evolution der Hominiden vermittelt, ist voller persönlicher Dramen um ambitionierte und passi-

onierte Wissenschaftler. Sie ist aber sicherlich auch sehr lückenhaft. Arten, von denen wir keine Fossilien finden, kennen wir nicht.
Auch können wir nicht wissen, wie viele Arten wir nicht kennen.
Vielleicht läßt sich künftig anhand von bis zu uns weitervererbten
DNS-Sequenzen auf Vorgängerarten schließen, jedoch werden
Fosillienfunde weiterhin entscheidend sein, zumal man aus diesen ja dann vielleicht auch DNS isolieren kann. Bei nur ein paar
tausend Jahre alten Fossilien gelingt die DNS-Rekonstruktion ja
schon, allerdings wird die erfolgreiche DNS-Rekonstruktion immer
unwahrscheinlicher, je älter die Funde sind (17).

Bei der Suche nach dem letzten gemeinsamen Vorfahre von
Mensch und Schimpanse müssen wir uns wohl weiterhin ganz
klassisch mit der Untersuchung der morphologischen Beschaffenheit von Fossilien zufrieden geben. Im Folgenden möchte ich, be-
ginnend beim letzten (unbekannten) gemeinsamen Vorfahre von
Mensch und Schimpanse, auf die Geschichte der menschlichen
Arten selbst eingehen. Diese Geschichte ist natürlich lückenhaft,
da die gefundenen menschlichen Fossilien einfach unheimlich
kleine und weit voneinander entfernte Inseln im Strom der Zeit
darstellen.

**Der letzte gemeinsame Vorfahre (von Mensch und Schim-
panse)**

Vor einigen Millionen Jahren (5-7) trennten sich die Entwicklungslinien der Menschen und der Schimpansen. Allerdings sollte

man sich die Trennung der hominiden Linie von der Linie der Menschenaffen nicht wie einen magischen trennenden Moment vorstellen, in dem sich ein Kind für die Affen und das andere Kind für die Menschenlinie entschied. Vielmehr ist davon auszugehen, dass sich die Linien über Jahrtausende auseinanderentwickelt haben. Gerade in der Anfangsphase der Auseinanderentwicklung haben sicherlich Elternteile beider Linien häufig Nachkommen miteinander gezeugt. Dies wurde dann immer seltener, bis plötzlich verschiedene Linien existierten, also das Zeugen gemeinsamer fortpflanzungsfähiger Nachkommen biologisch nicht mehr möglich war. Wahrscheinlich begann diese zunehmende Inkompatibilität mit lebensfähigen aber sterilen Nachkommen (wie wir es heute bei Maultieren und Mauleseln, deren Eltern Esel und Pferd sind, beobachten können). Das alles sind aber auch nur Spekulationen. Wir wissen es einfach nicht. Entsprechend der derzeitig gültigen Vorstellung musste der letzte gemeinsame Vorfahre auf dem afrikanischen Kontinent gelebt haben. Dies passt auch weitgehend zu den bislang gefundenen Fossilien. Oder doch nicht?

Exkurs: Vormenschen (vor den Australopithecinen)

Graecopithecus freybergi **(Alter 7,2 Mio. Jahre, Fundort Griechenland)**

Der erste Fund dieser Art war ein im Jahr 1944 bei Bunkergrabungen der Wehrmacht in Griechenland nahe Athen gefundener Unterkiefer. Zunächst wurde der Fund als Meerkatzenverwandter, später dann immerhin als früher Menschenaffe eingeordnet, wodurch die Out of Africa Hypothese für die menschliche Entwicklungslinie durch diesen Fund noch nicht in Frage gestellt wurde. Erst der Fund eines 4. Prämolaren (Zahn) bei Tschirpan in Bulgarien, der durch seine Ähnlichkeit zu den Zähnen des griechischen Unterkiefers zu einer neuen Untersuchung Anlass gab, brachte *Graecopithecus freybergi* als potentiellen Vorläufer des der menschlichen Entwicklungslinie zugeordneten *Australopithecus* ins Spiel. Als typisch für die menschliche (Homini) Linie, gegenüber der Menschenaffenlinie gilt die Zahnwurzelverschmelzung der 3 Prämolaren. Eine Altersbestimmung ergab ein Alter von 7,2 Mio. Jahren, somit also älter als *Sahelanthropus*, der älteste bislang bekannte Vormensch.

Sollte *Graecopithecus freybergi* tatsächlich auf der menschlichen Entwicklungslinie liegen, implizierte dies erstens, dass die Entwicklungslinien von Mensch und Affe sich früher aufgespalten haben, als bisher angenommen und zweitens, dass diese Aufspaltung im östlichen Mittelmeerraum stattgefunden haben könnte und nicht in Afrika.

Bevor wir jetzt aber vorschnell die Out of Africa Hypothese verwerfen, sei darauf hingewiesen, dass wir zahlreiche menschliche Fossilien aus Afrika haben, die diese nach wie vor unterstützen und dass weitere Fossilienfunde irgendwo auf der Welt das Bild wieder vollkommen verändern können. Wir sprechen hier über Jahrmillionen (7 Jahrmillionen), in denen wir hunderttausende

Jahre lange Fossillücken haben. In diesen Lücken können sich Homini-Arten entwickelt und verbreitet haben und später wieder ausgestorben sein, von denen wir mangels fossiler Spuren nie etwas erfahren werden. Vielleicht ist *Graecopithecus freybergi* auch nur eine der zahlreichen evolutionären Sackgassen und ist weder ein Vorfahre der Menschen noch anderer Affen. Vielleicht ist die Arteinordnung oder die Datierung falsch. Von derart alten Fossilien läßt sich keine DNS gewinnen und alle Schlüsse müssen anhand von Morphologie, Erdschicht des Fundes und Fundumfeld gezogen werden.

Sahelanthropus tchadensis (6-7 Mio. Jahre, Fundort Tschad)

Der an sich gut erhaltene, namensgebende Schädel wurde als Oberflächenfund in lockerem Sandboden gefunden. Dadurch ist eine der nach wie vor wichtigsten Altersbestimmungsmethoden, nämlich die Zuordnung zu einer geologischen Schicht, nahezu unbrauchbar. Entsprechend vage wird das Alter mit 6-7 Millionen Jahren nur sehr ungenau geschätzt. Nicht nur ist diese Datierung ungenau, sondern auch nicht sicher richtig. Je weniger Sicherheit hinsichtlich der Erkenntnisse über den Fund, umso mehr Raum für Spekulationen: Demnach könnte *Sahelanthropus tchadensis* vor, nach oder während der Spaltungsphase der menschlichen von der Schimpansenlinie liegen. Oder aber auf der Linie zum Gorilla, oder..... wir wissen es wohl einfach nicht. Angesichts der wahrscheinlich sehr großen Zahl unbekannter Arten (oder auch

nur nicht gefundener Fossilien) und der Tatsache, dass Fossilienfunde aus jüngeren Epochen anzeigen, dass es auch zahlreiche
ausgestorbene Homini-Arten gibt (z.B. den Neandertaler), von denen wir also nicht direkt abstammen, erscheint es mir am wahrscheinlichsten, dass auch *Sahelanthropus tchadensis* auf irgend-
einer ins Leere gelaufenen Entwicklungslinie liegt.

Ororin tugenensis (6 Mio. Jahre, Fundort Kenia)

Zu *O. tugenensis* werden Funde aus einer Fundstätte in den
Tugenbergen 250 km westlich von Nairobi zugeordnet. Schon
1974 wurde hier ein Backenzahn eines Urmenschen/Uraffen gefunden, aber erst im Jahr 2000 kamen zwei Unterkieferbrüchstü-
cke mit 3 Molaren und fünf einzelne, lose Zähne, zwei Fingerknochen, ein Oberarmknochenteil und ein Oberschenkelknochen
hinzu. Wegen der Bedeutsamkeit der Funde im Jahr 2000 wird *O.
tugenensis* zuweilen auch als „Millenium-Mensch" bezeichnet. Die
um die 6 Mio. Jahre alten Knochenfossilien wurden in verschiedenen geologischen Schichten an verschiedenen Fundstellen gefunden und weisen möglicherweise ein paar hunderttausend Jahre
Altersunterschied zueinander auf. Die aus den Funden gezoge-
nen Schlussfolgerungen, es handele sich um eine Art, die in der
direkten Entwicklungslinie zum modernen Menschen liege und
somit Kenia zur Wiege der Menschheit mache, sind mindestens
gewagt, wenn nicht gar reine Spekulation.

Ardipithecus kadabba (5,6 Mio. Jahre, Fundort: Afar Senke, Äthiopien)

Zunächst wurden die zwischen 1992 und 2001 in der äthiopischen Afar Senke gemachten Fossilienfunde den etwa eine Millionen Jahre jüngeren *Ardipithecus ramidus* Fossilien zugeordnet. Weitere Funde, Ende 2002, führten zu einer Neueinordnung als eigene Art. *Ardipithecus kadabba* sei „primitiver" gebaut und teile mehr Merkmale mit *Sahelanthropus* und *Ororin* als mit späteren Ardipithecen. Allerdings wurden auch schon Zweifel an der Zuordnung von *Ardipithecus kadabba* zu den Homini geäußert.

Ardipithecus ramidus (4,4 Mio. Jahre, Fundort: Afar Dreieck, Äthiopien)

Im Oktober 2009 zierten *Ardipithecus ramidus* Knochen, die entsprechend ihrer anatomischen Lage zu einem Skelett angeordnet waren, die Vorderseite des renommierten Fachblattes „Science". Die Tatsache, dass man genug Knochen dieser Art hat, um sie zu einem gut erkennbaren Skelett anordnen zu können, erlaubt uns recht gute Vorstellungen davon, wie *Ardipithecus ramidus* ausgesehen haben könnte. Zuweilen wird er auch als möglicher Kandidat, der letzte gemeinsame Vorfahre von Mensch und Schimpanse gewesen zu sein, gehandelt.

Obwohl die langen Arme „Ardi" als Baumbewohner auswiesen, ergaben ausführliche Untersuchungen von Zehenknochen und des Beckens (u.a. mit Computertomographen) starke Hin-

weise auf einen aufrechten Gang. Interessant ist hierbei der Lauf-
fuß, der noch mit oponierbaren Großzehen, die das Greifen mit
den Füßen erlaubten, ausgestattet war. Zusammen mit den langen Armen weist dies auf ein Leben in den Bäumen hin. Die Knochen der Hände und Vorarme legen nahe, dass die Hände von
Ardipithecus ramidus weniger steif und stabil waren als die eines
heutigenSchimpansen oder Gorillas, was darauf hinweist, dass
der vier-pedale Knöchelgang (noch) nicht (mehr) so oft zum Einsatz kam und die Fortbewegung am Boden eher zweibeinig war.
Dadurch hatte *Ardipithecus ramidus* die Hände frei für andere
Dinge.

Unbewusst schwingt bei solchen Überlegungen aber immer
das lineare Modell evolutionären Fortschritts mit, in dem wir uns
als den Höhepunkt der Evolution sehen. Hinsichtlich der Fortbewegung haben wir die Tendenz, den zweibeinigen aufrechten
Gang als eine fortschrittliche Weiterentwicklung gegenüber dem
vier-pedalen Knöchelgang zu werten. Aber vielleicht war bei den
Schimpansen und Gorillas die vier-pedale Fortbewegung das
bessere Modell? Sicherlich lassen sich Verletzungen eines Bei-
nes von „Vierbeinern" besser kompensieren als von „Zweibei-
nern". Vielleicht hat der letzte gemeinsame Vorfahr schon ähnlich
dem *Ardipithecus ramidus* eine starke Neigung zum aufrechten
Gang gehabt und die Schimpansen haben daraus den für ihre Art
erfolgreichen vier-pedalen Knöchelgang entwickelt? Schimpansen waren seit dem letzten gemeinsamen Vorfahre ebenfalls 6-7

Millionen Jahre langem evolutionären Druck ausgesetzt und haben sich auch angepasst und entwickelt.

Die Ausgrabungen, welche die *Ardipithecus ramidus* Fossilien ans Licht brachten, führten auch zur Entdeckung tausender Fossilien anderer Tier und Pflanzenarten: Nagetiere, Affen, Hyänen, Elefanten, Vögel, aber auch pflanzliche Fossilien, fossilisierte Hölzer und Pflanzensamen. Diese Fundkontextualisierung passt zu einem artenreichen Waldhabitat, vergleichbar mit heutigen Urwäldern. Die seit etwa 50 Jahren vorherschende Ansicht, dass sich die menschliche Abstammungslinie am ehesten in einer offenen Savannenlandschaft ausbildete, wird durch *Ardipithecus ramidus* infragegestellt. Das Gehirnvolumen des *Ardipithecus ramidus* lag bei etwa 300-350 Kubizentimetern und war somit etwas kleiner als ein Gehirn eines heutigen Schimpansen.

Australopithecinen: Die Südlichen Affen (oder doch Menschen?)

Derzeit werden 5 Arten der Gattung *Australopithecus* zugeordnet:

A. anamensis (4,2-3,9 Mio. Jahre, Fundorte: Ostafrika)

A. afarensis (3,8-2,9 Mio. Jahre, Fundorte: Ostafrika, Lucy!)

A. africanus (3,0-2,1 Mio. Jahre, Fundorte: Südafrika, Taung-Kind!)

A. garhi (um 2,5 Mio. Jahre, Fundort: Äthiopien)

A. sediba (1,95-1,78 Mio. Jahre, Fundort: Südafrika)

Zuweilen wird auch *Kenyaanthropus platyops* (3,5-3,3 Mio. Jahre, Fundorte: Turkanasee, Kenia) den Australopithecinen zugeordnet. Bisher wurde allerdings nur ein vollkommen zertrümmerter Schädel dieser Art gefunden, dessen Zusammensetzung einen möglichwerweise falschen morphologischen Eindruck erweckt, so dass es ernstzunehmende Stimmen gibt, die sagen, man hätte basierend auf einem Fund derart schlechter Qualität keine eigenen neue Gattung (*Kenyaanthropus)* postulieren sollen, da die Wahrscheinlichkeit, dass die Schädeltrümmer von einer bereits bekannten Art (z.B. *A. afarensis*) stammten, sehr hoch sei.

Die Paranthropus Gattung

Die Paranthropus Gattung gilt als eine ausgestorbene Parallellinie der Australopithecinen und frühen Hominiden, wobei die Abgrenzung zu den Australopithecinen zuweilen als umstritten gilt, weshalb manchmal auch

von *Australopithecus aethiopicus* statt von *P. aethiopicus* (2,8-2,3 Mio. Jahre),

von *Australopithecus boisei* statt von *P. boisei* (2,3-1,4 Mio. Jahre) oder von *Australopithecus robustus* statt von *P. robustus* (2,0-1,5 Mio. Jahre)

die Rede ist. Ob als eigene Gattung oder als Arten der Gattung Australopithecus – gemeinsam ist diesen drei „Paranthropus" Arten die Einordnung auf einer ausgestorbenen Seitenlinie. Aus unserer *Homo sapiens*-zentrierten Sicht liegen sie also auf einem Abstellgleis.

Australopithecus anamensis (4,2-3,9 Mio. Jahre, Fundorte: Ostafrika)

A. anamensis ist der älteste bekannte Vertreter der Gattung *Australopithecus*. Die Kiefer ähnelten denen heutiger Schimpansen, jedoch waren die Zähne eher hominid (kleiner). Die Fossilienfunde reichen von der Turkanaseeregion nach Norden bis Nordäthiopien. Die meisten Funde wurden um den Turkanasee gemacht, wo es zu Lebzeiten dieser Art häufig zu Vulkanausbrüchen kam, denen wohl auch Individuen von *A. anamensis* zum Opfer fielen, deren Fossilien zwischen einer 4,35 Millionen Jahre alten Basaltstromschicht und einer 3,89 Millionen Jahre alten Ascheschicht (Tuff) gefunden wurden. Möglicherweise ist die jüngere Art *A. afarensis* tatsächlich direkt aus *A. anamensis* hervorgegangen.

Australopithecus afarensis (3,8-2,9 Mio. Jahre, Fundorte: Ostafrika)

Die mehr als 900 *A. afarensis* Fossilienfunde decken sich von Nordäthiopien bis Nordkenia mit denen von *A. anamensis,* reichen jedoch viel weiter nach Süden bis nach Südtansania. Möglicherweise ist *A. afarensis* tatsächlich durch Anagenese (Aufwärtsoder Weiterentwicklung) aus *A. anamensis* hervorgegangen. Eine Darstellung von aufeinanderfolgenden Seitensansichten dieser Arten wie in unseren Evolutionskarikaturen wäre also in diesem Fall berechtigt.

Im November 2013 setzte ich mich eines Nachmittags klammheimlich von einer Konferenz in Addis Abeba ab, um einen uralten Superstar zu sehen: Lucy! Ich konnte Lucy 2013, kurz nachdem Sie aus Amerika zurückgekehrt war, im äthiopischen Nationalmuseum bewundern. Wie ich später in Erfahrung brachte, handelte es sich jedoch nur um die Kopien ihrer Knochen. Die Originalknochen werden seit der Rückkehr nach Äthiopien ins Nationalmuseum in einem Tresor verwahrt. Dennoch vermag dieses Skelett auch als Kopie Ehrfurcht einzuflößen: Keine Spezialeffekte, ein einfacher Ausstellungsglaskasten, Bestattungsort und Ehrenmal für eine der berühmtesten Menschenvorfahren.

Australopithecus afarensis hat also mit Lucy einen Star der Populärkultur hevorgebracht, eine (vermutlich) junge Frau (oder ein Mädchen). Aufgrund des für *Australopithecus afarensis* postulierten Geschlechtsdimorphismus erschien das Skelett, das Ende 1974 in Hadar im Nordosten Äthiopiens gefunden wurde, den Paläontologen am ehesten weiblichen Geschlechts und möglicherweise noch nicht vollkommen ausgewachsen gewesen zu sein.

Im Jahr 2006 wurde im Afar Dreieck ein sehr gut erhaltener Klein-kindschädel eines etwa 3,3 Mio. Jahre alten *A. afarensis* gefun-den, das von den Paläontologen Salem (Frieden) genannt wurde, zuweilen aber im Jargon inkorrekterweise auch mit „Lucy's Baby" bezeichnet wird.

Viele wichtige *A. afarensis* Fossilien wurden in Laetoli, etwa 50 km südlich der für Human-Fossilien bekannten nordtansaniani-schen Olduvai-Schlucht, gefunden. Die berühmten Fußspuren von Laetoli stammen von Büffeln, Antilopen, Pavianen, Schwei-nen, Hyänen und von 2 aufrecht bipedal gehenden Wesen, die menschenähnliche Füße hatten. Wahrscheinlich liefen diese bei-den *A. afarensis* durch noch feuchte Vulkanasche des Vulkans Sadiman. *A. afarensis* lief also aufrecht auf zwei Beinen, hatte aber noch die für Baumbewohner typischen langen Arme. Die Zähne waren größer als Menschenzähne aber kleiner als Affen-zähne. Der aufrechte Gang hatte sich wohl schon lange vor der Entstehung besonders großer Gehirne entwickelt (das Gehirn von *A. afarensis* hat etwa ein Dritttel der Größe unserer Gehirne).

Australopithecus africanus (3,0-2,1 Mio. Jahre, Fundorte: Südafrika)

Das bereits erwähnte Taung-Kind, dessen Schädel 1924 etwa 400 km westlich von Johannesburg in Südafrika gefunden wurde, war der erste Frühmenschen-Fossilienfund in Afrika. Der Gat-tungsbegriff *„Australopithecus"* wurde also hier erstmals einge-führt: „Südlicher Affe". Wie oben beschrieben, wurde das Taung-

Kind wohl Opfer eines Adlers, was zeigt, das *Australopithecus* irgendwo in der Mitte der Nahrungskette angesiedelt war und oft zur Beute wurde. Das Gehirn von *A. africanus* ist etwas größer als von *A. afarensis* und die Zähne sind etwas kleiner. Weitere Funde wurden in Sterfontein nordwestlich von Johannesburg gemacht, darunter ein 2,1 Mio. Jahre alter Schädel, der zeigt, dass diese Art zu dieser Zeit noch existierte und zahlreiche Zähne in der nahen Gladysvale Höhle, deren Beschaffenheit *A. africanus* als wahscheinlichen Pflanzenfresser ausweißt.

Australopithecus garhi (um 2,5 Mio. Jahre, Fundort: Äthiopien)

Das Typusexemplar von *A. garhi* besteht aus einem Schädel mit Oberkieferfragment und großen Backenzähnen und wurde 1997 im Afar Dreieck in Äthiopien nahe des Dorfes Aramis gefunden. Inzwischen wurden auch andere *Australopithecus* Knochen, die in der Umgebung des Typusexemplars gefunden wurden, *A. garhi* zugeordnet, wobei nur der Schädel-Typus eindeutig der Art *A. garhi* zugeordnet werden kann, während für die anderen Knochen auch die andern Australopithecinen in Frage kommen. Wenn die Knochenzuordnung jedoch korrekt ist, dann hatte *A. garhi,* wie die anderen Australopethicinen, lange Arme und ein Gehirn, das etwa 1/3 so groß war wie unser Gehirn und, im Vergleich zu anderen Australopithecinen, längere Oberschenkelknochen. In der Fundumgebung wurden in passenden geologischen Schichten Tierknochen mit Ritzspuren gefunden, die ein Zeichen für Werkzeuggebrauch sein könnten. Dass ebenfalls aus Umgebungsfossilien rekonstruierte Habitat wird als Savannenlandschaft mit

Frischwasser-Seen beschrieben. Für *A. afarensis* wird hingegen dichter Wald als Lebensraum vermutet. Längere Oberschenkelknochen könnten beim savannenbewohnenden *A. garhi* auf eine Anpassung an die offenere Landschaft hinweisen.

Australopithecus sediba (1,95-1,78 Mio. Jahre, Fundort: Südafrika)

Im Jahr 2008 wurden in Südafrika in der Malapa Höhle nahe Johannesburg zwei recht komplette Skelette gefunden, deren Beckenmerkmale teilweise Ähnlichkeit mit solchen der Gattung *Homo* aufweisen, während allerdings Gesamthabitus und Schädel mit dem recht kleinen Gehinvolumen von 420 cm^2 eher zur Gattung *Australopithecus* passen.

Australopithecus bahrelghazali (3,5-3,0 Mio. Jahre, Fundort Tschad)

Im Jahr 1995 wurde bei Koro Toro im Tschad ein Unterkiefer gefunden. Sowohl die Datierung als auch die Einordnung in die *Australopithecus* Gattung sind umstritten. Falls *A. bahrelghazali* tatsächlich ein *Australopithecus* gewesen sein sollte, würde sich ein weiteres Ausbreitungsgebiet der Australopethicinen in Westafrika bestätigen.

Die Gattung Homo

Wenn man die Einordnung von *Homo rudolfensis* und *Homo habilis* in die Gattung *Homo* akzeptiert, sind deren zwischen 2,5 Mio. und 1,5 Mio. Jahre alten Funde die ältesten Überbleibsel der Gattung. Eigentlich ist die Abgrenzung zwischen Hominiden und

Australopithecinen ohnehin eher artifiziell und von der Gattungs-
definition abhängig. Interessanter wäre es zu wissen, wo die Art-
grenzen verlaufen, also, wenn man die klassiche Artdefinition her-
anzieht, ob ein Männchen und ein Weibchen miteinander fortpflanzungsfähigen Nachwuchs zeugen konnten und ob sie dies
tatsächlich getan haben und, wenn ja, in welchem Ausmaße. Dies
wird sich möglicherweise bei den älteren Hominiden nie klären
lassen, da sich kaum Verhaltens- und Interaktionsinformationen
gewinnen lassen. Bestenfalls das Auffinden gruppierter Fossilien,
die z.B. von einem Familienverband stammen könnten, ließe das
Anstellen hochspekulativer Erwägungen zu. Aus alten durchmineralisierten Fossilien läßt sich auch keine DNS gewinnen. Informationen aus Millionen von Jahren alten Fossilien, beruhen auf morphologischen Vergleichen von Knochen, der geologischen
Schicht und der Altersbestimmung, sowie von Artefarkten, die im
Umfeld des Fundes eingebettet waren.

Vor 2 Millionen Jahren lebten *Homo rudolfensis*, *Homo habilis*
und *Homo erectus* als Zeitgenossen auf der Erde. Inwiefern sie
einander begegneten, ist anhand der insgesamt doch wenigen
Fossilien und der oft hohen Ungenauigkeit der zeitlichen Einordnung nur schwer abzuschätzen. Von allen drei *Homo* Arten wurden Fossilien in Ostafrika gefunden, so dass immerhin wahrscheinlich erscheint, dass sie hier in geographischer Nähe mit
möglichen Lebensraumüberschneidungen lebten. Ist eine dieser
Arten ein direkter Vorfahre des Menschen? Zeugten die 3 Menschenarten miteinander Nachwuchs?

Leider sind die Fossilien zu alt, als dass wir darauf hoffen könnten, noch DNS zur Aufklärung von Verwandschaftsbeziehungen zu gewinnen. Zudem klafft in der wohl kritischen Phase der Menschwerdung vor 2-3 Mio. Jahren zwischen den Fossilien von *A. afarensis* (Lucy, bis vor 3 Mio. Jahren) und denen der ersten Hominiden, die interessanterweise aus recht nahe beieinanderliegenden Regionen Äthiopiens stammen, eine etwa 500-750.000 Jahre lange Lücke im Fossilienfundbestand (19). Ein halber Unterkiefer mit eingebetteten Molaren, der kürzlich in der Afar Region in Äthiopien gefunden wurde, zeigt Charakteristika eines *Homo* Unterkiefers. Er wurde auf etwa 2,8 Mio. Jahre datiert und stellt nun eine wichtige Insel in der fossilienfreien Lücke zwischen *Australopithecinen* und *Hominiden* dar.

Exkurs: Arten der Gattung *Homo*, die keine Zeitgenossen des *Homo sapiens* waren (*Homo rudolfensis*, *Homo habilis*, *Homo ergaster*)

Homo rudolfensis (2,5-1,5 Mio. Jahre, Fundorte: Kenia, Äthiopien, Malawi)

H. rudolfensis ist der erste bislang bekannte Vertreter der Gattung *Homo*. Angesichts der Altersdatierungen der Funde wäre *H. rudolfensis* ein Zeitgenosse der späteren Australopithecinenarten gewesen. Zeitliche Überlappungen gibt es mit *A. africanus* (3,0-2,1 Mio Jahre), *A. sediba* (1,95-1,78 Mio. Jahre) und eventuell mit *A. garhi* (um 2,5 Mio. Jahre).

Der Turkanasee wurde 1975 von der Kenianischen Regierung nach der dort ansässigen Volksgruppe benannt. Vor seiner Umbenennung wurde er zu Ehren des Kronprinzen Rudolf von Österreich-Ungarn im 19. Jahrhundert Rudolfsee genannt. Das Typusexemplar von *H. rudolfensis*, ein zahn- und unterkieferloser Schädel, wurde im Jahr 1972 vor der Umbenennung des Sees gefunden und auf etwa 1,9 Millionen Jahre datiert. Außer am Turkanasee wurden weitere Funde in Äthiopien (in der Nähe des Omo Flussess, der in den Turkanasee mündet) und in Malawi gemacht, wobei der in Malawi gefundene 2,5 Millionen Jahre alte Unterkiefer die Existenz der Art *H. rudolfensis* in deutlich länger zurückliegende Zeiten projeziert hat.

Morphologisch wird der *H. rudolfensis* als Übergangsart zwischen Australopithecinen und Hominiden gesehen. Zwischenzeitlich wurde auch erwogen, bei dem *H. rudolfensis* Typusexemplar-Schädel vom Turkanasee könne es sich um einen Vetreter der Art *Kenyananthropus platyops* handeln. Wie oben beschrieben, ist von dieser Art nur ein vollkommen zertrümmerter Schädel gefunden worden, dessen Zusammensetzung einen falschen morphologischen Eindruck erweckt haben könnte. Für den *K. platyops* Schädel ist es also eher umstritten, ob er eine eigene Art repräsentiert. Wenn man die Argumentation entsprechend umdreht, könnte man sich fragen, ob der *K. platyops* Trümmerschädel nicht auch ein Exemplar von *H. rudolfensis* sein könnte. Allerdings ist auch umstritten, ob *H. rudolfensis* eine eigene Art darstellt oder besser unter den Australopithecinen oder sogar den *Homo* Arten (*H. habilis* oder *H. errectus*) einzuordnen wäre. Für die Gattung *Homo* spricht das große Hirnvolumen von etwa 750 cm^3. Leider läßt sich aus derart alten, durchmineralisierten Fossilien keine DNS gewinnen, um phylogenetische Stammbäume zu erstellen. Und welche (deklarierte) Art mit welcher deklarierten Art fortpflanzungsfähige Nachkommen zeugen konnte, ist hochspekulativ. Sämtliche Artzuordnungen bei Millionen von Jahre alten Fossilien beruhen auf Vergleichen der Knochenmorphologie und der Altersbestimmung der Funde.

Homo habilis (2,1-1,5 Mio. Jahre, Fundorte: Tansania, Kenia, Äthiopien, Südafrika)

Auch *Homo habilis* wird nicht zweifelsfrei und unangefochten der Gattung *Homo* zugeordnet. „Habilis" bedeutet geschickt und ist dem Umstand geschuldet, dass in den Schichten der *H. habilis* Funde zahlreiche Steinwerkzeuge vom „Oldowan Typ" gefunden wurden (abgeleitet von der Olduvai-Schlucht in Tansania, wo erstmals solche Funde gemacht wurden). Hierbei handelt es sich um bearbeitete Steine, die in der Deutschen Sprache gerne als „Faustkeile" bezeichnet werden. Mit den Faustkeilen wurden wohl schlagende und mahlende Tätigkeiten durchgeführt, was aber nicht unbedingt eine vorherige Bearbeitung eines Steins erfordert haben würde. Die „Oldowan-Werkzeuge" waren jedoch so beschlagen, dass auf einer Seite eine scharfe Kante entstand. Wahrscheinlich konnte *Homo habilis* damit Tierkörper von Beutetieren öffnen. Somit musste *H. habilis* tierische Nahrung nicht mehr mit den Zähnen aufreisen, was möglicherweise zu einer Rückbildung des menschlichen Gebisses führte (feinere Zähne, keine Reißzähne mehr). Das ist so weit gegangen, dass der moderne Mensch mit seinem Gebiss kaum noch in der Lage wäre, mit den Zähnen einen Antilopenkörper zu öffnen. Besondere Bedeutung könnte das Öffnen der Knochen gehabt haben, was das Aussaugen des Knochenmarks erlaubt haben würde. Bei kleinen Hominiden irgendwo in der Mitte der Nahrungskette könnte der Knocheninhalt abgenagter Tierkadaver eine wichtige Eiweißquelle gewesen sein. Manche Hypothesen halten das Knochenmark gar für die Nahrungsquelle, die die menschliche Hirnentwicklung vorangebtrieben hat. Offenbar haben aber auch schon Australopithecinen Knochen aufgebrochen, was fast 3,5 Millionen Jahre alte Knochenfunde mit Kratzspuren aus der Afar Region in Äthiopien nahelegen (20). Leider gibt es von *H. habilis* nur wenige fossile Spuren. Wenn *H. habilis* also die Brücke zwischen den *Australopithecinen* und den Vertretern der Gattung *Homo* darstellt ist diese noch sehr schmal und lückenhaft.

Homo ergaster (1,9-1,4 Mio. Jahre)

Nach derzeit gängiger Einschätzung ist *Homo ergaster* aus *H. rudolfensis* hervorgegangen. Gemäß der Datierungen der bisherigen Fossilienfunde, aus Süd- und Ostafrika, lebte *H. ergaster* vor 1,9-1,4 Millionen Jahren und wäre somit Zeitgenosse von *H. habilis* und *Paranthropus/Australopithecus boisei* gewesen. Prominenter Vertreter der Art *Homo ergaster* ist der „Turkana Boy", ein etwa 1,6 Mio. Jahre altes, nahezu vollständiges Skelett (lediglich

Hand- und Fußknochen fehlten) eines etwa 8-12 jährigen Jungen, welches 1984 am Turkanasee in Kenia gefunden wurde. Viele *H. ergaster* Fossilien stammen von unter 14-Jährigen, was auf eine im Durchschnitt wohl eher kurze Lebensdauer hinweist. Mit Ergaster Fossilien werden oft auch bearbeitete Steinobjekte gefunden, was auf gewisse Fertigkeiten im Umgang und in der Herstellung von Gebrauchsobjekten schließen läßt. Auch wird vermutet, das *Homo ergaster* das Feuer nutzte.

Möglicherweise war *H. ergaster* die afrikanische Variante des *Homo erectus*. Nach der Out of Africa I Hypothese war *Homo erectus* die erste Menschenart, die Afrika verließ und auch Lebensräume im Eurasischen Raum erschloss. Die meisten Paläoanthropologen sehen in *Homo ergaster* die afrikanische *Homo erectus* Art, von der sich also Vertreter auf den Weg gemacht haben, andere Regionen der Erde zu erschließen, wo sie Fossilien hinterließen, die als *H. erectus* bezeichnet wurden.

Homo erectus (1,9 Mio. – 70.000 Jahre)

Nach derzeitigem Kenntnisstand war *H. erectus* die erste Menschenart, die Afrika verließ und auch Lebensräume im eurasischen Raum erschloss (Out of Africa I). Unter *H. erectus* werden von den Lumpern eine kaum überschaubare Zahl von Fossilienfunden aus aller Welt in einem Zeitraum, der fast 2 Millionen Jahre umfasst, zusammengefasst (Tabelle 2). Ob jedoch ein *H. erectus*, der vor 1,5 Mio. Jahren lebte, mit einer *H. erectus* Dame, die vor 200.000 Jahren lebte die biologische Artdefinition erfüllen würde und für die Zeugung von fortpflanzungsfähigen Nachkommen kompatibel gewesen wäre, wage ich zu bezweifeln. Durch die globale Ausbreitung und die lange Artbestandsdauer von fast 2 Millionen Jahren ist davon auszugehen, das sich durch genetische Veränderungen über die Zeit (Genshift, Mutation, Selektion, Rekombination) verschiedene Unterarten des *H. errectus* herausbildeten. Durch die große Verbreitung waren solche Unterarten auch meist räumlich voneinander getrennt, wodurch die allopatrische Artbildung, die eine geographische Isolation von mindestens zwei Teilpopulationen über lange Zeit vorraussetzt, begünstigt wird.

Tabelle 2: Unterarten des *H. erectus*, Fundorte und Altersschätzung der Funde

Homo erectus Unterart (21)	Fundorte	Altersschätzung der Funde
H. erectus erectus (1)	Solo Fluß, Ost Java	1,66 – 0,9 Mio. (oder 0,14 Mio.?)
H. erectus yuanmouensis (2)	Yunnan Provinz, China	umstritten
H. erectus lantianensis (3)	Shaanx Provinz, China	1,15 Mio. Jahre
H. erectus nankinensis (4)	Jiangsu Provinz, China	0,62-0,58 Mio. Jahre
H. erectus pekinensis (5)	Peking, China	0,78-0,40 Mio. Jahre
H. erectus palaeojavanicus (6)	Java	1,4-0,9 Mio. Jahre
H. erectus soloensis (7)	Java (Solo Fluss)	0,55-0,14 Mio. Jahre
H. erectus tautalevensis (8)	Südfrankreich	0,45-0,3 Mio. Jahre
H. erectus georgicus (9)	Dmanisi, Georgien	1,8 Mio. Jahre

1. Java-Mensch
2. Yuanmou-Mensch (lediglich 2 Schneidezähne als artdefinierende Fossilien verfügbar)
3. Lantian-Mensch
4. Nanjing-Mensch
5. Peking-Mensch
6. Meganthropus
7. Solo-Mensch
8. Tautavel Mensch
9. Dmanisi-Mensch

Wenn neuere Datierungen von *Homo erectus* Fossilien aus dem Solo Fluss in Ngandong (Java) korrekt sind, gab es den *H. erectus* noch bis vor 140.000 Jahren, möglicherweise bis vor 70.000 Jahren (21) also als Zeitgenosse des modernen Menschen *H. sapiens*. Allerdings ist die Altersdatierungen bei solchen Flussschwemmfossilien mit Vorsicht zu genießen. Die weite Verbreitung des *Homo erectus* veranlasst manche Paläontologen, die zweifache Out of Africa Hypothese in Frage zu stellen, nach der vor mehr als 1,8 Mio. Jahren Menschen der Art *Homo erectus* den afrikanischen Kontinent verlassen und sich in Eurasien ausgebreitet hatten (Out of Africa I) und später, vor etwa 60-70.000 Jahren, der *Homo sapiens* erneut den afrikanischen Kontinent verlassen hat (Out of Africa II). Denkbar erscheint auch die Fortsetzung der evolutionären Linien der weit verbreiteten verschiedenen *H. erectus* Arten zum *H. sapiens*. Heutige Ostasiaten hätten sich demnach direkt aus den Ostasiatischen *H. erectus* entwickelt, ohne dass eine neue Welle *H. sapiens* nach Out of Africa II den eurasischen Kontinent neu besiedelt hätte. Diese Theorie setzt allerdings vorraus, dass es eben nicht zur allopatrischen Artdiversifizierung mit Ausbildung distinkter Arten über die Zeit kommt, weshalb die Theorie der multiregionalen Evolution des Menschen nur von einer Minderheit der Paläontologen vertreten wird. Auch die durch Genomvergleiche gestützte Zugehörigkeit aller heute lebenden Menschen zur Art *Homo sapiens* mit universeller Fortpflanzungsfähigkeit untereinander lässt die Theorie der multiregionalen Evolution des Menschen unwahrscheinlich erscheinen. Gängiger ist die Ansicht, dass es sich bei den *H. erectus* Fossilien

Ostasiens am ehesten um inzwischen ausgestorbene Menschenarten handelt, also um ausgelöschte Linien der menschlichen Evolution und dass sich der *Homo sapiens* in der Tat vor 60-70.000 Jahren von Afrika ausgehend über die ganze Welt verbreitet hat (Out of Africa II).

Homo naledi (0,3 Mio. Jahre)

Zunächst wurden die Funde, die 2013 in der Rising Star Höhle in Südafrika gemacht wurden aufgrund archaisch anmutender morphologischer Merkmale wie der geringen Größe und des relativ geringen Schädelinnenvolumens als Übergang zwischen den Australopithecinen und den Hominiden gewertet. Die Datierung ergab dann aber ein überraschend junges Alter der Knochen von nur etwa 300.000 Jahren (22), was suggeriert, dass *H. naledi* eher kurz vor oder mit dem Auftauchen des *H. sapiens* lebte oder gar ein Zeitgenosse war . Ob *Homo naledi* eine eigene Art darstellt oder doch eher in eine der existierenden Arten, vor allem des *Homo erectus,* eingeordnet werden sollte wird intensiv debatiert.

Homo heidelbergensis (0,7-0,2 Mio. Jahre)

Ursprünglich wurden die zunächst nur in Europa gemachten *H. heidelbergensis* Funde der Linie die vom *H. erectus* zum Neandertaler führt, zugeordnet. Die meisten *H. heidelbergensis* Funde wurden in nördlichen Klimazonen gemacht, die zu Lebzeiten der Art deutlich kälter waren als die meisten Habitate, in denen sich

Menschenarten entwickelt hatten. Durch Funde in Afrika (*H. rhodesiensis*), Indien und China, die ebenfalls dem *H. heidelbergensis* zugeordnet wurden gibt es jetzt aber auch die Ansicht, dass *H. heidelbergensis* auf einer gemeinsamen Linie lag, die vom *H. erectus* zum modernen Menschen *H. sapiens* und zum Neandertaler führte.

Im Braunkohletagebau Schöningen zwischen Niedersachsen und Sachsen-Anhalt wurden etwa 320.000 Jahre alte Speere und Alltagsgegenstände und auf Jagd auf große Tiere hinweisende Tierknochen (Pferde, Wisente, Waldelefanten) gefunden. Diese gelten als Zeichen für einen hohen Entwicklungsstand der späten *H. heidelbergensis,* die in der Lage waren, Unterkünfte aus Holz und Laub zu bauen, das Feuer beherrschten und Jagd auf große Tiere machten.

Homo antecessor (780.000 Jahre)

Ob *Homo antecessor* eine eigene Art darstellt oder die entsprechenden Funde als frühe *Homo heidelbergensis* eingeordnet werden sollten, ist nach wie vor umstritten. Die ersten *H. antecessor* Funde wurden 1976 in Atapuerca in Nordspanien am Jakobsweg in der Höhle „Sima de los Huesos" (Knochengrube) gemacht. In der nahegelegenen Höhle „Gran Dolina" wurden weitere Homo- und Tierknochenfossilien bei systemischen Ausgrabungen entdeckt. Die Funde in Spanien waren insofern spektakulär, da durch sie eine frühere Präsenz von gemäß aus Afrika ausgewanderten

Menschen in Europa belegt wurde als zu diesem Zeitpunkt (1978) angenommen worden war.

Charakteristische von Steinwerkzeugen herrührende Kratz und Schnittspuren auf *H.antecessor* Knochen wurden als Hinweis für Kanibalismus aufgefasst (23).

Die Zeitgenossen des modernen Menschen

Je nach Betrachtungsweise wird die Existenz des *Homo sapiens* auf 200-300.000 Jahre taxiert. Je weiter diese Zeit in die Vergangenheit ausgedehnt wird, umso schwächer ist die Aussagekraft der fossilen Spuren. Bei durch und durch versteinerten älteren Fossilien wird lediglich die Morphologie beurteilt und anhand der Umgebungsschicht und/oder eventuell anhaftender Sedimente das Alter bestimmt. Aus neueren, gerade mal ein paar zehntausende von Jahren alten Knochenfunden kann man heutzutage sogar DNS gewinnen und somit genetische Vergleichsstudien anstellen. Dies ist für den berühmten Neandertaler bereits gelungen, dazu später mehr (24).

Die Unsicherheit bei der Abschätzung, bis wann der *H. erectus* auf der Erde Bestand hatte, ist groß. Die Flussfunde, z.B. im Solo Fluss auf Java sind schwer zu datieren, da hier verschiedene Schichten wild durchmischt wurden und auch hinsichtlich der Breite der Art *Homo erectus* ist es immer wieder schwer zu sagen, welche Fossilien noch dieser Art zugeordnet werden sollen (was ist z.B. mit dem *H. heidelbergensis*?). Dennoch muss man wohl davon ausgehen, dass die frühen Generationen des *Homo sapiens* Zeitgenossen der Art (der Arten?) *Homo erectus* waren, aus deren afrikanischem Stamm sie ja wahrscheinlich hervorgegangen sind. Inwieweit das Genom des modernen *Homo sapiens* DNS des *Homo erectus* enthält lässt sich (noch) nicht sagen, da sich aus den durchversteinerten *H. erectus* Fossilien (noch) keine DNS gewinnen lässt.

Aber auch ohne den *H.erectus* in die Betrachtungen einzubeziehen, ist es sicher, dass es zu Lebzeiten des *Homo sapiens* andere Menschenarten gab: Während der *Homo sapiens* heute als einziger Vertreter der Gattung *Homo* gilt, gab es noch vor 30-40.000 Jahren andere Menschenarten. In den letzten hunderttausend Jahren sind da insbesondere der Neandertaler (bis vor 30.000 Jahren), der Denisova Mensch (bis vor etwa 60.000 Jahren) und der *Homo floresiensis* (bis vor 60.000 Jahren oder gar nur 18.000 Jahren) zu nennen.

Homo floresiensis („Hobbit")

Insellagen führten in der Evolution zur Entstehung einmaliger inselspezifischer Habitate und Ökosysteme, zuweilen mit endemischen Arten, die nirgendwo sonst auf der Welt vorkommen. Wir denken hier an die Echsenarten, die nur auf den Galapagosinseln vorkommen oder an die Lemuren, die eine ganze Teilordnung der Ordnung der Primaten bilden und nur auf Madagaskar vorkommen (Ordnung > Teilordnung > Familie > Gattung > Art). Aus der

Familie der Hominidae (Menschenaffen) in der Unterfamillie der Homininae, im Tribus der Hominini in der Gattung Mensch gab es möglicherweise mit *Homo floresiensis* ebenfalls eine endemische Art, die durch die Abgeschiedenheit einer Insel entstanden war. Als im Jahr 2003 auf der indonesischen Insel Flores ein kleiner Schädel gefunden wurde, dessen Gebissmerkmale nicht zu einem Kind passten, der aber ansonsten eindeutig homonid war, erregte dies viel Aufregung unter Paläontologen. Der kleine *H. floresiensis* wird zuweilen auch mit dem Spitznamen „Hobbit" bezeichnet, angelehnt an die Fantasieromane des britischen Autors Tolkien. Während Kaltblüter auf Inseln oftmals größer werden (Inselgigantismus – man denke an die Riesenschildkröten der Galapagosinseln), haben große Säugetiere, die Generationen auf Inseln ohne Verbindung zu Festlandpopulationen leben, die Tendenz, kleiner zu werden als ihre Artgenossen auf dem Festland (Inselverzwergung), wie z.B. bei Elefanten oder Büffeln zu beobachten.

Einige Datierungen ergaben ein sehr junges Alter von *H. floresiensis* Fossilien (bis zu 12.000 Jahre jung), allerdings liegt die derzeitig gängige Schätzung eher bei 50-60.000 Jahren (25). Versuche, DNS zu gewinnen, sind bislang gescheitert. Neue Hoffnung liegt in der Isolierung von in Zähnen erhalten gebliebenen Collagen-Proteinen und dem Vergleich ihrer Aminosäuresequenzen (26).

Je kürzer der Aussterbezeitpunkt von *H. floresiensis* zurückliegt, umso wahrscheinlicher sind Begegnungen mit *H. sapiens*. Prinzipiell könnten diese durch die Insellage von Flores verhindert worden sein, zumindest, wenn Flores das einzige Habitat des *H. floresiensis* gewesen sein sollte. Wie mögliche Kontakte verlaufen sind, und ob *H. floresiensis* und *H. sapiens* vielleicht sogar gemeinsame Nachkommen gezeugt haben, ist spekulativ. Vielleicht kam es zu Begegnungen mit anderen Menschenarten (*H. erectus, H. sapiens*), die für *H. floresiensis* fatal verlaufen sind (27, 28). Angesichts der immer wieder zu Tage tretenden genozidalen Tendenzen des *H. sapiens* wäre eine Ausrottung des *H. floresiensis* durch andere Menschenarten gut denkbar. Ein echter Durchbruch wäre zweifellos, wenn es gelänge, DNS von *H. floresiensis* zu gewinnen.

Homo neanderthalensis (300.000-30.000 Jahre)

Während sich in Afrika der *H. sapiens* entwickelte, waren Süd- Mittel- und Osteuropa Neandertalerland. Während der letzten Eiszeit, die von vor etwa 110.000 bis vor 12.000 Jahren andauerte lagen weite Teile Nordeurasiens bis hinunter nach Norddeutschland dauerhaft unter Gletschern. Da große Mengen Wasser in Landeis gebunden waren, war der Meeresspiegel weltweit niedriger, wodurch mehr Landverbindungen zwischen den Kontinenten bestanden, die auch breiter waren. Dies begünstigte die Ausbreitung von Landtierarten, darunter auch die des *H. sapiens*.

Begegnungen des *H. sapiens* mit Neandertalern, die vor 30-40.000 Jahren ausgestorben sind können nahezu als gesichert angesehen werden. Wie diese verlaufen sind, ob friedlich oder kriegerisch, ob die Arten sich mieden oder sozial interagierten, lässt viel Raum für Spekulationen und spannende Diskussionen, wobei immer wieder die unangenehme Frage mitschwingt, warum wir noch sind, die Neandertaler hingegen ausgestorben sind.

Was führte zum Verschwinden des Neandertalers?

Gemäß einer (möglicherweise zu linearen und vereinfachten) Vorstellung war *H. erectus*, welcher sich in der ersten Ausbreitungswelle über Eurasien ausbreitete (Out of Africa I), ein gemeinsamer Vorfahre, von dem sich *H. sapiens* und *H. neanderthalensis* vor etwa 700.000 Jahren begannen abzuzweigen und vor 300.000 Jahren tatsächlich zwei verschiedene (Unter-)Arten ausgebildet hatten. Die räumliche Trennung (*H. sapiens* in Afrika und *H. neanderthalensis* in Europa) begünstigte hierbei die allopatrische (Unter-)Artbildung. Direkter Vorfahre des Neandertalers könnte der *H. heidelbergensis* gewesen sein. Andere Paläontologen postulieren den *H. heidelbergensis,* von dem inzwischen zahlreiche Fossilien im südlichen Afrika und Ostafrika gefunden wurden, gar als gemeinsamen Vorfahre von *H. sapiens* und *H. neanderthalensis.*

Die Neandertaler waren im Vergleich zu *Homo sapiens* etwas kleiner, aber deutlich kräftiger und gedrungener im Körperbau. Sie

hatten prominentere Augenwülste und einen massigeren Schädel, mit einem etwas größeren Schädelinnenvolumen und somit
Gehirnvolumen als der *Homo sapiens*. Wie *H. sapiens* benutzten
Neandertaler Werkzeuge, kontrollierten das Feuer und bestatte-
ten ihre Toten. Neandertalerfunde erstrecken sich von Gibraltar
über ganz Europa bis Westsibirien. Demnach lebte der Neandertaler in Eurasien, aber nicht in Afrika. Im menschlichen *Homo sapiens* Genom von Nicht-Afrikanern sind etwa 2-4% Neandertaler
Sequenzen (17).

Zwölf spekulative Erklärungsversuch für das Aussterben des Neandertalers

Vor 30-40.000 Jahren sind also die Neandertaler, von denen
Fossilien von Gibraltar über ganz Europa bis Westsibirien gefunden worden sind, aber nicht in Afrika, ausgestorben. Im Folgenden diskutiere ich Theorien zum Aussterben der Neandertaler. Allerdings würde ich die Theorien jeweils nicht für sich allein als
schlüssige Erklärung für das Verschwinden der Neandertaler betrachten wollen, sondern eher als mögliche Faktoren, die zum
Aussterben der Neandertaler mehr oder weniger beigetragen haben könnten.

Bei einigen dieser Theorien muss man kritisch hinterfragen, ob
die zu Weilen postulierte Überlegenheit des *H. sapiens* (wenn vorhanden) sich tatsächlich in reproduktive Überlegenheit übersetzt
hätte. Eine kognitive Überlegenheit, zum Beispiel, muss nicht
zwangsläufig dazu führen, dass die kognitiv Unterlegenen sich

weniger erfolgreich fortpflanzen. In diesem Zusammenhang sei daran erinnert, dass in vielen *H. sapiens* Kulturen intelligente, bzw. gebildete Menschen zuweilen bewusst auf Fortpflanzung verzichten. Man denke hierbei nur an das Mönchtum oder aber auch an kinderlose Philosophen und Wissenschaftler, die die Zeit, die sie durch Verzicht auf Kinder gewonnen hatten, in ihr philosophisches oder wissenschaftliches Werk investieren konnten. Natürlich kann man von diesen Beispielen aus modernen entwickelten Gesellschaften nicht auf die Verhältnisse in Jäger-und Sammler-Gesellschaften schließen. Aber es sei daran erinnert, dass der Neandertaler ein größeres Gehin hatte als der *Homo sapiens*. Wenn man nach Gründen dafür sucht, die zum Aussterben der Neandertaler geführt haben, tendiert man dazu nach Eigenschaften des Neandertalers zu suchen, die diesen gegenüber dem *Homo sapiens* unterlegen erscheinen lassen. Dieses Vorgehen ist aber nicht zwangsläufig richtig. Die einzige aus Eigenschaften abgeleitete Unterlegenheit, die uns interessieren sollte, ist die reproduktive Unterlegenheit, also die Frage, warum die Neandertalerpopulationen von Generation zu Generation kleiner wurden, wärend die des *Homo sapiens* wuchsen.

1. *Homo sapiens* verdrängte *Homo neanderthalensis* gewaltsam (Völkermord, Art-Mord)

Die Geschichte des *Homo sapiens* ist voll mit Beispielen von Eroberungs- und Unterwerfungskriegen. Auch die modernen Imperien beruhen auf militärischer Macht. Die Idee, dass unsere Vorfahren die Neandertaler schlichtweg gewaltsam massakrierten und verdrängten, ist also nicht allzuweit hergeholt. Wenn *H. sapiens* sich unter anderem von großen zu jagenden Tieren ernährte, waren unsere Vorfahren gewalterfahren und hatten wenig Hemmung zu töten. Wenn die Neandertaler sich hingegen hauptsächlich von Pflanzen und Insekten ernährten, wie einige Paläontologen für die Neandertaler, die im heutigen Spanien lebten postulieren (29), war Gewalt wesentlich weniger selbstverständlich. Demnach wären die Neandertaler einfach zu friedlich für die Konfrontation mit unserer aggresiven, mordenden Spezies gewesen und entsprechend massakriert und gewaltsam ausgerottet worden.

2. Vulkanausbrüche

Der Campi Flegrei Supervulkan in der Nähe der heutigen Stadt Neapel brach vor 39.000 Jahren aus und führte zu monatelanger Sonnenabdeckung durch Vulkanasche in Süosteuropa, der Levante, dem Mittleren Osten und Mittelasien, also in den Gebieten, in denen Neandertaler lebten. *Homo sapiens* hingegen hatte weiterhin eine solide Populationsbasis in Afrika und konnte die bei diesem Supervulkanausbruch ums Leben gekommenen Populationen ersetzen. Möglichwerweise gelang das den Neandertalern nicht mehr. Die jüngsten Neandertalerfunde stammen aus Gibraltar, also aus dem extremen Südwesten Europas, der von der Aschewolke weitgehend verschont geblieben war. Vielleicht lebten hier die letzten überlebenden Neandertalerpopulationen, die dann durch den modernen *Homo sapiens* demographisch verdrängt wurden oder sich mit den *Homo sapiens* Populationen vermischten und in ihnen aufgingen (es wird geschätzt, dass etwa 2-

4% des Erbguts nicht-afrikanischer Völker aus Neandertalerse-quenzen besteht) (17).

3. *Homo sapiens* domestizierte Tiere und kooperierte bei der Jagd mit Wölfen

Funde aus Belgien zeigten, dass die nördlichen Neandertaler, im Gegensatz zu denen aus dem heutigen Spanien, stark auf das Fleisch von großen Tieren wie Mufflons und Wollnashörnern an-gewiesen zu sein schienen (29). Wenn vor 40.000 Jahren drei Top-Predatoren in Europa jagten, nämlich *Homo sapiens*, *Homo neanderthalensis* und Wölfe, dann würde ein kooperativer Jagdstil von zwei dieser Top-Predatoren, den dritten in ernsthafte Be-drängnis beim Konkurrenzkampf um Jagdtiere bringen. Dass wir enge Beziehungen zu Wölfen pflegten, sehen wir daran, dass wir auch heute noch Hunde, die aus den Wölfen hervorgegangen sind, als Haustiere halten. Der Beginn der Domestizierung des Wolfes (und seine Transformation in zahlreiche Hunderassen) wurde auf die Zeit vor etwa 40.000 Jahren geschätzt, also die Zeit, als der Neandertaler allmählich verschwand (30). Heutige Spür-hunde erinnern uns daran, dass Wölfe auch beim Auffinden und verfolgen von Jagdtieren geholfen haben könnten. Die Wölfe könnten größere Jagdtiere als Rudel eingekreist und den Men-schen zugetrieben haben, die sie dann erlegten. Eine Kooperation mit den Wölfen wäre auch zur Abwehr anderer Aasfresser von Vorteil, da die Wölfe, denen die Menschen immer wieder Fleisch-brocken zukommen lassen, andere Nahrungskonkurrenten ver-treiben würden (31).

4. Homo sapiens könnten bessere Jäger gewesen sein

Das Aussterben der Neandertaler korelliert zeitlich mit der Ankunft des *Homo sapiens* in dessen eurasischen Siedlungsgebieten. Möglicherweise entstand eine direkte Konkurrenz zwischen *H. sapiens* und *H. neanderthalensis,* wobei der *H. sapiens* sich durchsetzte, weil er über die besseren Jagdtechniken verfügte und dadurch mehr Menschen besser ernähren konnte.

5. *Homo sapiens* könnte durch Arbeitsteilung zwischen Geschlechtern und Altersgruppen besser organisierte Übelebensgruppen gebildet haben als die Neandertaler

Neandertaler jagten wahrscheinlich in Familiengruppen, wobei alle Familienmitglieder, inklusive Frauen und Kinder, an der Jagd mitwirkten. Beim *H. sapiens* entwickelte sich wohl eine stärkere Arbeitsaufteilung abhängig von Alter und Geschlecht, die es dem Einzelnen erlaubte, gemäß eigener Fähigkeiten und unter Berücksichtigung von Beschränkungen und Schwächen Aufgaben zu übernehmen. Auch konnten durch Arbeitsteilung effektivere Prozesse entstehen. Wenn z.B. junge starke Männer ein großes Tier jagten und erlegten, wurden im Lager von Frauen oder auch älteren Mitgliedern der Gemeinschaft Vorbereitungen getroffen, das Tier weiterzuverarbeiten. Die Erhitzung von Fleisch ermöglichte unseren Körpern, dieses gut zu verwerten, was möglicherweise auch der Hirnentwicklung zu gute kam. Dies setzte die Beherrschung des Feuers voraus, die in einer arbeitsteilig organisierten Gesellschaft wesentlich besser zu bewerkstelligen sein dürfte. Allerdings könnten auch die Neandertaler ausgeprägte Arbeitsteilungs- und Sozialorganisationsstrukturen gehabt haben (32).

6. Neandertaler könnten geringere kognitive Fähigkeiten gehabt haben

Neandertaler hatten ein größeres Schädelinnenvolumen als der *Homo sapiens*. Möglicherweise waren Neandertaler dem *Homo sapiens* sogar kognitiv überlegen. Vielleicht war das Neandertalergehirn aber auch durch grundlegend andersartigen Aufbau dem des *H. sapiens* unterlegen, zumindest was kognitive Fähigkeiten angeht, die sich in Überlebens- und Reproduktionsvorteile übersetzten. Im Vergleich zum sehr steilen Frontalhirnschädel des *H. sapiens* ist der Frontalschädel des *H. neanderthalensis* eher abgeflacht. Der Frontallappen ist der Hirnbereich, wo Entscheidungsfindung, Sozialverhalten, Kreativität und abstraktes Denken abgebildet sind. Möglicherweise waren damit ein besseres Lehr- und Lernvermögen und ein stärkerer sozialer Zusammenhalt des *H. sapiens* verbunden, wodurch sich Techniken besser verbreiten konnten und Einsichten nicht von jedem Individuum gemacht werden mussten, sondern sich in der Gruppe verbreiten konnten.

7. *Homo sapiens* könnte durch kollektiven Glauben an nicht-gegenständliche Entitäten bei der Verfolgung gemeinsamer Ziele überlegen gewesen sein

Unmittelbar nach der Entdeckung der Neandertalerfossilien im Jahr 1856 galt es als geradezu selbstverständlich, dass die Fossilien von einem primitiven „Urmenschen" stammten, dem der *Homo sapiens* kognitiv und kulturell haushoch überlegen gewesen sein musste. Inzwischen wird diese Überlegenheit des *H. sapiens* breit angezweifelt. Im derzeitigen Diskurs wird die kulturelle

Überlegenheit als unabhängig von kognitiven Fertigkeiten gesehen. Demnach könnten *H. sapiens* Gruppen einen höheren Grad kultureller Organisation gehabt haben (33). Selbst wenn der individuelle Neandertaler kognitiv überlegen gewesen sein sollte (größeres Hirnvolumen), könnte die mit Kultur einhergehende Tendenz, an nicht-gegenständliche Entitäten und Institutionen zu glauben (Religion, „Geist der Gruppe", übernatürlicher Auftrag) der entscheidende Faktor im Konkurrenz- und Verdrängungswettbewerb zwischen *H. sapiens* und *H. neanderthalensis* gewesen sein (34). Durch gemeinsame Kultur können gemeinsame Ziele verfolgt werden und Gegenstände innerhalb der durch Kultur zusammengehaltenen Gruppe geteilt werden, ohne dass die Gruppenmitglieder zu einer Familie gehören oder sich wenigstens persönlich kennen mussten. Vielleicht waren unsere *H. sapiens* Vorfahren schlichtweg leichter empfänglich für Propaganda und Feindbildaufbau und somit miltärisch leichter mobilisierbar.

8. Die Neandertaler könnten gewissenhafter und mit einer stärkeren Tötungshemmung ausgestattet gewesen sein

Das die Neandertaler das größere Gehirn hat, steht außer Frage. Ob *H. neanderthalensis* oder *H. sapiens* bessere kognitive Fähigkeiten hatte, können wir nicht ermessen (zumal wir dann erst mal definieren müssten, was wir unter besseren kognitiven Fähigkeiten verstehen). Viele höherentwickelte Säugetiere, darunter auch die Menschen, haben eine ausgeprägte Tötungshemmung gegenüber Artgenossen. Diese Tötungshemmung kann sehr wohl durch hohe kognitive Fähigkeiten untermauert sein – einem stark ausgeprägten Gewissen, beispielsweise. Allerdings sehen wir gerade beim Menschen, wie oft diese Tötungshemmung versagt (Affekt) oder noch wesentlich öfter gezielt ausgehebelt wird (Kriegspropaganda, Waffen, z.B. Distanzwaffen, die die Hemmschwelle herabsetzen). Bei gewaltsamen Auseinandersetzungen können sich solche Hemmungen als nachteilig erweisen, so dass sich die enthemmtere und gewissenlosere Konfliktpartei durchsetzt. In diesem Fall wäre das der enthemmte *Homo sapiens* gegenüber dem gewissenhafteren Neandertaler gewesen.

9. Wetter und Klimaveränderungen in den Lebensräumen der Neanderthaler

Als der *Homo sapiens* aus Afrika auswanderte, besiedelte er zunächst die arabische Halbinsel (vor etwa 100.000 Jahren), dann Zentralasien (vor etwa 70.000 Jahren) und schließlich Australien (vor etwa 60.000 Jahren). Demnach besiedelte *Homo sapiens* das ferne Australien noch vor Europa, wo er erst vor etwa 40.000 Jahren auftauchte. Möglicherweise konnte *Homo sapiens* erst mit dem allmählichen Verschwinden der Neandertaler deren Lebensraum besetzen. Damit bleibt jedoch die Frage, warum die Neandertaler ausstarben, bestehen. Ein Erklärungsansatz macht drastische Wetter- und Klimaveränderungen hierfür verantwortlich. Wenn z.B. kalte Waldhabitate durch wärmere, offenere Savannen ersetzt wurden mag dies den *Homo sapiens* gegenüber dem Neandertaler begünstig haben. *Homo sapiens* hatte sich aber gerade im offenen Grasland Afirkas entwickelt und wurde möglichwerweise durch die sich in Europa abspielende Veränderung der Landschaft und des Klimas nach Europa gelockt.

10. Neandertaler könnten Seuchen zum Opfer gefallen sein

Möglichwerweise brachte *Homo sapiens* Krankheitserreger mit sich, die aufgrund der evolutionären Verwandschaft des Neandertalers auch im Neandertalerorganismus sehr gut gediehen. Da das Immunsystem der Neandertaler jedoch zuvor mit diesen Erregern keinerlei Kontakt hatte, wirkten sich diese fatal auf die Neandertaler aus, die massenhaft an einem für *H. sapiens* harmlosen Erreger zu grunde gingen (35). Die Erklärung wirkt plausibel, auch angesichst der Tatsache, dass es ähnliche Beispiele für eine fatale Seuchenanfälligkeit von Menschen gibt, wenn diese zum ersten Mal in Kontakt mit anderen Völkern kommen, die auch neue Erreger mitbringen. Wir müssen heute davon ausgehen, dass die Europäer, die im 16. und 17. Jahrhundert nach Amerika kamen, Infektionskrankheiten mitbrachten, die für die indigenen Völker Amerikas vollkommen neu waren, sodass diese keinerlei Immunität gegen diese Seuchen hatten (36). Wahrscheinlich ist das Massensterben unter den Ureinwohnern Amerikas, von denen geschätzt nur 5% überlebten, während ganze Völker vollkomen ausstarben (37), auf Seuchen zurückzuführen. Ähnlich könnte es den Neandertaler Menschen ergangen sein.

11. Inzucht war bei Neandertalern normal und beeinträchtigte die Fertilität

Möglicherweise hatten die Neandertaler aufgrund zu starker Inzucht zu wenig gesunden Nachwuchs, der ins fortpflanzungsfähige Alter kam und sich selbst wiederum fortpflanzte. Der Mensch hat 46 Chromosomen, 23 von seiner Mutter und 23 vom Vater (wobei durch „Crossing-Over" auch Anteile zwischen mütterlichen und väterlichen Chromosomen ausgetauscht werden, die Chromosomen des Individuums also einen eigenen Charakter aufweisen und nicht identisch mit denen der Eltern sind). Die Unterschiedlichkeit zwischen mütterlichen und väterlichen Chromosomen lässt sich also untersuchen und wird in der Populationsgenetik als „Heterozigosität" bezeichnet und als Verhältnis der beobachteten zu der erwarteten Unterschiedshäufigkeit quantifiziert. Wenn man die maternalen mit den paternalen Chromosomen vergleicht, findet man bei modernen *Homo sapiens* deutlich mehr Unterschiede als bei den Neandertalern, wo manchmal ganze Chromosomenabschnitte auf dem mütterlichen nahezu identisch mit den korrespondierenden Abschnitten auf dem väterlichen Chromosom sind. Derartige Übereinstimmungen der elterlichen Chromosomen sind ein Maß für den Verwandschaftsgrad der Eltern. In den aus einem Zehenknochen gewonnenen Sequenzen einer Neandertaler Frau aus den Altai Bergen wurden Ähnlichkeitsgrade gefunden, die sehr nahe Verwandtschaftsgrade der Eltern signalisierten. Demnach wären die Eltern in einer der folgenden Konstellationen verwandt gewesen: Halbgeschwister, Onkel-Nichte, Großvater-Enkeltochter oder doppelt Cousin-Cousine ersten Grades (38). Der Übereinstimmungsgrad der maternalen und paternalen Chromosomen legt nahe, dass Nachwuchszeugung durch Verwandschaftsbeziehungen auch in den Vorfahren-Generationen der sequenzierten Neandertalerfrau häufig war, es sich also nicht um einen außergewöhnlichen Zufall gehandelt haben dürfte, dass diese Neandertalerfrau eng verwandte Eltern hatte.

12. Neandertaler assimilierten sich mit dem *H. sapiens*

Vielleicht sind die Neandertaler ja gar nicht ausgestorben, sondern durch permanente Fortpflanzung mit *Homo sapiens* Partnern im modernen Menschen Eurasiens aufgegangen. Tatsächlich finden sich im Genom von Eurasiern Neandertaleranteile im niedrigen einstelligen Prozentbereich (1-4%). Demnach muss also die *H. sapiens* Bevölkerung wesentlich größer gewesen sein als die der Neandertaler oder einfach wesentlich promiskuitiver und reproduktiv erfolgreicher. Vielleicht hatten Neandertaler aufgrund der harten Winter ein Sexualverhalten entwickelt, welches dafür sorgte, dass der Nachwuchs nur in den warmen Sommermonaten zu Welt kam. In den ganzjährig warmen Gebieten in Äquatornähe, in denen der *Homo sapiens* sich entwickelt hatte, wäre eine derartige Einschränkung nicht notwendig gewesen. Die kleineren Neandertalerpopulationen wären demnach durch den modernen *Homo sapiens* demographisch verdrängt worden, haben sich in geringem Maße mit den *Homo sapiens* Populationen vermischt und sind in ihnen aufgegangen.

Denisova-Menschen

Im Jahr 2008 wurden in der Denisova Höhle im Altai Gebirge ein Kleinfingerknöchelchen und später noch 2 Backenzähne gefunden. Die aus dem Kleinfingerknöchelchen gewonnene DNS wurde sequenziert und deutete auf eine neue Art der Gattung *Homo* hin, die verwandt mit den Neandertalern und auch mit *Homo sapiens* war und vor etwa 41.000 Jahren, also zeitgleich mit den letzten Neandertalern und den heute noch lebenden *Homo sapiens* existierte. Denisova-Menschen und Neandertaler hatten gemeinsamen Vorfahren vor etwa 640.000 Jahren und gemeinsame Vorfahren mit *H. sapiens* vor etwa 800.000 Jahren. Möglicherweise war *H. heidelbergensis* ein gemeinsamer Vorfahre. Interessanterweise findet sich das EPAS1 Gen, welches Tibetern das Leben in sauerstoffärmeren Höhen erleichtert, bei keinen anderen derzeit lebenden *H. sapiens* Völkern der Erde und auch nicht in der DNS des Neandertalers, jedoch tatsächlich in der DNS des Denisova Menschen. Wie die Denisova Menschen ausgesehen haben, ob sie größer oder kleiner als der *Homo sapiens* waren, wie groß deren Schädelvolumen war und wie ihre Gesamtanatomie war, lässt sich natürlich mit den bisherigen Funden, die aus einem sehr kleinen Knochenfragment und 2 Zähnen bestehen, nicht abschätzen. Somit ist der Denisova-Mensch die erste Urmenschenart, bei der wir detaillierte Erbgutinformationen haben, bevor weiterführende Schlüsse basierend auf der Morphologie gefundener Fossilien gezogen werden können. Weitere potentielle Denisova-Mensch Fossilienfunde werden gerade untersucht, darunter ein Unterkiefer aus dem Hochland von Tibet (39).

5.   Mechanismen der Evolution und deren Wirkung auf den *Homo sapiens*

Über Generationen hinweg werden sich die Menschen fortpflanzen, die vor dem eigenen Ableben möglichst viele Nachkommen zeugen, die wiederum das fortpflanzungsfähige Alter erreichen. Wessen genetische Anlagen im Genpool verbleiben, hängt also nur begrenzt mit der „Tüchtigkeit" der Person im Leben zusammen, nämlich nur dann, wenn diese „Tüchtigkeitsmerkmale" mit dem Zeugen von Nachkommen vor dem eigenen Ableben assoziiert sind. In der Eingangszene des Films „Idiocracy", die im Prolog dieses Buches beschrieben ist, wird dieser Umstand satirisch überzeichnet und führt dazu, dass die Menschheit im Film Idiocracy allmählich verblödet, da sich dumme Menschen stärker vermehren als schlaue.

Unterschiedliche Anreizsysteme für promiskuitives Verhalten bei Männern und Frauen

Da Frauen die Kinder in der Schwangerschaft austragen und dann bei der Geburt zur Welt bringen, können sie sich in der Regel der Kinderaufzucht nicht entziehen. Eine erfolgreiche Fortpflanzungsstrategie ist für Frauen fast immer mit großen Investitionen an Zeit und Aufwand verbunden. Zahlreiche Kinder sind noch keine Fortpflanzungsgarantie über mehrere Generationen, wenn diese nicht selbst das fortpflanzungsfägige Alter erreichen. Die Wahrscheinlichkeit, dass Kinder das fortpflanzungsfähige Alter erreichen steigt, wenn die Frau, die die Kinder geboren hat, nicht alleine für die Kinder sorgen muss, sondern Unterstützung von ihrem Mann oder von anderen Mitgliedern der Gemeinschaft bekommt.

Für Männer ist eine erfolgreiche Fortpflanzungsstrategie nicht zwangsläufig mit großen Investiotionen an Zeit und Aufwand verbunden. Ein Mann, der zahlreiche Frauen schwängert, ist evolutionär erfolgreich, wenn viel oder alle Kinder das fortpflanzungsfähige Alter erreichen, ob mit oder ohne Zutun des Vaters. Entsprechend müssen wir davon ausgehen, dass wir alle von wesentlich mehr weiblichen als von männlichen Individuen abstammen. In Harems-Kulturen, in denen ein Mann mehrere Frauen gleichzeitig hat, dürfte die Ratio der weiblichen Vorfahren zu den männlichen Vorfahren besonders hoch sein. Auch in auf den ersten Blick monogamen Kulturen konzentriert sich der Fortpflanzungserfog auf weniger Männer als Frauen, sei es durch Fortpflanzung beim Fremdgehen oder Sequenzen serieller Monogamie. Im Prinzip kann ein Mann nach erfolgter Befruchtung sofort zur nächsten Frau weiterziehen. Wenn eine Frau erst einmal schwanger ist, ist die nächste Befruchtung frühestens neun Monate später wieder möglich, in der Regel sogar erst nach 2-3 Jahren, wenn das vorhergehende Kind „aus dem Gröbsten raus" ist. Bei einigen Naturvölkern, die noch heute als Jäger und Sammler leben, ist der Infantizid bei Mehrlingsgeburten oder bei zu enger Geburtsfolge (z.B. erneute Geburt, während Vorgängerkind noch gestillt wird) durchaus üblich (40).

Mechanismen sexueller Anziehung

Frei modifiziert nach einem nichtpublizierten Entwurf von Hagen Frickmann

Sexuelle Aktivität gehört zum festen Verhaltensrepertoire des Menschen, so dass ihrer Abwesenheit Krankheitswert zugeschrieben wird. Bei Frauen wurde das Phänomen dieser sogenannten „Alibidimie" häufiger beschrieben als bei Männern (41). Die Alibidimie hat durch die Sexualwissenschaften insbesondere in der zweiten Hälfte des zwanzigsten Jahrhunderts vermehrt Aufmerksamkeit erfahren. Die Abteilung für Sexualforschung der Universität Hamburg beschrieb seit Mitte der siebziger Jahre bis Anfang der neunziger Jahre des vergangenen Jahrhunderts einen Anstieg der Patientinnen mit der Diagnose sexuelle Lustlosigkeit von 10% auf 60%, bei den männlichen Patienten war ein Anstieg von 5% auf 15% zu verzeichnen (42). Ob dieser Anstieg auf einen reelen Anstieg der Alibidimie in der Bevölkerung zurückzuführen ist, oder ob Menschen mit Alibidimie diese heutzutage nur häufiger als Krankheit empfinden als früher und ärztliche Hilfe suchen, lässt sich aus reinen Patientendaten natürlich nicht abschätzen. Für den Fortpflanzungserfolg ist Alibidämie nur relevant, wenn sie primär besteht und das Individuum davon abhält, Geschlechtsverkehr, der zu Schwangerschaft führt, zu vollziehen. Wenn bei einer postmenopausalen Frau eine Alibidämie besteht, kann dies individuellen Leidensdruck erzeugen und ggf. das partnerschaftliche

Zusammenleben beeinträchigen. Auf die Fortpflanzungsperspektiven der Frau hat eine postmenopausale Alibidämie keinen Einfluss mehr.

Bei sexuellen Appetenzstörungen, wird zwischen primärer und sekundärer Unlust unterschieden (41, 43). Von primären Störungen wird gesprochen, wenn niemals, zu keinem Zeitpunkt und gegenüber keinem Menschen je sexuelles Verlangen gezeigt wird. Häufiger sind sekundäre Appetenzstörungen, bei denen vormals bestehendes sexuelles Interesse abnimmt oder erlischt. Neben dem „normalen Abnehmen" des sexuellen Interesses am immer gleichen Partner über die Zeit, kann sekundäre Unlust auch durch Partnerschaftskonflikte, gesundheitliche Probleme oder allgemeine Unzufriedenheit mit dem Berufs- oder Privatleben verursacht oder verstärkt werden. Bereits in den 1970er Jahren wurden Monotonie, Langeweile, Überdruss und Desinteresse innerhalb monogamer Beziehungen als wesentliche Determinanten sekundärer Alibimie herausgearbeitet (44). Der Vertreter der kritischen Sexualwissenschaft Volkmar Sigusch sah in einem dem Paar unbewussten Fetisch bzw. einer „kleine Perversion" eine Grundlage zum Erhalt der sexuellen Appetenz in längeren Paarbeziehungen und pointierte seine Position mit dem Bonmot: „Lange Liebesbeziehungen ohne einen Fetisch beginnen mit Orgasmen und enden mit Freundschaftsküssen." (45). Inwiefern Fetische bei vorgschichtlichen Kulturen eine Rolle bei der sexuellen Stimulation gespielt haben, können wir nur erahnen.

Der Fokus der folgenden Betrachtungen soll auf einer Zusammenfassung der neurobiologischen und neurochemischen Grundlagen sexueller Affinität liegen, ergänzt durch soziokulturelle und evolutionäre Betrachtungen.

Neurobiologische Grundlagen

Sexuelle Aktivität stellt phylogenetisch (stammesgeschichtlich) ein altes „Programm" dar, so dass neurobiologische Grundlagen auch am nichtmenschlichen Säugetiergehirn studiert werden können. Natürlich haben tierexperimentelle Daten lediglich Modellcharakter, geben aber immerhin den Rahmen für das Verständnis der neuronalen Prozesse menschlicher Sexualität. Wir erinnern uns, dass nach dem Aussterben der Dinosaurier vor 66 Millionen Jahren das Zeitalter der Säugetiere anbrach und die Vorfahren der Affen starke Ähnlichkeit mit Nagetieren hatten. Aus der Zeit vor etwa 56 Millionen Jahren, während des Paläozän-Eozän-Temperaturmaximums (PETM), wurden Fossilien nagetierähnlicher Tiere mit Primatenmerkmalen wie nach vorne ausgerichteten Augen und Hand- statt Pfotenanatomie mit oponierbaren Daumen und Fingernägeln statt Krallen gefunden.

Im entwicklungsgeschichtlich vergleichsweise alten Zwischenhirn (Diencephalon) befinden sich zyklische Oszillatoren, die Erregung bzw. Aktivität generieren. Wir sprechen hier von innerer bzw. endogener Erregung. Ein prominentes Beispiel eines solchen Oszillators ist der sogenannte Nucleus suprachiasmaticus, der für die Aufrechterhaltung der Tag-Nacht-Wachheits-Schlaf-Rhythmik eine wesentliche Rolle spielt (46). Weitere erregende Stimuli werden über unsere Sinnesorgane vermittelt, hierbei ist von äußerer bzw. exogener Erregung die Rede. Die von den Oszillatoren und Sinnesorganen generierte Erregung wird über komplexe synaptische Verschaltungen weitergeleitet und dabei erregend oder hemmend modifiziert. Den Nervenzellen unseres entwicklungsgeschichtlich jüngeren Großhirns, auch *Telencphalon* oder Cortex genannt, dem die sogenannten „höheren Hirnfunktionen" zugerechnet werden, kommt dabei im Wesentlichen eine hemmende Funktion zu. Die Erregung wird durch die hemmenden telencephalen Einflüsse modifiziert und gedämpft und die resultierenden Muster elektrochemischer Aktivität determinieren nach dieser neurobiologischen Sichtweise unseren Bewusstseinseindruck wie auch unsere Interaktion mit der Umwelt.

Beispiele der Sexualität zu Grunde liegender neurobiologischer Mechanismen

Verschiedene neurobiologische Mechanismen, die mit dem Sexualverhalten in Verbindung stehen, gelten mittlerweile als gut charakterisiert. Exemplarisch sei im Folgenden auf drei Beispiele eingegangen. Beispiel 1 beschreibt die Steuerung der mechanischen Komponente des Sexualakts, Beispiel 2 die Sicherstellung der intrinsischen Motivation zu sexueller Aktivität. Beispiel 3 erklärt neurochemische Grundlagen der sexuellen Affinität anhand der sexuellen Bedeutung der Riechsinnesreize.

Beispiel 1: Steuerung der mechanischen Komponente des Sexualakts

Die mediale präoptische Region und der ventromediale Kern des *Hypothalamus*

Gesichstwärtig vom zum Zwischenhirn gehörigen *Hypothalamus* liegt in der medialen präoptischen Region (MPOA) der Sexuell Dimorphe Nukleus (SDN). Der SDN ist bei männlichen Säugetieren für koordiniertes Kopulationsverhalten, also die praktische Umsetzung des Sexualakts, unentbehrlich. Der reich mit Rezeptoren für das Sexualhormon Testosteron ausgestattete SDN ist bei männlichen Säugetieren doppelt so groß wie bei weiblichen und auch im weiblichen menschlichen Gehirn ist das Äquivalent der medialen präoptische Region kleiner als im männlichen (47).

Für koordiniertes weibliches Kopulationsverhalten der Ratte, zum Beispiel die Lordosehaltung (gekrümmte Wirbelsäule mit erhobenem Hinterteil) zwecks Ermöglichung des Eindringens des männlichen Penis, gilt der ventromediale Kern des *Hypothalamus* nebst seiner Verschaltungen ins sogenannte „zentrale Grau" des Mittelhirns als wesentlich. Diese Regionen sind beim weiblichen Säugetier größer als beim Männchen und auch weibliche Sexualhormone wie Östradiol und Progesteron sind dort beim Weibchen doppelt so reich vertreten (47).

Beispiel 2: Sicherstellung der intrinsischen Motivation zu sexueller Aktivität

Dopamin

Um evolutionär erfolgreiche Verhaltensmuster positiv zu verstärken, existieren im Säugetiergehirn intrinsische Belohnungssysteme im Hirnstamm wie auch im sogenannten limbischen System, die z.B. dafür sorgen, dass Menschen einen Orgasmus nicht als störende Reizüberflutung sondern als lustvollen Höhepunkt erleben. Verschafft man Säugetieren oder Menschen die Möglichkeit, das Belohnungssystem ihres Gehirns pharmakologisch oder elektrisch direkt zu stimulieren, neigen sie dazu, bis zur vollständigen Erschöpfung davon Gebrauch zu machen. Im ungünstigen Fall, typischerweise bei Stimulation durch „nichtnatürliche" Reize wie die Einnahme von Rauschdrogen, können sich auch Abhängigkeit und Sucht entwickeln. Dopamin ist ein maßgebliches Element des positiven Verstärkungssystems im Säugetiergehirn. Dopamin vermittelt Lustempfindung unspezifisch, beim sexuellen Akt gleichermaßen wie etwa bei schädlichem Drogenkonsum. Passend dazu sind Dopaminagonisten wie Amphetamin und Kokain als Drogen besonders stark im Sinne einer belohnenden Selbststimulation wirksam und haben entsprechend hohes Suchtpotenzial. Sowohl endogene (vom Gehirn selbst produzierte), als auch exogen zugeführte Opiate stimulieren Dopamin-ausschüttende Nervenzellen, die suchtinduzierende Wirkungen dieser Drogen vermitteln (47, 48).

Beispiel 3: Bedeutung der Riechsinnesreize bei der sexuellen Affinität

Die Riechbahn nimmt unmittelbar Einfluss auf affektive Zentren des Gehirns, was auch für die Sexualität von Bedeutung ist (49). Die zu freudvollen sexuellen Reaktionen führende Freisetzung von Botenstoffe wie Dopamin kann durch äußere Reize getriggert werden. Sexuelle Reaktionen werden z.B. durch symmetrische, gleichmäßige und damit dem Durchschnitt entsprechende Gesichter begünstigt. Partner mit möglichst unähnlichem Immunsystem scheinen präferiert zu werden. Letztgenanntes erfolgt über Geruchsinformationen, da der genetisch basierte Eigengeruch jedes Menschen auf der immunologischen Eigen-Fremd-Unterscheidung, vermittelt über molekulare Haupthistokompatibilitätskomplexe (MHC), basiert. Solche MHC-assoziierten Eigengerüche beeinflussen das Partnerwahlverhalten und wirken als Inzestschranke, wobei eine hohe genetische Verwandschaft mit höheren Fehlgeburtenraten assoziiert ist (49).

Unbewusst wird unsere sexuelle Reaktionsbereitschaft ferner über Pheromone, also aphrodisierend wirkende Duftstoffe, gesteuert, die auf den Hormonhaushalt wirken. Androstenon, eine Duftkomponente aus männlichem Achselschweiß, wird von Frauen meist als unangenehm empfunden, in der Phase des Eisprungs jedoch angenehmer beurteilt. Zugleich wird durch diesen Duftstoff der weibliche Zyklus synchronisiert. Umgekehrt vermag der Duft weiblichen Achselschweißes und Vaginalsekrets bei Männern im Schlaf Herz- und Atemfrequenz zu verändern und Trauminhalte positiv zu beeinflussen (49). In der Nachkriegszeit, einer Phase des kriegsbedingten Mangels an Männern, sollen Frauen auf Partnersuche Vaginalsekret vor dem Besuch von

Tanzveranstaltungen, ähnlich wie Parfum, hinter den Ohren aufgetragen haben, um somit das sexuelle Interesse männlicher Tanzpartner zu wecken.

Allerdings sollte man die Bedeutung von Geruchsinformationen auch nicht überbewerten. Anosmien, also die genetisch bedingte Unfähigkeit, bestimmte Geruchskomponenten überhaupt wahrzunehmen, sind häufige Phänomene in der menschlichen Population. Die Häufigkeiten solcher „Geruchsblindheiten" reichen von 2% für Isovaleriansäure, die Hauptkomponente von Schweiß, bis zu 40% für das obengenannte Androstenon. Dass effektive Funktionieren der menschlichen Reproduktion trotz dieser genetischen Limitationen legt nahe, dass die Bedeutung der Geruchsinformationen beim Menschen zumindest nicht kritisch sein kann.

Hormone

Die belohnende Wirkung sexueller Interaktion wird auch von Hormonen wie Oxytozin, Vasopressin und Prolactin in definierten Hirnarealen mitgetragen. So begünstigt etwa Oxytozin in Kombination mit Androgenen reproduktives Verhalten, in Kombination mit Opioiden körperliche Annährung (47).

Der Einfluss von Sexualhormonen auf die sexuelle Entwicklung beginnt bereits im Mutterleib. In den ersten Schwangerschaftswochen erfolgt zunächst eine bisexuelle bzw. geschlechtsindifferente Entwicklung. Ohne den Einfluss männlicher Sexualhormone, sogenannter Androgene, bleibt der sich entwickelnde Organismus weiblich. Liegen die Geschlechtschromosomen dagegen in der XY-Konstellation vor, kommt es ab der 6.-7. Schwangerschaftswoche zu Hodenwachstum, Androgenproduktion und damit zur Maskulinisierung. Die Maskulinisierung geht mit der Entwicklung neuronaler Strukturen in Körper und Gehirn, die männliches Sexualverhalten steuern, einher und wird von einer Entwicklungshemmung neuronaler Strukturen, die weibliches Sexualverhalten steuern, begleitet (Defeminisierung). Vor und unmittelbar nach der Geburt haben Androgene wie Testosteron einen primär organisierenden Effekt, in der Pubertät und später einen aktivierenden. Der organisierende Einfluss der Androgene wirkt sich insbesondere auf die sexuelle Orientierung aus.

Bei der primären Homosexualität von Frau und Mann bereits vor der Pubertät spielen psychologische und Erziehungseinflüsse keine oder nur eine marginale Rolle. Bedeutsamer scheinen hormonelle Einflüsse während der Schwangerschaft zu sein: Noch relativ spät in der Schwangerschaft, zum Beispiel im Rahmen eines ungewöhnlichen Anstiegs der von der Nebenniere produzierten Androgene, kann es zur Androgenisierung des weiblichen Fötus kommen. Eine Androgenisierung eines sich entwickelnden weiblichen Gehirns führt zur Defeminisierung der Partnerwahl, bei

zusätzlich auftretender Maskulinisierung steigt die Wahrscheinlichkeit einer homosexuellen Orientierung der Frau auf weibliche
Partnerinnen. Bei der primären männlichen Homosexualität wird
eine reduzierte Maskulinisierung bei schwächer ablaufender Defeminisierung als kausal angenommen. Starke psychische Belas-
tungen der Mutter während der Schwangerschaft können etwa zu
reduzierter Maskulinisierung führen. In den mittleren und letzten
Schwangerschaftsmonaten können reduzierte Testosteronniveaus in definierten Hirnarealen die sexuelle Ausrichtung beeinflussen, obgleich die Testosteronniveaus von heterosexuellen
Männern sich nicht von denen homosexueller Männer unterscheiden (47). Abschließend sei darauf hingewiesen, dass sexuelle Appetenz hormonell gedämpft werden kann. Das synthetische Anti-
androgen Cyproteronacetat führt zu einer sehr potenten Hemmung männlicher Sexualappetenz, die als „chemische Kastration"
wirkt (50).

Soziokulturelle Grundlagen restriktiver Sexualität

Wie oben dargestellt, verfügt der Mensch offenkundig über
eine exzellente physiologische Grundausstattung zum genussvol-
len sexuellen Erleben. Inzwischen kann dieses sexuelle Erleben
durch wirksame und leicht verfügbare Verhütungsmittel auch von
der gewollten oder ungewollten Fortpflanzung entkoppelt werden,
und auch das Risiko sexuell übertragbarer Erkrankungen läßt sich
inzwischen weitgehend kontrollieren. Dennoch dürfte der Großteil
der Menschen weit hinter den physiologischen Möglichkeiten fol-
genlosen sexuellen Erlebens zurückbleiben.

Wie 2017 in einer repräsentativen Studie in der sexuell aktiven Population in Deutschland gezeigt wurde, pflegten dennoch nur etwa 2% der Befragten eine offene Beziehung und etwa 1% eine Beziehung unter fester Beteiligung einer dritten Person, während die serielle Monogamie mit oder ohne gelegentliche sexuelle Außenbeziehungen die mit Abstand verbreiteteste Form sexueller Aktivität darstellte. Selbst das vermeintlich „aktivere" Kollektiv zeichnete sich lediglich durch etwa 3-4 Mal so viele Partnerinnen bzw. Partner im Vergleich mit dem „Standardkollektiv" aus (51).

Durch die Entkoppelung von Fortpflanzung und sexueller Aktivität wäre prinzipiell eine Gesellschaft möglich, in der eine einverständliche Kopulation zum Zeitvertreib würde, der in der gesellschaftlichen Wertsetzung nicht anders eingestuft würde als ein unverbindliches Treffen auf einen Kaffee oder ein gemeinsamer Kinobesuch. In der gesellschaftlichen Realität gelten sexuelle Gelegenheitskontakte jedoch nach wie vor als Tabuthema und sind aufgrund hochschwelliger sozialer Hürden für viele Menschen nicht ohne Weiteres zu erreichen.

Die Vermutung liegt nahe, dass das Sexualverhalten von den Rahmenbedingungen unserer langen Entwicklungsgeschichte dominiert wird, in der es keine Verhütungsmöglichkeiten gab, Sexualität und Fortpflanzung nicht entkoppelt waren und die Überlebenschancen für Kinder isolierter, aus der Gesellschaft ausgestoßener Mütter schlecht waren. Unbewusste evolutionäre Faktoren bestimmen mutmaßlich die Partnerwahl und das Zustandekommen des Sexualakts, ggf. maskiert hinter romantischen Gefühlen und individueller Eitelkeit. Nicht-selektive, um ihrer selbst willen erfolgende heterosexuelle Kopulationen erfolgen nur selten, stattdessen dominiert der Sexualakt im Kontext persönlicher Beziehungen.

Befürworter einer freie(re)n Entfaltung des sexuellen Erlebens sehen in den gesellschaftlich geförderten interindividuellen Treueansprüchen Kolonisierungs- bzw. In-Besitznahme-Wünsche (52) gegenüber dem heterosexuellen Partner, die mit eifersüchtiger Vehemenz vertreten werden. Insbesondere bei Frauen könnte sich in der Entwicklungsgeschichte ein Verhalten herausgebildet haben, das dazu dient, den Sexualpartner an sich zu binden, um bei einer möglichen Schwangerschaft (sichere Verhütung gibt es seit weniger als 100 Jahren) bei der Aufzucht des Kindes nicht auf sich allein gestellt zu sein. Ein hochpromiskuitives, nichtselektives und nur auf sexuellen Genuss ausgerichtetes Sexualverhalten war also die meiste Zeit der menschlichen Entwicklungsgeschichte mit hohen Risiken für die Frau und den Nachwuchs verbunden und wahrscheinlich negativer natürlicher Selektion unterworfen.

Sexuelle Aktivitäten werden von weiblicher Seite seltener initiiert als von männlicher. Dabei ist der Bedarf an einer Kompensation durch kommerzielle Angebote enorm; laut Schätzungen des Statistischen Bundesamts lag der Jahresumsatz deutscher Sexarbeiter und (vor allem) Sexarbeiterinnen 2016 bei circa 15 Milliarden Euro. Bedarfsträger sind mit Schwerpunkt heterosexuelle Männer, von denen etwa jeder zehnte mindestens einmal im Leben kommerzielle sexuelle Dienstleistungen in Anspruch nimmt (45).

Die affirmative Sexualmedizin postuliert einen sogenannten Libido-Koeffizienten zur Quantifizierung einer im Vergleich zum Mann geringeren weiblichen Motivation, sexuelle Handlungen zu beginnen, was mit einer höheren sexuellen Spannung beim Mann einhergehe (53). Diese Position wird jedoch andernorts scharf kritisiert (45).

Eine real erfahrbare, nichtkommerzielle, freie sexuelle Kultur jenseits kanonischer Codizes scheint im Wesentlichen der MSM-Szene (Männer, die Sex mit Männern haben) und damit einer nicht-generativen Sexualität vorbehalten zu sein, die evolutionär unwirksam bleibt.

In Dauerbeziehungen nimmt die Häufigkeit sexueller Interaktionen über die Zeit ab, wobei die Abnahme des sexuellen Interesses bei Frauen wesentlich schneller vonstatten geht als beim Mann. Für Männer ist es ein ganz reales Problem, dass offenbar weibliche Bedürfnisse mit ihren sexuellen Wünschen kaum kompatibel sind und Frauen offenbar zudem eher bereit sind, in bei partieller Bedürfnisinkompatibilität auf die Realisierung interaktiver Sexualität ganz zu verzichten.

Dies führt, ökonomisch betrachtet, zu einer Angebotsverknappung auf weiblicher Seite was Frauen (vor allem in ihren jungen, reproduktiven Jahren)   in eine starke „Verhandlungsposition" bringt: Während Männer, im Wissen um das vergleichsweise geringe weibliche Interesse, trotz überwiegend erbärmlicher Erfolgsaussichten eher geneigt sind, ihre Sexualität vergleichsweise unspezifisch „anzubieten", sind (junge) Frauen in der Lage, aus einem breiten Angebot „auszuwählen". Ein männliches Überangebot findet sich im traditionellen Kontaktanzeigenmarkt ebenso wie bei internetbasierten Partnervermittlungsplattformen. Während Männer hunderte von Anfragen versenden, um überhaupt mal eine Antwort zu bekommen, fühlen sich insbesondere attraktive und junge Frauen durch die Vielzahl der Zuschriften leicht überwältigt. Der evolutionäre wie ökonomische Vorteil einer solchen Auswahloption für die weibliche Seite liegt auf der Hand.

In der belletristischen Literatur wurde diese Unterwerfung der heterosexuellen Sexualität unter die kapitalistischen Marktgesetze von Angebot und Nachfrage durch den zeitgenössischen französischen Schriftsteller Michel Houellebecq in Romanen wie „Ausweitung der Kampfzone" (54) und „Les Particules Elementaires" (55) mit zynischem Scharfsinn analysiert. Laut Houellebecq wird der kapitalistische Konkurrenzkampf heterosexueller Männer jeder gegen jeden um attraktive sexuelle Gelegenheiten bzw. überhaupt irgendwelche sexuelle Gelegenheiten mit der gleichen Verbissenheit geführt wie der Kampf um ökonomisch gewinnträchtige Gelegenheiten zur kapitalistischen Fremdverwertung der eigenen Arbeitskraft. Und ähnlich wie am Arbeitsmarkt gibt es auch in der „sexuellen Kampfzone" für Houellebecq wenig Gewinner und viele Verlierer. Zu den „Gewinnern" zählt er eine sehr kleine Gruppe, auf die sich nahezu das gesamte heterosexuelle Interesse junger reproduktionsfähiger Frauen richtet und die entsprechend aus einem erdrückenden Überangebot auswählen kann. Die große Gruppe des „Rests" wird von ihm den „Verlierern" zugerechnet, die entweder keinen Sex haben oder dafür bezahlen müssen. Dabei kann diese Bezahlung direkt oder indirekt, z.B. durch kostspielige Beziehungsführung und damit einhergehende Kompensation durch sozioökonomische Absicherung, erfolgen. In neoliberaler Manier ist „jeder seines Glückes Schmied" (56), die Verlierer, denen es zum Beispiel am erforderlichen Charme, Geld und Aussehen gebricht, sind an ihrem Verlierersein - diesem Verständnis folgend - mithin selbst schuld.

Auch die Zunahme weiblicher sozioökonomischer Unabhängigkeit und die westliche Gentlemen-Kultur mit einer zumindest medial suggerierten Ächtung machohafter männlicher Verhaltensweise hat keineswegs zu einem spürbaren Plus weiblicher libertinär-sexueller Aktivität oder gar Promiskuität geführt, auch nicht in der jungen Generation (45). Das – im Volksmund etwas platt formulierte – weibliche Postulat des „Wer ficken will, muss nett sein." zahlt sich somit für den kultivierten Mann der westlichen Postmoderne nicht aus.

Verknappung der sexuellen Ressource als ökonomische und evolutionäre Strategie

Neben evolutionären Erklärungen für die weibliche Knapphaltung der „sexuellen Ressource" sind also auch ökonomische Vorteile für Frauen schwer von der Hand zu weisen, da Männer veranlasst werden, sich auf im Grunde zumindest wirtschaftlich nicht lohnende Beziehungsmodelle einzulassen, selbst wenn kein Nachwuchs im Spiel ist, der ökonomisch profitieren könnte.

Durch die Verknappung wird eine adäquate interaktive sexuelle Befriedigung jenseits kostspieliger Beziehungsstrukturen für den Mann schwer erreichbar. Durch die Verknappung der sexuellen Ressource wächst die Chance einen potenziellen Sexualpartner zu einer festen Bindungsstruktur zu bewegen, was evolutionär für die Frau von Vorteil ist.

Zynisch könnte man hier von einem weiblichen „Geschäftsmodell" basierend auf Ressourcenverknappung sprechen, was es natürlich nahelegt, all jene zu diffamieren, die dazu beitragen, eine solche Verknappung zu unterlaufen. Dazu zählt die primitive Abqualifizierung sexuell freizügiger Frauen als „Schlampen", während es für vergleichbar aktive Männer bereits linguistisch kaum vergleichbar abwertende Bezeichnungen gibt. Scheinbar menschenfreundlicher verpackt, de facto aber in die gleiche Richtung zielend, wären auch die als „Schutz vor Ausbeutung" verkauften, teils diskriminierend-bevormundenden Tätigkeitseinschränkungen für Sexarbeiterinnen zu nennen (was nicht verleugnen soll, dass es durchaus kriminell unterdrückende Zuhälter-Prostituierten Verhältnisse gibt) (53) (53) (57).

Wie Walter Bräutigam bereits in seiner 1978 erschienenen „Sexualmedizin im Grundriß" klarstellte, ist es einfach „für manche Männer billiger und zeitlich weniger aufwendig, mit einer Prostituierten Verkehr zu haben, als eine Frau zu Verabredungen, Autofahrten, Einladung zum Essen, schließlich zum sexuellen Verkehr zu bringen." (44). Der irische Dramaturg Brendan Behan formulierte das sarkastische Bonmot: „The big difference between sex for money and sex for free is that sex for money usually costs a lot less.". Dabei ist offenkundig, dass eine kommerzielle Kompensationsmöglichkeit der sexuellen Ressourcenknappheit und damit der evolutionär starken weiblichen Position, sich Partner auswählen zu können, zuwider läuft. Prostitutionsverbote gibt es in zahlreichen Ländern, darunter vermeintlich liberale Länder wie Frankreich und Schweden, wo Freier strafrechtlich verfolgt werden und in Ländern, in denen de facto Prostitution gängig und weitverbreitet ist wie in Russland, wo jedoch Prostituierte strafrechtlich verfolgt werden.

Dichtestress als Gefahr für den Eros?

Auch wenn teils als bloße Epiphänomene gesellschaftlich sozialer Umwandlungen interpretiert, sind die im Vorausgegangen vorgestellten Berichte über den quantitativen Anstieg der Alibidimie (42) schwer von der Hand zu weisen. Angesichts der globalen Überbevölkerung und zeitgenössischen Diskussionen über anthoprogene Zerstörungen unserer Lebensräume (58) soll hier ein bei Ratten und Mäusen unter Dichtestress beobachtetes Alibidimiephänomen skizziert werden.

Bei Nagetieren ist die Alibidimie als Element von Massenwechseln bekannt. Je nach Größe des Lebensraums und zur Verfügung stehender natürlicher Ressourcen kann sich die Rattenpopulation über mehrere Jahre ungehemmt und exponentiell vermehren, was zur Populationsverdichtung führt, für die jede Spezies jedoch nur eine endliche Toleranz aufbringt. Wird irgendwann eine zu hohe Populationsdichte erreicht (einhergehend mit Ressourcenverknappung), entsteht sozialer Stress. Infolge dieses Stresses werden die Nagerweibchen infertil und beißen die begattungswilligen Männchen weg. Die Reproduktion geht zurück. Im Kampf um die verbliebenen Ressourcen greifen sich die Tiere, beeinflusst durch ungünstige Umweltbedingungen sowie physischen und psychischen Stress, im Extremfall gegenseitig an und töten sich dabei sogar, bis die Population weitgehend dezimiert ist. Man spricht dann von einem Populationszusammenbruch. Die verbliebenen Tiere begründen darauf eine neue Population und der Zyklus beginnt erneut (59).

Berühmt wurden die "Mouse Utopia" und "Rat Utopia" Experimente Ender der 1960 er Jahre, in denen gezeigt wurde, dass Dichtestress auch bei Aufrechterhaltung ausreichender Nahrungsressourcenzufuhr zum Zusammenbruch der Nagergesellschaft führte (60, 61). Weibliche Mäuse ließen ihre Jungen einfach eingehen und wehrten Annäherungsversuche durch männliche Tiere aggressiv ab. Aber auch männliche Tiere verloren zunehmend das Interesse an den Weibchen oder begatteten vollkommen unselektiv irgendein gerade nahes Tier. Obwohl genug Nahrung vorhanden war, attackierten die Tiere sich äußerst aggressiv. Einige männliche und weibliche Tiere sonderten sich vollkommen von der Nager-Gesellschaft ab, nisteten sich in den höheren Boxen der Anlage ein und konzentrierten sich auf Schlafen, Essen und Körper- bzw. Fellpflege. Da diese Tiere frei von Biss- und Kratznarben blieben, wohlgenährt waren und immer ein makellos glänzendes Fell hatten, tauften die Forscher sie "the beautiful ones" (die Schönlinge). Diese Tiere hatten sämtliche soziale Interaktionen mit anderen Tieren eingestellt; sie zeigten auch keine sexuellen Interessen mehr. Nachdem die Nagetierbevölkerung wieder zurückgegangen war, setzte die Fortpflanzung in den klassischen "Mouse Utopia" und "Rat Utopia" Experimenten nicht mehr ein, so dass die Populationen schließlich ausstarben.

Es ist sicherlich problematisch, exemplarische Beobachtungen aus dem Tierreich induktiv auf menschliche Gesellschaften zu übertragen. Dennoch erscheint die Frage legitim, ob Dichtestress sich nicht auch auf das menschliche Sexualverhalten auswirken kann? Japans Städte sind extrem gut organisiert, aber extrem dicht besiedelt, ohne dass es zu Nahrungsmittelknappheit kommt – also am ehesten menschliche Analoga zu den „Rat Utopia" Szenarien. Gerade in Japan schwindet das Interesse an Sex bei beiden Geschlechtern (62). Das japanische Modell des „Fortpflanzungsverzichts" erscheint hierbei attraktiver als das „sich gegenseitige Totbeißen", das man bei Ratten und Mäusen beobachten konnte. Vielleicht ist dieses Schwinden des Fortpflanzungstriebs als Regulationsmechanismus bei zu hoher Bevölkerungsdichte sogar zu begrüßen. Exponentielles Wachstum der Bevölkerung muss irgendwann an Grenzen stossen und sich auf Kultur, Seuchendynamik, nationale und internationale Verteilungskonflikte wie auch gewalttätige Konflikte sowie auf die Umwelt insgesamt auswirken (13) .

Selbstverständlich gibt es keinen Beweis dafür, dass das in den Metropolen in den vergangenen Dekaden verstärkt beobachtete Alibidimie-Phänomen wirklich auf Dichtestress zurückzuführen sein könnte. Gerade in westlichen Großstädten wie in Hamburg, das im Vergleich zu Tokio dünn besiedelt und klein ist und wo die oben geschilderten Alibidimie-Daten erhoben wurden (42), scheint ein gutes Leben für viele Menschen möglich. Dennoch häufen sich hier auch andere psychische Auffälligkeiten wie affektive Störungen. Parallel gibt es in armen Ländern deutlich höhere Geburtenraten, wobei hier der Zugang zur Empfängnisverhütung und die Bereitstellung sexueller Aufklärungsangebote unter Sicherung der sexuellen Selbstbestimmung verbessert werden kann. Dass das Bevölkerungswachstum auch ohne Zwangsmassnahmen und auch in armen Ländern sanft kontrolliert werden kann, hat der Iran gezeigt. Hier konnte die Fertilität von 6,5 Geburten pro Frau im Jahr 1983 auf 1,7 Geburten pro Frau gesenkt werden. Dies war durch individuelle, niederschwellige Familienplanungsangebote und guter Schul- und Weiterbildung für Jungen und Mädchen gelungen. Die Bevölkerungsexplosion wurde also sozusagen durch eine Bildungsexplosion kontrolliert.

Die Dichtestress-Hypothese ist sicherlich noch nicht abschließend erforscht. Vielleicht ist es gerade die garantierte Sicherstellungung der Primärbedürfnisse (Nahrung), die dazu führt, dass Dichtestress zu einer Abnahme sexueller Fortpflanzung führt. Interessant wäre, ob sich in einem Nagetier-Utopia Experiment unter Verknappungsbedingungen ebenfalls ein Nachlassen der se-

xuellen Fortpflanzung einstellt und die sozialen Strukturen kolla-
bieren. Vielleicht war es ja der Überfluss, der die dichtestressbe-
dingte Alibidämie erst manifest werden ließ?

6. Die Evolution von Hierarchien

Hierarchien sind ein Basisprinzip evolutionärer Prozesse. Die Hierarchie des Fortpflanzungserfolgs definiert, welche Elterntiere einen Teil des Genoms an die nächste Generation weitergeben konnten. In komplexen Organismen, wie den meisten Wirbeltieren, sind Fortpflanzungserfolge mit komplexen Hierarchiesystemen assoziiert, die oft über Einzelkriterien wie Stärke oder Körpergröße hinausgehen. Eines der komplexesten und am schwersten zu definierenden Hierarchiesysteme ist die Hierarchie der sozialen Stellung. Gleichzeitig sind gerade bei komplexen Lebewesen wie den Primaten soziale Hierarchien direkt mit dem Fortpflanzungserfolg assoziiert. Meist zeigt sich eine positive Korrelation zwischen Hierarchiestufe und Fortpflanzungsgelegenheiten und somit indirekt auch mit dem Fortpflanzungserfolg. Primaten sind allerdings erst seit Kurzem Bestandteil des Lebens. Vor etwa 55 Millionen Jahren (63) erschlossen sich spitzhörnchenähnliche Nagetiere die Laubwälder als Lebensraum, passten sich mehr und mehr diesem Lebensraum an, indem sie Greifhände und-füße, frontalere, das räumliche Sehen erleichternde Augen und ein immer größer werdendes Gehirn zur Reizverarbeitung in der vielseitigen Umwelt der Bäume entwickelten. Eigentlich ist „entwickeln" nicht ganz richtig, da kein individuelles Tier diese Eigenschaften für sich entwickelte (wie Lamarck dies noch dachte). Vielmehr hatten Tiere mit diesen Eigenschaften offenbar mehr Nachkommen, waren also reproduktiv erfolgreicher als Tiere, bei denen diese Eigenschaften weniger stark ausgeprägt waren. Von

Generation zu Generation hatten die Nachkommen immer stärker ausgeprägte Affeneigenschaften und etwas mehr als 50 Millionen Jahre später, vor 4,5 Millionen Jahren, hatten sich Affen ausgeprägt, die wir heute als die ersten Hominiden (Australopithecinen) ansehen. Für jede der Eigenschaften könnte man sich Hierarchien denken, so zum Beispiel für die Frontalstellung der Augen. Je stärker die Augen nach vorne ausgerichtet waren, umso größer wäre demnach die Wahrscheinlichkeit, dass das (halbe) Genom des entsprechenden Individuums in die nächste Generation gelangte.

Wenn wir von Hierarchien reden, meinen wir heutzutage meist soziale Hierarchien, im Organisationswesen Entscheidungshierarchien. Leicht könnte man denken, Hierarchien seien eine Ausprägung komplexer menschlicher Gesellschaften und somit ein in der Evolution sehr neues Phänomen, möglicherweise ein Phänomen, das typisch für den Mensch ist. Dies ist jedoch nicht der Fall. Hierarchien sind nicht nur mechanistischer Bestandteil der evolutionären Selektion, sondern finden sich in Tiergesellschaften schon lange vor den Affen.

Die Hummer Debatte

Anfang 2018 verbreitete sich ein Interview, das die britische „Channel 4" Journalistin Cathy Newman mit dem kanadischen Psychologen Jordan Peterson geführt hatte, wie ein Lauffeuer im Internet. Peterson hatte zuvor Bekanntheit dafür erlangt, die Meinungsfreiheit auch gegen die medial propagierte Hauptmeinung zu behaupten („Freedom of speech") und postmoderne Sprachre-gelungen und Sprachverbote abzulehnen. Insbesondere weigerte er sich, das Vorschreiben der Benutzung gender neutraler Prono-men jenseits von männlich und weiblich mandatorisch zu akzep-tieren.

Im Laufe des Interviews versuchte Newman, Peterson immer wieder Dinge in den Mund zu legen, die er so nicht gesagt oder zumindest nicht gemeint haben dürfte. („So you're saying....."). Un-ter anderem unterstellte sie Peterson, er wollte sagen, wir sollten unsere menschlichen Gesellschaften wie Hummer organisieren („....you're saying, we should organise our societies along the lines of the lobsters"). Selbstredend war dies nicht Petersons Ab-sicht. Woher kam Newman auf diese absurd erscheinende Be-merkung?

In seinem Buch „12 Rules for Life" (64) legte Peterson dar, dass die Ausprägung von Hierarchien kein modernes gesell-schaftliches Phänomen unter Menschen ist, sondern in der Evo-lution immer wieder auftritt und schon bei phylogenetisch lange vor den Primaten entstandenen Linien zu beobachten ist. Als Bei-spiel nannte er Hierarchien bei Hummern. Newman schien der Bezug zu den Krebstieren offenbar so absurd, dass sie dachte, Peterson lächerlich machen zu können, indem sie ihm süffisant rhetorisch fragte, er würde also sagen wollen, dass wir unsere Ge-sellschaft wie Hummer organisieren sollten.

Peterson wollte eigentlich nur darlegen, dass neurotransmitter-gebundene Belohnungssysteme wesentlich früher in der Evolution entstanden sind als wir und dass die Wirkung von Antidepressiva in diesen Mechanismus eingreift. Bei einem Hummer, der gerade einen Zweikampf mit einem anderen Hummer verloren hat und sichtbar eine Defensivhaltung mit angezogenen Scheren einnimmt in dem Bestreben sich klein zu machen, sich zurückzuziehen, kann man demnach durch Zugabe von Antidepressiva bewirken, dass dieser sich wieder entfaltet. Beim depressiven Menschen wird mit Antidepressiva in diesen evolutionär uralten Mechanismus eingegriffen, um dem „geschlagenen" Menschen die Kraft zurückzugeben, es wieder mit der Welt aufnehmen zu können. Die phylogenetische Trennung der evolutionären Linien, die jeweils zu Mensch und Hummer führten, erfolgte irgendwann vor 300-600 Millionen Jahren. Die Tatsache, dass ein derartiger Mechanismus sich über hunderte von Millionen Jahren erhalten hat sieht Peterson als Zeichen an, wie bedeutsam Hierarchien in der Evolution sind.

Leider missverstand nicht nur Newman das Hummer Beispiel. Auch die Verarbeitung der Debatte durch gedruckte Presseorgane war keine Ruhmesgeschichte des Journalismus. Als das Interview sich so stark verbreitet hatte, dass auch die deutschen Medien es nicht mehr ganz ignorieren konnten, erschienen tatsächlich Artikel im Spiegel und in der Zeit. Leider versuchten auch diese Artikel eher Peterson zu diffamieren, als sich mit Sachargumenten an eine interessante Debatte heranzuwagen. Der Zeit Artikel bezeugte ein entsetzliches wissenschaftliches Unverständnis der Autoren und kann wohl bestenfalls als Beleg für den qualitativen Niedergang der ehemals seriösen Medienhäuser angesehen werden, sollte jedoch besser nicht zu Informationszwecken herangezogen werden (65).

Der wesentliche Punkt aus dieser Debatte ist, dass die Ausprägung von Hierarchien ein uraltes Phänomen ist, das die Evolution prägt, da die Stellung in Hierarchien bei vielen Organismen die Fortpflanzungswahrscheinlichkeiten beeinflussen, indem sie die Fortpflanzungsgelegenheitschancen des Individuums bestimmen. Dies ist auch beim *Homo sapiens* der Fall.

Menschliche Hierarchien in Evolution und Geschichte

Traditionelle Jäger-und-Sammler-Gesellschaften haben in der Regel eher flache Hierarchien. Besitztümer spielen eine untergeordnete Rolle und der Alltag dreht sich um die Erfüllung der physiologischen Bedürfnisse (Nahrung), der Sicherheitsbedürfnisse (Unterkunft und Schutz vor Gefahren) und der sozialen Bedürfnisse (Leben in der Gruppe). In der Maslowschen Bedürfnispyramide sind dies in aufsteigender Reihenfolge die Basisbedürfnisse, die zuweilen auch als Defizitbedürfnisse bezeichnet werden, da bei deren Nichterfüllung ein Mangel eintritt.

Die Spitze der Maslowschen Bedürfnispyramide stellen Individualbedürfnisse und Selbstverwirklichung dar, welche in Jäger-und-Sammler-Gesellschaften sicherlich weniger zur Geltung kommen (kamen). Diese werden zuweilen auch als Wachstumsbedürfnisse oder unstillbare Bedürfnisse bezeichnet. „Unstillbar" zeigt an, dass diese Bedürfnisse eigentlich nie vollständige erfüllt werden können. Uns allen dürfte vertraut sein, dass sich keineswegs eine immerwährende Zufriedenheit einstellt, sobald ein Selbstverwirklichungsziel, auf das wir lange Zeit hingearbeitet haben erreicht ist. Bestenfalls stellt sich ein passageres Gefühl der Zufriedenheit ein, jedoch melden sich gleich wieder neue Wachstumsbedürfnisse, denen wir hinterherlaufen können. Das Streben nach mehr Erfüllung der Wachstumsbedürfnisse hat den Menschen zu enormen kulturellen und technischen Leistungen angespornt, jedoch auch die Gier als einen unseren sozialen Umgang mitbestimmenden Faktor installiert.

Auf Gesellschaftsebene müssen zunächst einmal die Basisbedürfnisse in der Gesellschaft erfüllt sein, bevor sich Individuen den Individualbedürfnissen und der Selbstverwirklichung zuwenden können. Damit sich gesellschaftlicher Fortschritt einstellen kann müssen die Basisbedürfnisse gar übererfüllt sein, denn erst dann können sich einzelne kreative Individuen mit Dingen beschäftigen, die nicht zur Erfüllung der Primärbedürfnisse benötigt werden. Interessanterweise ergaben sich gerade aus der Beschäftigung mit (nicht-essentiellen) Wachstumsbedürfnissen Möglichkeiten, in der sozialen Hierarchie aufzusteigen, z.B. indem ein Individuum in die

Rolle eines religiösen Führers schlüpfte und somit den die Basisbedürfnisse erfüllenden Individuen vorgab, was sie zu denken
hatten. Eine gewisse Autorität ist wohl auch notwendig, da sich
die Schamanen von den Jägern und Sammlern durchfüttern lassen mussten (36).

Ein Beispiel einer komplexen mittelalterlichen Gesellschaft mit Hierarchien

Die alte Reichsstadt Goslar beherbergte im 11. und 12. Jahrhundert die damals wichtigste Kaiserpfalz des Reiches, deren Gebäude heute noch besichtigt werden können. Goslar liegt fernab
von ICE-Strecken, aber die wundervoll gut erhaltene Altstadt mit
den prachtvollen Kirchen und Fachwerksensembles sind die Umstände mehrmaligen Umsteigens wert. Die Kaiserpfalz ist ein
Symbol mittelalterlicher Macht in einer komplexen Gesellschaft,
die bereits Schichten und Hierarchien ausgebildet hat. Im Gegensatz zur zentralisierten Macht im Römischen Reich (Rom) zog der
Kaiser im Heiligen Römischen Reich Deutscher Nationen von
Pfalz zu Pfalz, weshalb die höchste politische Macht im Reich immer dort war, wo der Kaiser sich gerade aufhielt. Für den Alltag
der Bauern hatte der Kaiser somit bestenfalls symbolische Bedeutung, da er ja meist weit weg war und eher das Verhältnis zum
lokalen Herrn von Belang war.

Wenn man mit dem Zug von Goslar nach Wolfenbüttel fährt,
fällt einem bei dem kleinen Örtchen Werlauburgdorf auf der linken

Seite ein kleiner Burgturm mit dreieckigem Holzspitzdach und einer kleinen Mauer auf. Hierbei handelt es sich um die rekonstruierte Vorgängerpfalz, die noch im 10. Jahrhundert unter den Ottonen ein wichtiger Stützpunkt der kaiserlichen Macht in der Region war. Im Vergleich zu dem prachtvollen Palast in Goslar wirkt die Kaiserpfalz bei Werlauburgdorf geradezu niedlich. Beim Anblick dieser Kaiserpfalz scheint die bäuerliche Lebenswelt näher als in Goslar. Für die Bauern war nur der unmittelbare Lehnsherr sichtbar, an den sie Abgaben entrichten und für den sie Felder bewirtschaften mußten.

Aber was war der erste Schritt von weitgehend egalitären Jäger-und-Sammler-Gesellschaften zur Ausprägung solch komplexer Machtsysteme wie dem mittelalterlichen Lehnswesen mit dem Kaiser an der Spitze?

In Jäger-und-Sammler-Gesellschaften und auch in sesshaften Kulturen bis zum Einsetzen der industriellen Revolution mit einhergehender Bevölkerungsexplosion vor etwa 250 Jahren, lebten Menschen meist in einigermaßen überschaubaren Großgruppen von kaum mehr als 100 Individuen. Wer in einer Jäger-und-Sammler-Gruppe aufwuchs, kannte jedes andere Gruppenmitglied. Bei sesshaft gewordenen Dorfbewohnern kannte man sich auch gegenseitig und die Bewohner der Nachbardörfer waren in der Regel als Individuen zumindest vom Sehen her bekannt.

Ganz anders in einer modernen westlichen Großstadtgesell-schaft: Seit etwa 4 Jahren wohnt gegenüber meines Apartments ein junger Mann. Er ist sehr groß und wenn wir uns zufällig mal treffen, grüßen wir uns. Eigentlich scheint er ganz in Ordnung zu sein. Trotzdem kenne ich seinen Vornamen nicht. Es hat sich ein-fach nicht ergeben, dass wir uns irgendwann einmal vorgestellt hätten. Wir wohnen zwar gegenüber im selben Haus, aber unsere sozialen Geflechte haben keinerlei Überlappungen. Stattdessen gibt es Menschen, die auf einem anderen Kontinent wohnen, die wir besser kennen. In einer Jäger-und-Sammler-Gruppe oder aber auch in einem Bauerndorf vor bis zu 300 Jahren wäre es undenkbar, dass Bewohner gegenüberliegender Hütten sich nicht kennen würden. Stattdessen besteht mein soziales Gefüge aus lauter Menschen, die mehr oder weniger weit weg von mir woh-nen, denen ich aufgrund gemeinsamer beruflicher Verbindungen regelmäßig begegne und die deshalb zu meinem sozialen Umfeld wurden. Würde ich meinen Arbeitsplatz verlieren oder wechseln, würde dieses Sozialgefüge sich unmittelbar auflösen. Ähnlich erginge es einem früheren Dorfbewohner, wenn er das Dorf ver-ließe. Im Gegensatz zum modernen Arbeitnehmer könnte er je-doch in sein Dorf zurückkehren, während nach Arbeitsplatzverlust eine Rückkehr an den Arbeitsplatz heutzutage in der Regel nicht möglich ist.

Obwohl derzeit soviele Menschen leben wie nie zuvor, ist die moderne postindustrialisierte Gesellschaft des 20. und 21. Jahr-hunderts nur ein Wimpernschlag im Zeitstrahl der Geschichte. Die

Atomisierung der modernen Gesellschaft mit Werteverlust von Familie und Liebe hat den Nebeneffekt, dass das Bevölkerungswachstum zurückgeht, was angesichts begrenzter Ressourcen zu begrüßen ist. Möglicherweise steuern Gesellschaften mit weiterhin hohem Bevölkerungswachstum auf katastrophale Verhältnisse zu (58).

Da unsere postindustrielle „oversexed and underfucked" Gesellschaft wohl eher die evolutionäre Ausnahme darstellt, sollte sie, zumindest wenn man den Zeitrahmen als entscheidend ansieht, nicht als Modell für die Entwicklung der menschlichen Gesellschaften nach der Sesshaftwerdung dienen. Interessanter ist der Blick in eine Zeit, in der Eltern- und Kindergeneration ein ähnliches Leben führten wie die Großeltern und Enkelgenerationen, in der Fortschritt noch über Generationen oder Jahrhunderte gemessen werden konnten und in der das Leben nicht von exponentiellem Wachstum geprägt war. Dies war bis vor etwa 300 Jahren der Fall.

An meinem Arbeitsplatz bestehen natürlich auch Hierarchien, allerdings sind diese nicht evolutionär wirksam. Meine Stellung in der Hierarchie hat nichts mit meinem (ausbleibenden) Fortpflanzungserfolg zu tun, es verbinden mich keinerlei familiäre oder Stammesloyalitäten mit meinen Kollegen. Sexuelle Anziehung mag im modernen Arbeitsleben zwar in seltenen Momenten kurz aufflackern, jedoch sind dies eher instinktive Verhaltensmuster aus vergangenen Generationen, die im modernen Arbeitsleben unerwünscht sind und sogar folgenreich sanktioniert werden können. Im Angestellten Arbeitsverhältnis des kooperativen Kapitalismus haben Liebe und Sexualität keinen monetarisierbaren Mehrwert und werden auf lange Sicht an Bedeutung verlieren, zumal die Risiken aufgrund von amourösen Gefühlsregungen, den Arbeitsplatz und die ökonomische Existenz zu verlieren für den abhängig Beschäftigten erheblich sind.

In einer Jäger-und-Sammler-Gesellschaft ist die Autorität über erjagte oder gesammelte Ressourcen eigentlich recht offensichtlich. Die Person, die ein Tier erjagt hat, oder essbare Pflanzen gesammelt hat, wird zumindest eine starke Mitsprache haben, wer an diesen Nahrungsmitteln teilhaben wird. Wahrscheinlich waren in solchen Gesellschaften besonders tüchtige und mutige Jäger und im Konfliktfall Kämpfer besonders hoch angesehen. Wenn solch tüchtige Jäger sich auch noch durch besondere Intelligenz auszeichneten, konnten sie ihren Stammesgenossen gut ausgedachte Jagdpläne erklären und sich zu Führungsfiguren entwickeln. Inwiefern in Jäger-und Sammler-Gesellschaften geschlechtsunterschiedliche Rollen ausgeprägt waren unterliegt Spekulationen. Beschreibungen der Sozialstrukturen in zeitgenössischen traditionell lebenden Gesellschaften legen jedoch Nahe, das diese sehr stark ausgeprägt waren (40). Da *Homo sapiens* Kinder sehr unreif auf die Welt kommen und noch jahrelang auf Unterstützung von außen angewiesen sind, um zu überleben, müssen wir davon ausgehen, dass Mütter in allen menschlichen

Gesellschaften besonderen Schutz genossen und somit von vielen, insbesondere mit Gefahren verbundenen Aufgaben entbunden waren. Zudem haben Männer schlichtweg mehr Kraft und Ausdauer. Eine entsprechende Arbeitsteilung, bei der den Frauen eher Aufgaben im Lager/Heim zukamen, liegt also nahe. Somit ist davon auszugehen, dass sich in *Homo sapiens* Gruppen geschlechterspezifische Hierarchien ausgebildet haben mit Alpha Männern und Alpha Frauen, ähnlich, wie man es auch bei anderen Säugetieren, z.B. Wölfen, beobachten kann (66). Partnerschaften wurden dann wahrscheinlich auch, schon bevor sich tatsächliche Klassen ausgebildet hatten, bevorzugt standesgemäß geschlossen. Männer und Frauen mit hohem Ansehen, die also höher in den informellen, sich ausprägenden Hierarchien standen, hatten wohl auch im Ganzen bessere Chancen, sich zu verpaaren und fortzupflanzen. Für den Nachwuchs wollten sie dann immer nur das Beste und setzten ihren Einfluss in der Gruppe so ein, dass ihre Kinder davon profitierten. In den eigenen Eltern hatten Kinder ranghoher Eltern starke Fürsprecher, wodurch sie bessere Chancen hatten, in sich andeutenden Hierarchien ebenfalls gut „nach oben" zu kommen. Sobald Gesellschaften sich zu differenzieren begannen mit Ausprägung von Spezialisierungen („Berufen"), erlernten die Kinder, insbesondere die Söhne, ihr Aufgabenfeld von den Eltern (der Sohn vom Vater). Nach der Sesshaftwerdung mit der einhergehenden Anhäufung von Gütern gab es auch etwas von einer auf die Folgegeneration zu vererben. Glücklich waren die Kinder, deren Eltern das größte Haus im Dorf hatten, weil sie so tüchtig oder auf andere Weise erfolgreich waren. Die

Kinder erbten dieses Haus und damit auch (zumindest teilweise) den Status der Eltern. Über Generationen bildete sich eine Schicht aus, deren „Beruf" darin bestand zu herrschen bzw. schlichtweg privilegiert zu sein. Wenn diese privilegierte Stellung in einer Gesellschaft vererbt wird, bildet sich ein Adel aus.

7. Evolution von Technologien

In der Bouri Formation im Hochland von Äthiopien wurden Fossilien verschiedener *Australopithecinen* und *Homo*-Fossilien gefunden. Als besonders aufschlussreich gelten jedoch die vielfältigen Hinweise auf die Benutzung von Werkzeugen. Insbesondere Schab- und Schnittmarken auf knöchernen Fossilien von Tieren gelten als Zeugnis der Werkzeugbenutzung zur Zerlegung erlegter oder tot aufgefundener Tiere. Zudem wurden einfache steinerne Faustkeile gefunden, die wohl als Instrumente im Einsatz die Schab- und Schnittmarken auf den Tierkknochenfossilien verursacht hatten. Solche Faustkeile werden allgemein als „Oldowan-Werkzeuge" bezeichnet, nach der Kenianischen Olduvai-Schlucht, wo erstmals derartige Faustkeile gefunden worden waren.

Werkzeugbenutzung ist auch bei unseren Verwandten beschrieben worden, so benutzen Schimpansen zum Beispiel lange spitze Stöcke, um Termiten aus deren Bau zu ziehen. Aber auch ferner verwandte Affen benutzen zuweilen Werkzeuge, so ist z.B. beschrieben, dass auch Kapuzineraffen Instrumente benutzen, z.B. Steine zum Öffnen von Nüssen. Auch unsere menschlichen Vorfahren könnten Steine zum Nüsseknacken benutzt habe, aber auch zum Knacken von Tierknochen, um an das nahrhafte Knochenmark heranzukommen. Lange Zeit waren unsere Vorfahren nicht an der Spitze der Nahrungskette, sondern eher irgendwo in der Mitte, weshalb sie sich wohl oft mit dem begnügen mussten, was von den Spitzenprädatoren übriggelassen worden war. Da war es gut, wenn man die Fleischreste abschaben konnte und auch die liegengebliebenen Knochen aufbrechen und somit optimal verwerten konnte. Wahrscheinlich wurden schon von *Australopithecinen* Werkzeuge benutzt, zumindest in dem Maße, wie wir Werzeugbenutzung auch bei heute lebenden Affen beobachten können. Ein besonderer kultureller Schritt muss die Etablierung spezialisierter Werkzeuge zur dauerhaften praktischen Nutzung gewesen sein. Anfangs vielleicht nur ein besonders günstig geformter Stein, der von unserem Vorfahren an wiederauffindbaren Stellen aufbewahrt oder vielleicht sogar mitgeführt wurde. Dies würde 2 kulturelle Entwicklungen implizieren, erstens die von gezielter Wekzeuganpassung an Erfordernisse und zweitens das an sich Nehmen von Artefarkten als individuellen oder kollektiven Besitz.

Vor etwa 1,75 Millionen Jahren wurden größere Handfaustkeile von Hominiden-Vorfahren, wahrscheinlich der Art „*Homo errectus*" angefertigt, die heutzutage als Acheuléen Faustkeile bezeichnet werden, benannt nach Saint-Acheul bei Amiens, wo diese Faustkeile erstmals gefunden und beschrieben wurden. Wir müssen aber davon ausgehen, dass die meisten von unseren Vorfahren genutzten Alltagsgegenstände aus Holz, Fasern, Tierknochen, Fellen und Sehnen bestanden, die im Gegensatz zu Steinen nicht über die Jahrtausende überdauerten, die zwischen ihrem Gebrauch und heute liegen.

Zwischen Niedersachsen und Sachsen-Anhalt wurden etwa 320.000 Jahre alte Alltagsgegenstände in einem Braunkohletagebau (Schöningen) gefunden. Bemerkenswert sind die gut erhaltenen Holzspeere, die durch günstige geologische Umstände vom Zerfall verschont blieben (67). Die Schöninger Ausgrabungsstätten sind als paläo-archäologischer Glücksfall zu sehen: Sogar Insektenflügel und Eierschalen sind erhalten. Dies ist wohl mehreren günstigen Umständen zu verdanken: Dadurch, dass die Artefarkte immer im Wasser lagen bzw. am Grund des Sees ins Sediment sanken, waren sie permanent vor Sauerstoff und Zersetzung durch Mikroorganismen geschützt. Durch den Fund eines Artefarktes wird dieser den schützenden Sedimenten entrissen, weshalb Zerfall droht. Die Ausgrabungen in einem als Terasse in den Tagebau ragenden Areal gehen weiter und fördern immer wieder interessante Artefarkte zu Tage. Vor 320.000 Jahren gab es den modernen *H. sapiens* noch nicht (oder wenn, dann sehr frühe Vertreter der Art). Die in Schöningen gefundenen Alltagsgegenstände werden dem *H. heidelbergensis* zugeordnet, der von vielen Paläontologen als Vorfahre der Neandertaler oder gar als letzter gemeinsamer Vorfahre von *H. sapiens* und *H. neanderthalensis* angesehen wird.

In den etwa 300.000 Jahren seiner Existenz waren die technischen Fortschritte des *Homo sapiens* die längste Zeit überschaubar. Unterkünfte wurden aus den verfügbaren Baumaterialien, in der Regel Holz, Stein, Lehm, Blätter, Tierknochen, Tierhäute und Felle gefertigt. Jeder Mensch hatte nur sehr wenige Gegenstände in seinem Leben und lange Zeit war das Konzept, einen Gegenstand dauerhaft besitzen zu können, eher schwach ausgeprägt. Technologisch waren wohl die größten Entwicklungsbeschleuniger die Sesshaftwerdung und die Energierevolution, die durch das Verbrennen fossiler Brennstoffe eingeleitet wurde. Die Sesshaftwerdung wird auch als neolithische Revolution bezeichnet. Die ersten Menschen, die diese bemerkenswerte Verhaltensänderungen der Art *Homo sapiens* vor etwa 13.000 Jahren an den Tag legten, lebten im Mittleren Osten, in einem Gebiet, das in der Geschichtsschreibung als fruchtbarer Halbmond bezeichnet wird. Die industrielle Revolution begann in England in der Mitte des 18. Jahrhunderts.

Die Sesshaftwerdung des Menschen (Neolithische Revolution)

Vor 13.000 Jahren war der heute durch Wüsten und Halbwüsten charkterisierte Mittlere Osten fruchtbarer und wasserreicher als heute. Wie überall auf der Welt lebten die verstreuten *Homo sapiens* Grüppchen als Jäger und Sammler, also immer in Bewegung auf der Suche nach essbaren Pflanzen und jagdbaren Tieren und häufig wechselnden Nachtlagern, je nachdem, wo gerade Nahrungspflanzen oder Tiere gefunden werden konnten. In schlechten Zeiten übernachteten sie manchmal täglich an anderen Orten. In guten Zeiten oder an guten Orten verbrachten sie Wochen, gar Monate.

Die Domestizierung von Pflanzen (Kultivierung)

Offenbar gab es im Mittleren Osten vor 13.000 Jahren einige einladende Orte, wo sich unsere Vorfahren wohl fühlten und längere Zeit verweilten. Wahrscheinlich lagen solche Orte an einem Fluss, der Tiere anlockte und Fische führte, dessen Ufer mit fruchtreichen Büschen und Bäumen bestanden waren und in dessen Nähe jene seltsamen Gräßer wuchsen, deren Köpfe kleine Kerne enthielten, die zwar kleiner als Nüsse, aber deutlich zahlreicher verfügbar und essbar waren. Wenn man sie vor Wasser schützte, konnte man die Kerne sogar aufbewaren und erst später essen. Wenn sie feucht wurden, konnte es aber passieren, dass solch ein Kern aufging und etwas Grünliches hervorkam – ein Spross. Ob unsere Vorfahren dies als das Keimen eines neuen Getreidehalms erkannten, oder einfach jemand die Beobachtung machte, dass an Stellen, wo Getreidekörner auf die Erde gefallen waren, später Halme sprießten, werden wir wohl nie erfahren. Sicher ist nur, dass sie erkannt hatten, dass, wenn man die dicken Körner dieser Gräßer auf dunkle weiche und etwas feuchte Erde streute, hier später neue Exemplare ebendieser Gräser entstanden. Im Mittleren Osten waren Weizenarten und Gerste anzutreffen und wir gehen davon aus, dass ebendiese die ersten vom Menschen kultivierten Getreidearten waren. Feldbau als Kulturtechnik konnte sich auf der eurasischen Landmasse gut nach Osten und Westen ausbreiten, also entlang ähnlicher Breitengrade mit entsprechend ähnlichen Bedingungen (Klima, Jahreszeiten, Tag- und Nachtlängen über die Jahreszeiten) (36). Dadurch, dass der *Homo sapiens* Gras-Getreidesorten mit langen Köpfen voll großer, gehaltvoller Kernen bevorzugte, hatten entsprechende Pflanzenarten einen Selektionsvorteil, da der Mensch sie gezielt aussähte und Flächen zu ihren Gunsten von andern Pflanzen befreite. Der Mensch war zum Bauer und Getreidezüchter geworden. Allerdings könnte man auch von der Domestizierung des *Homo sapiens* durch Pflanzen sprechen, schließlich haben es einfache Gräser geschafft, uns dazu zu bringen alles dafür zu tun, dass sie wachsen und gedeihen, indem wir ihre Samen verbreiten (säen), für Getreide optimierte Lebensräume schaffen (roden, pflügen) und Konkurrenzpflanzen bekämpfen (jäten). Kurzum: Wir machen für das Getreide den Buckel krumm und arbeiten von früh bis spät, haben also unser Leben dem Getreide unterworfen (34).

Die längste Zeit der menschlichen Evolution waren unsere Vorfahren nur wenig bedeutsame Affen, die irgendwo im Mittelfeld der Nahrungspyramide angesiedelt waren. Wir erinnern uns an das Taung Kind, ein *Australopithecus africanus* Kind, das höchstwahrscheinlich Opfer eines Greifvogels wurde, ein Schicksal, das auch heutzutage viele kleinere Affen erleiden. Allein aufgrund seiner körperlichen Merkmale ist auch der *Homo sapiens* nicht zwangsläufig an der Spitze der Nahrungskette. In dem Roman „Life of Pi" von Yann Martel (Deutscher Titel: Schiffbruch mit Tiger) findet sich ein junger Mann nach einem Schiffbruch allein mit einem Tiger, einer Hyäne, einem Orang-Utan und einem Zebra in einem Rettungsboot wieder. Nachdem die Hyäne das Zebra und den Orang-Utan getötet hat, wird diese vom Tiger getötet, so dass schließlich die beiden Spitzenprädatoren *Homo sapiens* und Tiger unter sich sind. Im Roman gelingt es dem jungen Mann, den Tiger zu einem vertrauten Kompanion zu machen, ihn zu domestizieren.

Die Domestizierung von Tieren

Im Zusammenspiel zwischen Menschen und Hunden könnten sich schon lange vor der neolithischen Revolution Domestizierungserscheinungen gezeigt haben. Allianzen zwischen Menschen und Hunden bzw. Wölfen könnten schon vor der Sesshaftwerdung durch Kooperation bei der Jagd entstanden sein. Es besteht sogar die Hypothese, der *Homo sapiens* könnte durch Jagdallianzen mit Wölfen und den daraus hervorgehenden Hunden einen entscheidenden kompetitiven Vorteil gegenüber dem Neandertaler gehabt haben (30, 31). Aber vielleicht sollten wir nicht immer nur rein utilitaristisch denken. Möglicherweise lagen der Domestizierung einfach nur emotionale Bindungen zwischen Mensch und Wolf oder Hund zu Grunde, also genau, das was Hunde auch heute noch zu beliebten Gefährten macht.

Vor etwa 9000 Jahren entstanden größere Siedlungen, Dörfer. Der Ackerbau hatte es möglich gemacht, Überschüsse zu erzielen. Die Bevölkerung wuchs und erhöhte den Ertragsbedarf des Ackerbaus. Inzwischen war es den Menschen aber auch gelungen andere Säugetiere zu ihrem Nutzen zu kontrollieren. Die Domestizierung von Vieh wie Ziegen und Schafen bedeutete, dass Menschen kontrollierten, wohin diese sich bewegten, was sie fraßen und wie sie sich fortpflanzten. Domestizierte Tiere ließen sich kontrollierter nutzen und ausbeuten. Fleisch, Milch, Haare, Häute, Felle, Knochen und Dung (als Baumaterial und Dünger) waren direkt im Hinterhof verfügbar – keine mühsame und gefährliche Jagd, kein Schleppen von Kadavern über Kilometer zum Lager. Dafür musste der Mensch allerdings nun beständig die Tiere hüten, füttern, hegen und pflegen. Die Wildtiere hatten sich zuvor, bis sie erlegt wurden, selbst gepflegt und ernährt. Der ehemals freie Mensch war nun an die Scholle und sein Vieh gebunden. Wer hat hier eigentlich wen domestiziert?

Die Kombination aus Pflanzen und Tierdomestizierung schaffte erstaunliche Synergismen. Pflanzen oder die Teile der Pflanzen, die der Mensch selbst nicht aß (z.B, die Getreidestängel) konnten an die Tiere verfüttert werden und deren Dung wiederum zur Düngung der Felder verwendet werden. Wer auch immer auf die Idee gekommen ist, ein Tier, wahrscheinlich einen Ochsen oder einen Esel, vor ein Stück Holz zu spannen, das dieser dann durch den Ackerboden zieht, während der Mensch es in den Boden drückt, hat mit der Erfindung des Pflugs eine agrartechnologischen Revolution ausgelöst. Mehr Überschusse konnten erwirtschaftet werden und die Bevölkerung konnte weiter wachsen. Tiere konnten aber auch als Transportmittel dienen. Auf Pferden und Eseln kann man reiten. Kurzum: Der Mensch nutzte nicht nur die gegenständlichen Rohstoffe, die die Nutztiere lieferten sondern auch deren Muskelenergie.

Folgen geographisch unterschiedlicher Vorraussetzungen für Ackerbau und Viehzucht

Wie kommt es aber, dass manche Kulturen reich sind und als „weiter entwickelt" betrachtet werden? Oder wie Jared Diamond anfangs in seinem Buch „Guns, Germs and Steel" den dem Leser als Yali vorgestellten Papua-Neuguineaner zitiert: „Warum habt Ihr Weißen so viele Güter und wir Schwarzen so wenig?" (36).

Noch vor wenigen Generationen hätten besagte Weiße in Papua-Neuguinea, aber auch überall sonst auf der Welt (Afrika, Amerika, Ostasien), dies mit der Überlegenheit der weißen Rasse erklärt. Durch diese angebliche genetische Überlegenheit der weißen Kolonialisten (Rassismus) mussten diese sich nicht der Frage stellen, wie ihre Macht über die heimischen Menschen sich ethisch und moralisch rechtfertigen ließe. Eine weitere Vergewisserung der eigenen Überlegenheit wurde durch eine metaphysisch-religiöse Argumentation hergestellt (Missionierung der Einheimischen zu deren Seelenrettung). Obgleich beide Argumentationslinien einer kritischen Überprüfung ihrer Rechtmäßigkeit kaum standhalten können, waren sie in der Vergangenheit sehr erfolgreich. Mechanismen evolutionärer Selektion sind nicht ethisch wertend. Es setzt sich durch, was sich durchsetzt. Rassismus und religiöser Missionierungseifer waren offenbar (zumindest phasenweise) sehr starke Durchsetzungsmechanismen. Inzwischen kann man sie nicht mehr offen einsetzen (wobei der Missionierungsgedanke nach wie vor sehr lebendig ist und zur Ausbreitung von Religionen führt, in der Regel mit wenig Toleranz gegenüber anderen Religionen).

Die Stärke und Überzeugungskraft einer Idee ist vollkommen unabhängig davon, ob sie richtig ist. Ganz im Gegenteil: Möglicherweise hat sich der Mensch die Erde durch seine Fähigkeit, an nicht existente, nicht-objektivierbare Entitäten (z.B. Religion, Nation, Firma, Geld) zu glauben, unterworfen. Wissenschaftlich sind weder Rassismus noch die Überlegenheit einer Religion objektivierbar. Dennoch haben sie immer wieder Armeen motiviert, andere Völker zu überfallen, zu unterjochen und deren Ressourcen auszubeuten. Der unterliegende Rassismus oder das religiöse Berufenheitsgefühl verliehen den Aggressoren nicht nur ein Machtinstrument, sondern sorgten wohl auch für ein Gefühl, das man sich nur nehme, was einem aufgrund der eigenen überlegenen Stellung zustehe. Für eine dauerhafte Unterjochung und Ausbeutung anderer Menschengruppen bedarf es dann eines Unterdrückungsapparat mit Militär- und Geheimdienstkräften und gegebenenfalls ein paar „Schlägern für's Grobe". Rassismus und religiöse Überlegenheitsgefühle werden heutzutage in aufgeklärten Gesellschaften als unrecht und verwerflich abgelehnt. Den Reichtum anderer Länder und Völker kann man aber nach wie vor ausbeuten, auch wenn keine eigene Miliärpräsenz vor Ort gehalten wird. Die kostspieligen Verwaltungs- und Militärapparate vor Ort

kann man sich sparen, wenn man mächtige internationale Privat-
unternehmen agieren lässt, die mit vom Rohstoffgeschäft profitie-
renden lokalen Eliten zusammenarbeiten.

Rassismus und religiöse Berufenheitsargumente können wir
also getrost bei Seite schieben, wenn wir uns fragen, warum sich
in manchen Gesellschaften ein enormer technischer Fortschritt
entwickelt hat und in anderen nicht. (Die Frage, inwiefern die „Entwicklung" das Überleben der Menschheit selbst verkürzen wird,
sei hier einmal ausgeklammert). Jared Diamond macht für die verschiedenen Entwicklungen von Gesellschaften unterschiedliche
geographische Voraussetzungen und die damit verbundenen Zufälle verantwortlich. Vom fruchtbaren Halbmond breiteten sich die
Kulturtechniken des sesshaften Bauernlebens auf dem eurasischen Kontinent aus. Neben dem fruchtbaren Halbmond gab es
nur wenige andere Orte auf der Welt, in denen die Menschen in
einer unabhängigen Entwicklung von Jägern und Sammlern zu
sesshaften Bauern wurden. In China begannen die Menschen vor
etwa 9000 Jahren Reis anzubauen. In Süd- und Mittelamerika gab
es vor etwa 5000 Jahren Kulturen, die Mais, Kürbisse und Bohnen
kultivierten. Aufgrund der geographischen Isolation der amerikanischen Landmassen können wir sicher davon ausgehen, dass
diese Anbauarten sich autochthon entwickelt hatten. In Westafrika
und im äthiopischen Hochland kam es zu autochthoner Kultivie-
rung von Hirsearten und Yams. In viele Regionen aber hat sich
das Bauern- und Hirtenleben wohl aber einfach ausgebreitet. Die

Bedingungen für die Ausbreitung waren auf dem eurasisch-afrikanischen Landkomplex besonders gut, insbesondere in Ost-West Richtung entlang ähnlicher Breitengrade mit ähnlichen Nacht-Tag Rythmen und ähnlichen Jahreszeiten.

Dabei ging es den Individuen, die als Bauern und Hirten lebten, nicht unbedingt besser als den Jägern und Sammlern. Dennoch setzte sich das Bauern- und Hirtenleben fast überall im direkten Vergleich durch. Die Verdrängung des Jäger- und Sammlerlebensstils erfolgte hierbei entweder durch

1. Adaptation des entsprechenden Lebensstils (Lernen) in Bauern und Hirtengruppen benachbart lebenden Bevölkerungsgruppen oder durch

2. Verdrängung (Invasion und Bevölkerungsersetzung) von Jägern und Sammlern durch Populationen, die als Bauern und Hirten lebten.

Jared Diamond zählt fünf Faktoren auf, welche die Ausbreitung des Bauern- und Hirtenlebens- unter Verdrängung des Jäger- und Sammlerlebensstils begünstigten.

1. *Rückgang und Aussterben wilder Pflanzen und Tiere:* Die Ausbreitung des *Homo sapiens* ist mit drastischen Veränderungen der Flora und Fauna assoziiert. Natürlich sind diese drastischen Veränderungen nicht leicht zu rekonstruieren, da es hierzu kaum schriftliche Aufzeichnungen gibt. (Bestenfalls von menschinduzierten Aussterbeereignissen der jüngeren Vergangenheit wie dem Aussterben des Dodos auf Mauritius nach Ankunft holländischer Seefahrer.). Dennoch scheint das Verschwinden von Großtierfossilien mit dem Auftauchen des *Homo sapiens* assoziiert zu sein, so z.B. für die Mammuts des Eurasischen Großkontinents.

2. *Zunahme und Ausbreitung von domestizierten/kultivierten und teildomestizierten Pflanzen und Tieren:* Durch die gezielte Aussaat hatten die Futterpflanzen der Bauern einen kompetitiven Vorteil gegenüber den wild wachsenden Futterpflanzen der Sammler. Gleichermassen hatten die domestizierten Tiere der Hirten einen kompetitiven Vorteil gegenüber den wilden Jagdtieren der Jäger.

3. *Agrartechnologische Fortschritte, die einen Bauern-und Hirtenlebensstil begünstigten:* Die kumulierte Erfahrungen des Bauern im Umgang mit Saatgut (trocken lagern) und der Aussaat (Aufbrechen der Bodenoberfläche und Einpflanzen des Saatkorns) inspirierten zu Verfeinerung der Verfahrensweise mit einhergehender Effizienzsteigerung (Systematisches Roden, Pflügen, Aussähen, Düngen und Bewässern). Die Effizienzsteigerung führte zu Ertragssteigerung mit Überschußproduktion von Nahrungsmitteln, welche die Grundlage für einen weiteren Faktor legte:

4. *Schnelleres Bevölkerungswachstum in Bauern- und Hirtengesellschaften*

Die Nahrungsüberschußproduktion in Bauern- und Hirtengesellschaften führte zu Bevölkerungswachstum. Bevölkerungswachstum führte zu weiterer Steigerung der Nahrungsmittelproduktion, wodurch die Bauern- und Hirtengesellschaften und deren Anbauflächen immer mehr Raum einnahmen, was zum fünften (und ultimativen) Faktor der Ausbreitung des Bauern- und Hirtenlebens und der Verdrängung des Jäger- und Sammlerlebensstils führt:

5. *Verdrängung von Bevölkerungsgruppen, die als Jäger und Sammler lebten durch Bauern- und Hirtengesellschaften:*

1. Da Bauern- und Hirtengesellschaften Überschüsse produzierten, wuchsen deren Gesellschaften, so

dass sie bei direkten gewaltsamen Auseinandersetzungen zahlenmäßig überlegen waren.

2. In Bauern- und Hirtengesellschaften kam es ver-
    mehrt zu Aufgabenteilung und damit zu Speziali-
    sierungen, die zu Überlegenheit bei gewaltsamen
    Konflikten führten, z.B. durch durch Waffentechnik
    oder speziell trainierte Krieger.

3. Auch ohne Gewalt konnten Bauern- und Hirtenge-
    sellschaften die weniger schnell wachsenden Po-
    pulationen der Jäger und Sammler demographisch
    nach und nach über wenige Generationen verdrän-
    gen.

An dieser Stelle kehren wir noch einmal zur Grundfrage von
Diamonds Buch „Guns, Germs & Steel" zurück: Der Frage des
Papua-Neuguineaners Yali an den Amerikaner Jared: „Warum
habt Ihr Weißen so viele Güter und wir Schwarzen so wenig?".
Die Landwirtschaft in Papua Neugeuinea blieb über Jahrtausende
mehr oder weniger unverändert, stabil: Keine Neuerungen, die
man im Rückblick als Fortschritt bezeichen würde. Diamond argu-
mentiert, dass Nahrungsmittelüberschusserwirtschaftung durch
die Bauern die Vorraussetzung ist, damit sich einige Mitglieder der
Gesellschaft anderen Aufgaben zuwenden können, wenn deren
Ernährung durch die Überschüsse der Bauern gesichert werden
kann. In Neuguinea wurden jedoch niemals Überschüsse erzielt.
Schuld daran waren demnach die aufgrund der natürlichen Gege-
benheiten auf Neuguinea verfügbaren, kultivierbaren Pflanzen.

Archäologen gehen davon aus, dass die Menschen auf Neuguinea seit fast 10.000 Jahren Ackerbau betreiben. Damit gehörten sie zu den ersten, die von Jägern und Sammlern zu Bauern wurden. Allerdings gab es auf Neuguinea keine so leicht kultivierbaren Pflanzen wie im fruchtbaren Halbmond Vorderasiens. Die wichtigsten Feldfrüchte Neuguineas, wie z.B. Tarotwurzeln, verlangten den Menschen viel mehr Arbeitseinsatz ab. Tarotwurzeln muss man einzeln anlegen, also ein Loch graben und den Setzling einsetzen, während Getreidekörner einfach nur auf fruchtbaren Boden geworfen werden müssen. Zudem waren Neuguineanische Feldfrüchte kaum langfristig lagerbar, so dass die Landwirtschaft Jahrtausende lang eine „Von der Hand in den Mund"- Landwirtschaft blieb, die keine Überschüsse und Vorräte erwirtschaftete.

Die Industrielle Revolution

Das Erwirtschaften von Überschussen in der Landwirtschaft spielte wohl auch bei der industriellen Revolution eine massgebliche Rolle. Zu Beginn des 18. Jahrhunderts wurde die Landwirtschaft in England durch geschicktes Düngen, Intensivierung und Maschineneinsatz effizienter und ertragreicher, was wiederum zu einem Wachstum der Bevölkerung führte, was wiederum zur landwirtschaftlichen Ertragssteigerung führte, was wiederum zum Wachstum der Bevölkerung führte, und so weiter. Wachstum wurde zum Fetisch moderner Ökonomien. Aber mehr Menschen benötigen nicht nur mehr Lebensmittel, sondern auch mehr an anderen Gütern, insbesondere Kleidung. Nicht umsonst gilt der mechanische Webstuhl als Sinnbild der industriellen Revolution.

Eine Triebkraft der Industrialisierung war also das Bevölkerungswachstum mit entsprechender Erhöhung der Nachfrage nach Gütern und Arbeitskräften zu deren Herstellung, also der Übergang von einer (nachhaltigen) Erhaltungsökonomie zu einer (nicht-nachhaltigen) Wachstumsökonomie. Eine weitere Triebkraft war Energie. Bis zur Industrialisierung nutzte der Mensch das Feuer (Verbrennungsenergie) zur Erzeugung von Wärme und mechanische Muskelenergie (von Mensch und Tier) zur Erzeugung von Bewegungsenergie zur (Fort-)Bewegung von Mensch, Lasten und Erde (Pflug). Mit der Erfindung der Dampfmaschine konnte Wärmeenergie in mechanische Bewegungsenergie umgewandelt werden, mit der z.B. die mechanischen Webstühle zur Massenproduktion von Textilien betrieben wurden. Für frühindustrielle Anlagen, z.B. Mühlen, war man auf Wasserkraft von Flüssen angewiesen. Mit der Dampfmaschine konnten Fabriken unabhängig von der Wasserkraft errichtet werden.

Eisenbahnen und Dampfschiffe beschleunigten das Reisen und erleichterten den Gütertransport über große Entfernungen. Hierdurch konnte die Massenproduktion in große Fabriken verlagert, also zentralisiert werden. Lokale Handwerker, wie der Dorfschuster oder der Dorfschneider konnten mit den billigen, in Fabriken hergstellten Waren nicht konkurieren und gingen ein. Hier liegt eine weitere Triebkraft der Industrialisierung: Die schöpferische Kraft der Zerstörung und des Konsumkapitalismus (1, 68).

Nicht mehr der Bedarf an Gütern bestimmt die Produktion sondern die nachfrageabhängige Monetarisierbarkeit, also, ob und wie sich Geld erwirtschaften lässt.

Globaler „The winner takes it all" Kapitalismus

Im Kapitalismus lassen sich ähnliche Selektionsmechanismen erkennen wie bei der evolutionären natürlichen Selektion und entsprechend setzen sich im Kapitalismus nicht unbedingt die besten und zweckmäßigsten Technologien durch, sondern die, welche sich rasch verbreiten, also „sich vermehren". Der freie Markt ist allerdings mitnichten frei von äußeren Kräften und sorgt deshalb auch nicht dafür, dass sich das beste Produkt bzw. das Produkt mit dem besten Preis-Leistungsverhältnis beim Kunden durchsetzt. Gerade in modernen Ökonomien, in denen auf lokaler Ebene bestenfalls noch der Verkauf stattfindet, spielen Werbung und Marktmacht eine wichtigere Rolle also Güte und Qualität des Produkts. Das geht inzwischen so weit, dass heutzutage eine handvoll global operierender Konzerne einen Rest von Konkurrenz vorgaukeln oder ein einzelner Konzern einen Bereich vollkommen dominiert. Bizarr erscheint hierbei z.B. die globale Dominanz von Weltkonzernen wie Amazon oder Alibaba, die selbst keine Produkte erschaffen haben, sondern lediglich einen Großteil der globalen Vertriebswege monopolisiert haben und die „Plattformökonomie" dominieren.

Die Verbrennung fossiler Brennstoffe

Wenn irgendwo ein Wildfeuer ausbricht, im Wald oder in der Steppe, versuchen sich Tiere in Sicherheit zu bringen. Dies gilt für Huftiere, Katzen und sicherlich auch Affen. Beutegreifer versuchen vielleicht von dem entstandenen Chaos zu profitieren und fliehende Beutetiere zu schlagen, jedoch wird sich kaum eine Raubkatze zu einem Feuer hinbewegen. Bei größeren Feuern wäre dies schon allein aufgrund der Hitzeabstrahlung nicht möglich. Dennoch gelang es unseren Vorfahren, das Feuer nutzbar zu machen.

Feuer

Feuer wird gerne verwendet um Spuren auszulöschen und aufgrund dieses verzehrenden Charakters des Feuers sind Spuren von Feuer in der prähistorischen Forschung nicht so zahlreich erhalten wie z.B. Steinwerkzeuge. In Koobi Fora, einer wichtigen prähistorsichen Aussgrabungsstätte in Kenia, konnten Überreste von Feuerstellen nachgewiesen werden, die vor etwa 1.5 Millionen Jahren benutzt wurden, höchstwahrscheinlich von unseren Vorfahren der Art *Homo erectus*. Die Lage der Fundstücke deutet auf ein damals auf einem kleinen Fleck, also wahrscheinlich gut kontrolliert in einer Feuerstelle brennendes Feuer hin (69). Leider wurden in der Umgebung (noch) keine *Homo erectus* Knochenfossilien gefunden, sondern lediglich ein paar Fossilien von *Paranthropus boisei,* ein Australopithecine, der etwa vor 2,3 bis 1,4 Millionen Jahren vor unserer Zeit lebte. Etwa 1 Millionen Jahre alte Feuerreste wurden in der Wonderwerk Höhle in Südafrika gefunden. Hier wurden verbrannte Pflanzen und Knochenreste entdeckt, sowie komplex behauene Faustkeile, die an anderer Stelle mit *Homo erectus* assoziiert worden waren (70).

In der Braunkohletagebaufundstelle Schöningen in Niedersachsen (Schöninger Speere) wurden Spuren gefunden, die darauf hindeuten, dass die vor 300-400.000 Jahren hier lebenden *Homo heidelbergensis* Menschen Feuer nutzten. Allerdings wird angezweifelt, ob die gefundenen Spuren tatsächlich als Belege für die kontrollierte Benutzung von Feuer durch Menschen gedeutet werden können (71).

Ob es den Vorgängerarten des *Homo sapiens* schon gelang, das Feuer endgültig zu zähmen und kontrolliert zu nutzen, also ob sie in der Lage waren, Feuer bei Bedarf zu entfachen, oder zumindest, wenn dies ihnen nur mit großen Schwierigkeiten gelang, dauerhafte Feuer zu unterhalten, wissen wir nicht. Sicher sind wir uns dennoch, dass der *Homo sapiens* nicht als einzige Menschenart das Feuer beherrschte: Für den Neandertaler gilt die weitverbreitete Nutzung des Feuers als gesichert (72). Wahrscheinlich waren die ersten Ansätze zur Beherrschung des Feuers Zufällen geschuldet: Ein kleines, zugängliches Restfeuer nach einem Buschbrand, ein frisches Feuer durch Blitzschlag, das noch nicht so groß geworden war, dass die Hitzeabstrahlung unsere Vorfahren auf Distanz hielt. Zweifellos war auch ein sehr mutiges Individuum nötig, dass die eigenen Fluchtinstinkte überwand, sich dem

Feuer näherte und einen brennenden Ast in die Hand nahm. Der nächste Schritt wäre nun, das Feuer in einen Dauerzustand zu überführen.

Wenn nur ein einzelnes Feuer brennt, ist das Risiko, dass dieses ausgeht, groß. Wir können über die Umstände der Feuerverfügbarkeit unserer Vorfahren nur spekulieren. Ich vermute, dass die Nützlichkeit und Wichtigkeit des Feuers unseren Vorfahren sicherlich bewusst war. Vielleicht hat eine Gruppe, sobald sie über Feuer verfügte, mehrere Feuertstellen eingerichtet, die von Untergruppen bewacht wurden, so dass, wenn ein Feuer doch einmal ausging, ein Scheit von einem anderen Feuer verwendet werden konnte. Es ging also sprachbildlich darum, mehrere „Eisen im Feuer" zu haben, indem die Gruppe mehrere Feuer unterhielt. Vielleicht war das Feuer auch der Anlass dafür, zwischen Gruppen zu kooperieren, gar erste Abkommen zu schließen, nämlich die gegenseitige Versicherung, sich mit Feuer auszuhelfen, wenn dies Mal nötig würde. Das kooperative Element der Evolution wird leider immer etwas vergessen, während die Konkurrenz ganz selbstverständlich erscheint (73).

Irgendwann erlangte der Mensch die Fähigkeit, selbst Feuer zu entfachen. Bei der etwa 5200 Jahre alten Gletschermumie „Ötzi" wurde Zunderschwamm gefunden (ein getrockneter Pilz, der zum Anfachen eines Feuers nützlich ist) und feine Schwefelkiesspuren weisen darauf hin, dass Ötzi Pyrit oder Markasit Steine mitführte

(74). Ötzi ist allerdings ein Vertreter aus der Jungsteinzeit, also einer Epoche, die in menschheitsgeschichtlichen Zeitdimensionen einen Wimpernschlag vor der Moderne lag. Ob *Homo erectus* schon in der Lage war, selbst Feuer zu entfachen, ist fraglich. Wer jemals als Jugendlicher bei den Pfadfindern versucht hat, ohne Streichhölzer und Feuerzeug ein Feuer zu entfachen, weiß, dass dies alles andere als banal ist.

Die Verkleinerung der Zähne der sich entwickelnden Menschenarten wird gerne als Hinweis auf Kochen und Garen zur Nahrungsvorbereitung gewertet, da durch das Feuer die Nahrung leichter kau- und verdaubar wird. Allerdings wird dadurch die Abhängigkeit des Menschen vom Feuer größer. Wir müssen also davon ausgehen, dass das Feuer für den Menschen eine zentrale und immer wichtigere Rolle spielte, so dass irgendwann auch immer mehr „Energie" in die Entwicklung der Fähigkeit, Feuer zu entfachen gesteckt wurde, bis schließlich Feuersteine und Zunder zur Standardausrüstung der ansonsten wenig Artefarkte mit sich führenden Urmenschen wurde.

Die meiste Zeit seit der Beherrschung des Feuers wurde es lediglich als Licht- und Wärmequelle und zum Kochen benutzt. Als Brennstoff diente Holz, welches zum Wachsen die Energie der Sonne nutzte. Wenn wir Holz verbrennen, setzen wir also diese

Sonnenenergie wieder frei. Die Umwandlung von Energie als elaborierte Form der Beherrschung des Feuers trieb auch die Industrialisierung voran.

Im präindustriellen Handwerksbetrieb wurden Holz und Kohle-
feuer verwendet, z.B um Brot zu backen, Backsteine zu härten,
Metalle zu gewinnen und zu verarbeiten (Schmiede) oder einfach
nur Platz zu schaffen (Rodungsbrand). Des Weiteren wurden
Wasser- und Windkraft zum Betreiben von Mühlen verwendet.
Gegenüber Wasser- und Windkraft haben Holz und Kohle den
Vorteil der Transportierbarkeit und der Unabhängigkeit von natürlichen Wasser- und Windschwankungen. In der Frühzeit der Industrialisierung waren Braun-, Stein- und Holzkohle die wichtigsten fossilen Brennstoffe. Die Dampfloks verfeuerten solide Brennstoffe, also Kohle, Holz und Holzkohle, die in einem Tender am
Heck der Dampflok oder in einem eigenen Kohlewagen mitgeführt
wurde. Um diesen zu bestücken war Muskelarbeit gefragt, nämlich wenn die Kohle in den Tender geschaufelt werden musste.
Mit dem Erdöl gab es einen flüssigen fossilen Brennstoff, der einfach gepumpt werden konnte und nicht mehr geschaufelt werden
musste und zudem leichter in Tanks statt in Tendern gelagert und
mitgeführt werden konnte.

**Das Zeitalter der fossilen Brenstoffe (seit Mitte des 18. Jahr-
hunderts)**

Fossile Brennstoffe sind stark kohlenstoffhaltig. Durch das Absterben von Pflanzen, Tieren und Kleinstlebewesen in grauer Vorzeit

entstanden Erdöl, Erdgas, Torf, Braun- und Steinkohle. Kohle entstand durch Verrottung von Pflanzen am Grunde von Mooren unter Luftabschluss. Durch die folgende Absenkung des verrotteten Materials in tiefere Erdschichten und Überlagerung durch neue Erdschichten erhöhten sich Kompressionsdruck und Temperatur. So entstanden stark verdichtete kohlenstoffreiche Verbindungen. Steinkohle ist dicht und rein, Braunkohle weniger verdichtet, unreiner und schwefelhaltiger. Deshalb gilt die Verbrennung von Braunkohle als schmutzige, kohlenstoffemissionreiche Art der Energieerzeugung.

Das meiste Erdöl und Erdgas, das wir heute fördern entstand vor etwa 150 Millionen Jahren (als die Dinosaurier die Erde beherrschten) aus zu Schlamm verrottetem organischem Material aus Algen, und Mikroorganismen. Durch Überlagerung und Absenkung gelangten diese kohlenstoffreichen organischen Rückstände in tiefere Schichten, wo Druck und Temperatur einwirkten und für eine Umwandlung in flüssige (Erdöl) und gasförmige Aggregatzustände (Erdgas) sorgten. Erdgas hat einen hohen Methananteil. Methan ist unverbrannt ein potentes Treibhausgas. Dennoch gilt Erdgas als sauberer als andere fossile Brennstoffe, da es sehr effizient mit wenig Freisetzung des Treibhausgases Methan oder anderer Schadstoffe verbrennt.

Anders als Wind und Wasserkraft sind fossile Brennstoffe transportierbar und unmittelbar speicherbar und können somit überall verfügbar gemacht werden. Öl und Erdgas bieten als Flüssigkeit bzw. Gas einige praktische Vorteile gegenüber festen Brennmaterialien, so können sie z.B. durch Pipelines transportiert werden.

Ein Vergleich mit der Sonne fällt allerdings nicht ganz so eindeutig aus, zumindest nicht, seitdem es technisch möglich ist, Sonnen-energie, die ja prinzipiell auch fast überall verfügbar ist, in Batte-rien zu speichern. Dass Sonnenenergie immer noch ein Nischen-dasein mit gegenüber fossilen Brennstoffen vernachlässigbarem Anteil am Energeimix fristet, liegt wohl auch an der Marktmacht und der politischen Macht der Ölkonzerne (für Öl werden sogar Kriege angezettelt!).

Dieses Kapitel ist mit Evolution von Technologien überschrieben, was impliziert, dass hier Mechanismen am Werk sind, die denen der evolutionären natürlichen Selektion ähneln. Das mag oftmals der Fall sein, wenn gute Ideen oder Technologien sich ausbreiten, also sich sozusagen vermehren. Allerdings gilt auf Märkten wie in der Evolution, dass sich ausbreitet, was sich repliziert, nicht un-bedingt das, was irgendwie subjektiv im Auge des Betrachters als „gut" empfunden wird. In der globalisierten Wirtschaft haben sich Marktdominanzen und Monopole ausgebildet, die nicht unbedingt direkt auf der Vorteilhaftigkeit des Erzeugnisses für Menschen oder die Menschheit beruhen. Die Menschheit wurde innerhalb der enorm kurzen Zeit von weniger als 200 Jahren absolut ölab-hängig und wenn Auswege aus dieser Abhängigkeit sich anboten, wurden diese durch die Monopolmacht von „Big Oil" im Keim er-stickt.

Dieses Wirtschaftsphänomen ist vielleicht am ehesten noch mit dem Überwucherungsphänomen vergleichbar, wenn eine ein-zelne Pflanzenart alle anderen verdrängt, oder wenn sich eine

Bakterienart nach antibiotischer Darmmikrobiomvernichtung unverhältnismäßig vermehrt und die ganze Darmflora überwuchert.

Die ersten Ölquellen in Pennsylvania setzten die Grundlage des Reichtums der Ölbarone, allen voran der Rockefellers. Der Bezug des Familienpatriarchen William Avery Rockefeller zum Öl bestand lediglich darin, dass einige seiner Tinkturen, mit denen er als zweifelhafter Quacksalber über die Lande zog, Öl enthielten. Dennoch war schon mit den ersten Ölfunden viel Geld zu verdienen, denn fast zeitgleich zeigte sich eine Verwendung für größere Mengen Öl. Mitte des 19. Jahrhunderts wurden die Städte mit Tranlampen beleuchtet, in denen Waltran verbrannt wurde. Dieser wurde jedoch aufgrunde der Überjagung, insbesondere der Pottwale, zu einer immer teureren Ressource. Das Erdöl kam also gerade rechtzeitig, um als Lampenöl den Waltran zu ersetzen (und das vorzeitige Aussterben einiger Walarten zu verhindern). Dann wurde jedoch die Glühlampe erfunden, die bei oberflächlicher Betrachtung das Potential hatte, der Lampenölindustrie das Licht auszupusten. Stattdessen stand die Ölindustrie erst am Anfang ihres Booms, zumal ja fossile Brennstoffe eine große Rolle bei der elektrischen Energieerzeugung, auch für Glühbirnen, spielen.

Ein Jahr nachdem die Glühbirne in den Massenverkauf eingezogen war, entwickelte Carl Benz einen Motorwagen, dessen Verbrennungsmotor mit Benzin, einem Ölbestandteil, angetrieben wurde. Dieser Motorwagen wurde das erste kommerziell vertriebene Automobil. Wenn wir uns die Entwicklung der ersten „pferdelosen Kutschen" anschauen erscheint es nur im Rückblick logisch, dass sich hier die Benzinkutschen durchsetzen würden. Dies war keineswegs selbstverständlich, da es zahlreiche elektrisch angetriebene Kutschen gab, die sich durchaus auch hätten durchsetzen können. Ende des 19. Jahrhunderts war London voller Elektrotaxis. Ob es Zufälle waren, die dem Verbrennungsmotor gegenüber dem Elektromotor zum Sieg verholfen haben?

Den entscheidenden Impuls zur Durchsetzung des Verbrennungsmotor brachten reiche Ölfunde in Pennsylvania um 1900, die Benzin zu einem billig und scheinbar unbegrenzt verfügbaren Antriebsstoff machten. Das häufigste Argument, warum sich der Benzinmotor durchgesetzt hat, ist die größere Reichweite der Benzinautos. Aber ist es ein fairer Vergleich, wenn man heutige benzingetriebene Autos, deren Technologie kontinuierlich und überall auf der Welt verwendet, verbessert und weiterentwickelt wurde, mit einer Technologie vergleich, die jahrzentelang nur ein Nischendasein fristete, wie die Elektroautos, an denen einzelne Tüftler arbeiteten? Wer weiß auf welchem Entwicklungsstand die Elektroautos heute wären, wenn deren Entwicklung mit denselben finanziellen Ressourcen vorangetrieben worden wäre wie die der Benzinautos oder die Elektroautos ähnlich gut auf dem Markt platziert geblieben wären.

Interessant ist in diesem Kontext auch das Wirken des Automobilkonzerns General Motors (GM), der zu Beginn des 20. Jahrhunderts bereits eine der größten und mächtigsten Firmen der Geschichte war. Viele amerikanische Städte hatten noch in den

1930er Jahren gut funktionierende öffentliche Nahverkehrssysteme mit Straßenbahnen. GM in Allianz mit Ölfirmen nutzten Wirtschaftsmacht und Monopolstellung, um die Straßenbahnsysteme zu zerstören und durch Autos, Lastwagen und Busse zu ersetzen. Hierdurch wurden die Profite von GM, also auch der Ölindustrie, auf Jahrzehnte gesichert. In der Praxis kaufte GM über Subunternehmen Straßenbahnbetreibergesellschaften auf, demontierte die Bahnen und ersetzte sie durch Busse aus eigener Produktion. Mit „Greyhound" wurde eine mit GM-Bussen ausgestattete Überlandbuslinie gegründet. Durch politische Einflussnahme trieb GM den Ausbau amerikanischer Städte zu Autostädten voran. Städtebaulich kam es zur zunehmenden Trennung der Bereiche Wohnen, Freizeit, Einkauf, Gastronomie, Arbeit und Wirtschaft. Um in diesen weiträumigen Städten wohnen zu können, brauchten Neuzuziehende ein Auto. Der Verkehr nahm immer mehr zu und die Straßen wurden auf Kosten vorher anderweitig genutzter Flächen ausgebaut (75, 76).

Aufgrund der Abhängigkeit der Weltwirtschaft von Öl und Gas hat kaum eine andere natürliche Ressource die Geopolitik der letzten 100 Jahre stärker geprägt als Öl und Gas. Im 20. Jahrhundert wurde Öl in Form von Diesel, Benzin, Schiffsschweröl oder Flugbenzin (Kerosin) der Treibstoff der lokalen, regionalen und internationalen Mobilität. Die strategische Bedeutung wurde insbesondere in Kriegen sichtbar. Ölfördermengen, aber auch Öltransportmengen werden in „Barrels" angegeben (Barrel = Fass). Ein Öl-Barrel fasst 42 US Gallonen, was etwas weniger als 159 Litern entspricht. Wie bereits beschrieben, fand der erste Ölrausch Ende des 19. Jahrhunderts in Pensylvannia im Nordosten der USA statt. In der ersten Hälfte des 20. Jahrhunderts wurden dann reiche Öl-lagerstätten in Venezuela und im Mittleren Osten, von der Arabi-schen Halbinsel über Syrien und den Irak bis Iran gefunden. Die Ölquellen des Mittleren Osten wurden von Englischen Firmen ausgebeutet, die die dortige Bevölkerung gleich mitausbeuteten und nur geringe Anteile der Öl-Bonanza an die Länder, in deren Erde das Öl verborgen lag, abgaben.

Nach Ende des 2. Weltkriegs, in dem die kriesgsstrategische Be-deutung des Öls deutlich geworden war, unterzeichneten die Ver-einigten Staaten mit dem Saud-Clan von Saudi Arabien ein Ab-kommen, dass den Amerikanern den Erstzugriff auf das saudi-sche Öl zusicherte. Im Gegenzug garantierten die Amerikaner für die Sicherheit Saudi-Arabiens, was de facto eine Zusicherung an das Haus Saud war, deren Macht in Saudi-Arabien militärisch ab-zusichern (notfalls auch gegen das saudische Volk). Die Amerika-ner garantierten Saudi-Arabien (dem Haus Saud) 50% der Ölge-winne. Im Iran hingegen verweigerten die Briten den Iranern einen ähnlich fairen Deal, woraufhin der demokratisch gewählte Präsi-dent Mossadegh mit Unterstützung des Parlaments und des ira-nischen Volks die Ölquellen verstaatlichte. Durch die US-britische Geheimdienstaktion, die unter Operation Ajax bekannt wurde, kauften CIA und MI6 Protestler und organisierten 1953 Massen-proteste in Teheran, die schließlich zu einem Putsch gegen den demokratisch gewählten Präsidenten Mossadegh führten und zur Wiedereinsetzung des Shahs, eines absolutistischen Diktators.

Lange Zeit als Verschwörungstheorie verschrien, ist nach der Aktenöffnung der Geheimdienstarchive im Jahr 2013 klar, dass es sich bei Operation Ajax um Verschwörungspraxis britisch-amerikanischer Putschanstifter handelte (77). Big Oil ist nach wie vor eine der wichtigsten Säulen des militärisch-industriellen Komplexes mit kausaler Beteiligung an den völkerrechtswidrigen Angriffskriegen gegen den Irak im Jahr 2003 und Lybien 2011 (78). In Lybien stehen im Jahr 2020 die Firmen Saudi Aramco (Saudi-Arabien), Tatneft (Russland), Total (Frankreich) im Lager des US-freundlichen Generals Haftar und somit dem verfeindeten Lager um den Lybischen Ministerpräsidenten Sarradsch mit türkischen Energiekonzernen, Eni (Italien) und Wintershall (Deutschland) gegenüber.

Auf lange Sicht könnte das rasche Abfeuern von Unmengen von Kohlenstoff in unglaublich kurzer Zeit den Fortbestand der Menschheit gefährden. Im Grunde ist in fossilen Brennstoffen die vor Jahrmillionen von Algen und Pflanzen aufgenommene Sonnenenergie gespeichert, die bei der Verbrennung freigesetzt wird. Der Anstieg der Treibhausgase, wobei CO_2 und Methan die wichtigsten sind, führt zu dem, was in der Wissenschaft als Treibhauseffekt bezeichnet wird: Die Rückreflektion von Sonnenstrahlen von der Erdoberfläche ins All wird durch höhere Treibhausgaskonzentrationen reduziert. Die Erde erwärmt sich allmählich. Zuletzt kam es zu einer solchen Erderwärmung vor etwa 56 Millionen Jahren, während des Paläo-Eozän-Temperaturmaximums (PETM). Damals stieg die CO_2-Konzentration der Atmosphäre von etwa 800 ppm auf über 2000 ppm in einem kurzen Zeitraum von etwa 10.000 Jahren und die Temperaturen stiegen um 5–8 Grad Celsius. Derzeit (Ende 2019) liegt die CO_2-Konzentration bei etwas über 410 ppm. Vor 200 Jahren und in den Jahrtausenden davor lag sie noch bei 280 ppm (79). Der derzeit stattfindende Anstieg erfolgt also deutlich schneller als vor 56 Millionen Jahren. Im PETM vewandelte sich die Erde in eine grüne Hölle mit dichtem Pflanzenwachstum und tropischer Vegetation weltweit. Können wir uns also damit trösten, dass der derzeit stattfindende CO_2-Anstieg das Pflanzenwachstum ankurbelt und somit das Nahrungsangebot auf der Erde sogar verbessern könnte? Würde das Pflanzenwachstum nicht auch zu einer Kompensation führen, da Pflanzen Kohlenstoff absorbieren und somit die CO_2-Konzentrationen senken könnten? Dies wird wohl eher nicht der Fall sein, da unsere Art dies verhindert, ja die bestehenden Wälder und Grünflächen weltweit zurückgehen, um für urbane Siedlungsflächen oder landwirtschaftliche Nutzflächen Platz zu machen oder von sich ausdehnenden Wüsten und Trockenregionen reduziert werden. Dabei könnte Wassermangel die Landwirtschaft in vielen Regionen der Welt einschränken. Immerhin sind großangelegte Waldpflanzaktionen in China und in Afrika in Gang gekommen und mit jedem neuen Setzling keimt auch etwas Hoffnung auf.

Möglicherweise hat der *Homo sapiens* als Art nicht mehr lange Bestand. Aber vielleicht kann unsere Art auch über das Ableben hinaus im Guten wie im Bösen die Evolution beeinflussen. Das von uns derzeit „veranstaltete" Massenaussterben wäre hier zweifellos zu nennen. Aber vielleicht erschaft der *Homo sapiens* neben atomaren Abfällen ja auch noch etwas anderes, das die Existenz der Art überdauert und die Evolution über den Fortbestand der Art hinaus prägt: Künstliche Intelligenz.

8.   Künstliche Intelligenz und simulierte Realitäten

Neben den Entwicklungen in der Genetik und Molekularbiologie spielen Innovationen aus der Robotik und Informationstechnologie eine immer größere Rolle und inzwischen ist auch von tatsächlichen Verschmelzungen von Menschen und Maschinen, nicht nur auf mechanischer sondern auch auf kognitiver Ebene, die Rede. Zusammengenommen sind dies nicht nur technische Neuerungen, die das Leben des Menschen verändern, sondern die Lebensentwicklung selbst, also die Evolution, prägen können. In der fast 4 Milliarden Jahre alten Geschichte des Lebens auf der Erde waren die Mechanismen der Evolution an natürliche Selektion und an organisches Leben gebunden. Mit der Schaffung künstlicher Intelligenz könnten die Menschen die natürliche Selektion tatsächlich durch intelligentes Design ersetzen. Hierbei ist ausdrücklich nicht das intelligente Design einer wie auch immer gearteten Gottheit gemeint, sondern das intelligente Design des Menschen – des *Homo Deus* (80). In diesem Kontext wäre intelligentes Design nicht nur Ausdruck dafür, dass etwas durch „intelligentes Design" entworfen wurde, sondern, dass dieses entworfene Design selbst intelligent ist. Ab wann und ob man künstliche Intelligenz als Leben bezeichnet, ist natürlich Definitionssache, aber wir wollen die klassischen biologischen Lebensdefinitionen hier einfach mal ausklammern und intelligente Daseinsformen mit dem ihnen innewohnenden Potential, „Eigenleben" zu entwickeln, als Leben klassifizieren. Mit künstlicher Lebensintelligenz würde das bis dato immer organische Leben erstmals in der inorganischen Welt manifest werden. Damit könnte die Kopplung des Lebens an das Organische und sogar an unseren Planeten hinfällig werden.

Möglicherweise entwickelt sich die künstliche Intelligenz zur dominierenden Lebensform auf der Erde, während der Mensch sich selbst gerade die Lebensgrundlage entzieht (58). Künstliche Intelligenz ist, wenn sie nicht mehr auf uns angewiesen ist, prinzipiell auch räumlich universell, braucht, also eigentlich auch keinen Planeten mehr. Vielleicht irgendwann nicht einmal mehr Materie und schließlich auch weder Zeit noch Raum.

Öffnen sich mit künstlicher Intelligenz die Dimensionen der Unendlichkeit und der Unsterblichkeit einer Menscheitsschöpfung, deren Fortbestand die eigentliche Existenzzeit des *Homo sapiens*, die, während ich diese Zeilen schreibe, kaum länger als 300.000 Jahre umfasst, lange, vielleicht gar ewig überdauern wird?

Für uns, *Homo sapiens,* ist dieser Gedanke einer unsterblichen von uns geschaffenen Intelligenz, obgleich faszinierend, wenig hilfreich, um uns in unserem Alltag und der Zukunft dieses Alltags zurechtzufinden. Für den einzelnen *Homo sapiens* birgt KI sogar viele bedrohliche Dimensionen.

Auswirkungen künstlicher Intelligenz auf das Alltagsleben des Menschen

Was bedeutet künstliche Intelligenz für die Arbeit (den Arbeitsmarkt)? Was für die Gesellschaft, das Zusammenleben, die Organisation unserer Gesellschaften (Politik)? Wie schon bei der ersten industriellen Revolution im 18. und 19. Jahrhunderts werden viele Berufe verschwinden oder marginalisiert werden. Dafür entstanden damals neue Berufe. Vor der Industrialisierung waren Hufschmiede in fast jeder größeren Siedlung Europas gefragte Spezialisten. Im 20. Jahrhundert spielt der Beruf des Hufschmieds nur noch eine marginale Rolle, während Automechaniker für die Mobilität gefragt sind. Aber während die Existenz von Tätigkeiten, die den Menschen erfordern damals nicht wirklich in Frage gestellt werden mussten, könnte KI dafür sorgen, dass diesmal viel mehr Tätigkeiten wegfallen, als neue dazukommen, so dass ein Großteil der Menschen sich andere Wege der Lebenserfüllung suchen muss und andere Modelle gefunden werden müssen, den Menschen ein Auskommen zu gewähren, wenn Erwerbsarbeit nicht mehr auf breiter Fläche angeboten werden kann. Schlimmstenfalls entsteht eine neue unterprivilegierte Massenklasse, die der Überflüssigen (81).

Wenn Autos, Busse, Züge und vielleicht sogar Flugzeuge und Schiffe irgendwann vollkommen unabhängig ohne Fahrer/Pilot/Kapitän operieren, werden sie wahrscheinlich sicherer sein und die Zahl der Unfälle erheblich reduzieren. Bei der Entwicklung autonom fahrender Systeme ist die Entwicklung sicher fahrender

Systeme eines der Hauptentwicklungsziele und eine überlegene Sicherheit gegenüber menschlichen Fahrern wird eine Vorbedingung zur Einführung eines KI gesteuerten autonom fahrenden Systems. In der Anfangsphase werden sich starke Widerstände formieren, insbesondere seitens der überflüssig werdenden steuernden Menschen, aber wenn der ökonomische Imperativ sich durchsetzt, werden die Menschen keine Chance haben, sich gegen die sichereren und langfristig sicher auch billigeren KI-gesteuerten Systeme zu behaupten.

Aber auch akademische Berufe sollten sich nicht zu sicher fühlen. In angelsächsischen Ländern mit der Tendenz, Gewinne zu privatisieren und Verluste der Gesellschaft aufzudrücken, sind die Universitäten und Bildungsanstalten immer stärker zu gewinnorientierten Unternehmen geworden, die den Studenten hohe Studiengebühren abverlangen, für welche die Jungakademiker Kredite aufnehmen. Hierdurch sind die Universitätsabgänger in England und Amerika immer höher verschuldet, wenn sie ins Berufsleben starten. In den USA lag die Schuldenlast eines Hochschulabsolventen im Jahr 2016 bei durchschnittlich 37.106 US $ (82). Solche Bildungsschulden bleiben auch bei einem Privatbankrott erhalten, die Abgänger sind also gezwungen, die Schulden abzuarbeiten. Bei gut bezahlten und gesuchten Berufen wie Ärzten scheint dies ja noch gut möglich zu sein, aber bei stark konjunkturabhängigen Berufen kann sich ein teurer Hochschulabschluss als Fluch erweisen, wenn danach kein gut dotierter Job gefunden wird.

Aber wer sagt, dass KI nicht auch Ärzte in kurzer Zeit überflüssig macht? Das diagnostische Arbeiten von Ärzten folgt in der Praxis stark Algorithmen und Algorithmen sind ja heute schon eine Domäne, in der Computer dem Menschen haushoch überlegen sind, auch schon ohne KI. Derzeit dienen die Computer noch den Ärzten, die ihre Erkenntnisse in den Computer eingeben, auf dass dieser die Erkenntnisse archiviert und bestenfalls beim Ausführen diagnostischer Algorithmen behilflich ist. Dabei stehen dem Computer die Daten der Welt zur Verfügung, die auch immer wieder aktualisiert werden. Der Computer „weiss" also schon heute mehr als der menschliche Arzt. Wenn der Computer neben der Algorithmen-folgenden Datenverarbeitungskapazität zusehends KI-Elemente integriert, könnte schon bald der interpretierende und kontextualisierende menschliche Geist des Arztes überflüssig werden. In der diagnostischen Radiologie, bei der es hauptsächlich auf Mustererkennung und Zuordnung ankommt, sind Computer dem Menschen schon überlegen. Bei den Ärzten könnte ich mir allerdings vorstellen, dass sie es durch starke berufsständische Vereinigungen schaffen, weiterhin als Beruf bestehen zu bleiben und sich Privilegien zu erhalten, da die Medizin auch eine stark kommunikativ-interaktive Komponente aufweist. Allerdings ist das Medizinstudium einer der teuersten Studiengänge, so dass, rein wirtschaftlich betrachtet, auch hier ein deutlicher Kostenvorteil besteht, wenn man den menschlichen Arzt durch KI ersetzt.

Im 20. Jahrhundert haben sich Maschinen bei mechanischen, kraftaufwendigen Tätigkeiten als überlegen erwiesen und den Menschen von körperlichen Arbeiten verdrängt. Im 21. Jahrhundert könnten Maschinen den Menschen auch bei kognitiven Tätigkeiten überbieten und ihn verdrängen. Ob der Mensch auf Dauer dann noch die Macht über die KI behält, ist fraglich.

Wenn aber große Teile der Gesellschaft zu den ökonomisch „Überflüssigen" zählen, haben sie auch keinerlei politische Macht mehr. Piloten, Lokführer und Busfahrer können als Interessengruppe Macht ausüben und haben Druckmittel, klassischerweise den Streik. Wenn aber der gesamte Flug-, Zug- und Busverkehr KI-gesteuert läuft, liegt die gesamte Macht beim Eigentümer des Verkehrssystems. Durch die mit der Globalisierung einhergehenden Monopolisierungstendenzen könnte z.B. der weltweite Busverkehr durch ein einziges Großunternehmen kontrolliert werden. Das ist Macht! Man denke nur daran, wie sich das Unternehmen Uber weltweit ausgebreitet hat und dies im kleinteiligsten und bis dato am stärksten lokal organisierten Teil des öffentlichen Verkehrs (Taxiverkehr).

Wenn KI-gesteuerte Fahrzeuge irgendwann weniger Unfälle verursachen werden als Mensch-gesteuerte, wird dies eines der Hauptargumente für deren Einführung sein. Diese Sicherheit ist darin begründet, notwendige Entscheidungen schnell und korrekt zu treffen: Eine Entscheidungssicherheit. Paradoxerweise kann diese „Entscheidungssicherheit" von KI auch in die Katastrophe führen:

Richtige falsche (Mensch) und falsche richtige Entscheidungen (KI)

Das Konzept der gegenseitig zugesicherten Totalzerstörung (mutual assured destruction) durch Atomwaffen hat atomar gerüstete Staaten bislang davon abgehalten, sich gegenseitig anzugreifen. Im Kalten Krieg belauerten sich insbesondere die USA und die UDSSR und trotz einiger Beinahe-Atomkrieg-Ereignisse (Kuba Krise, Able Archer 1983) ist es nie zu einem atomaren Schlagabtausch gekommen. Bekannt geworden ist der Fall des russischen Offiziers Stanislaw Petrov, der trotz der Radarmeldung eines Raketenstarts im Mittleren Westen der USA diesen nicht weitermeldete und auch nach einer weiteren Radarmeldung kurze Zeit später, die den Start von 4 Raketen im Mittleren Westen implizierte, zu seiner Entscheidung stand, dass es sich um „falsch positive" Signale handelte. Die vorschriftsmäßige Reaktion wäre die unmittelbare Meldung an die sowjetische Staatsführung gewesen, die gemäß der damaligen „mutual assured destruction" Doktrin mit einem „All out" nuklearen Gegenangriff geantwortet hätte, was zur potentiellen Vernichtung der Menschheit, mindestens aber zum Tod von Milliarden von Menschen geführt hätte.

Die Entscheidung gemäß der „mutual assured destruction" Strategie zu handeln und einen Gegenschlag auszuführen, musste damals innerhalb einer halben Stunde gefasst werden, da

sonst die eigenen Raketensilos und damit die Gegenschlagska-
pazität durch Einschläge der Angreiferraketen vernichtet worden
wären. Die bewusste Verletzung des vorschriftsmäßig vorgege-
benen Algorithmus durch Stanislaw Petrov hat also die Menschheit vor einem Atomkrieg bewahrt. Inzwischen stehen NATO Raketen in Osteuropa, wodurch die Reaktionszeitzeit, innerhalb der
nach der „mutual assured destruction" Strategie die Gegen-
schlagsraketen gestartet werden müssten kürzer geworden ist,
zumal durch moderne Hyperschallraketen (schnellere Rakten)
auch die Flugzeit der Raketen reduziert wurde. Bei solch einem
immer kleiner werdenden Zeitfenster wird die „mutual assured destruction" Strategie nur aufrechtzuerhalten sein, wenn der Ange-
griffene noch in der Lage ist, die Entscheidung zum Gegenschlag
vor der Zerstörung der eigenen Raketensilos durch die Angreifer
zu treffen. Wenn es aber darum geht, Entscheidungsalgorithmen
in kurzer Zeit ablaufen zu lassen, ist KI dem Menschen überlegen.
Wäre anstelle Stanislav Petrov ein KI-Computer gewesen, hätte
dieser wohl einen Atomkrieg ausgelöst. Dies wäre operationell,
zumindest dem Algorithmus gemäß, die richtige Entscheidung
gewesen. Die falsche richtige Entscheidung, wie wir heute wissen,
zumindest wenn man das Überleben der Menschheit für wichtig
hält. Stanislav Petrov hingegen hat uns mit seiner nach Algoryth-
mus falschen Entscheidung vor der nuklearen Katastrophe bewahrt – seiner richtigen falschen Entscheidung, zumindest wenn
man das Überleben der Menschheit für wichtig erachtet.

Und wenn wir doch in einer Simulation leben?

Als ich im November 2018 die Ruinen der persischen Metropole Persepolis besuchte lud mich der Fahrer mit der Anmerkung ab, ich solle ihn eine halbe Stunde, bevor ich fertig bin, anrufen. Das war ein fairer Deal, so musste er sich nicht auf dem Parkplatz langweilen, sondern konnte im Nachbarort vielleicht noch den einen oder anderen Taxikunden chauffieren. Eigentlich dachte ich, dass ich ihn tatsächlich 1 ½ bis 2 Stunden später anrufen würde, damit wir danach noch einige historische Stätten in der Nachbarschaft anfahren könnten. Letztendlich verbrachte ich fast 5 Stunden in Persepolis und war danach derart mit Eindrücken gesättigt, dass ich (wohl sehr zur Erleichterung des Fahrers) direkt nach Schiraz zurückwollte.

Was aber hat das Trümmerfeld für mich so faszinierend gemacht, dass ich mich kaum davon lösen konnte? Nun, am Eingang kann man einen Audio-Guide in Kombination mit einem 3-D Betrachtungsgerät leihen (http://persepolis3d.com). Wohlgemerkt war das Betrachtungsgerät keine 3D Brille, die man aufsetzen konnte, da dies wohl die Unfallgefahr erhöht hätte, wenn arglose Touristen, die virtuell animierten alten Palasträume vor sich sehen, aber dabei über ganz reale Steintrümmer stolpern. Stattdessen musste man in das vor die Augen gehaltene Gerät schauen. Der Blick fühlte sich auch nicht wirklich real an. Lediglich die Räume des Palastes waren simuliert, so dass man den Eindruck bekam, wie der Palast einmal ausgesehen hatte. Man konnte sich

in die verschiedenen Richtungen drehen, während man den Erklärungen des Audio Guides lauschte. Die Räume waren aber
weitgehend leer (ohne Möbel) und andere Menschen waren nicht
Bestandteil der Simulation. Dennoch war es für mich außeror-
dentlich faszinierend, in die einstmalige räumliche Struktur des
Palastes einzutauchen.

Computerspielsucht ist inzwischen ein ernsthaftes Problem für
viele Heranwachsende. Da die Computerwelten immer besser
werden und das „Leben" in solchen Kunstwelten oftmals auch viel
spannender ist als die Alltagsrealität eines Teenagers im 21. Jahrhundert, kann ich deren Abtauchen sogar verstehen. Wenn aber
diese Flucht in virtuelle Welten jeden Tag viele Stunden in Anspruch nimmt, bleibt weniger Zeit für das reale Leben übrig, wo-
runter z.B. der Schulerfolg leiden kann und somit die Gefahr besteht, nicht im realen Leben Fuß zu fassen. Aber vielleicht verschmelzen reale und simulierte Welten zusehends? Entscheidend
für den Lebenserfolg unseres mehr auf virtuelle Welten konzentrierten Teenagers könnte hierbei sein, inwiefern er sich in na-
her Zukunft „virtuell" seinen Lebensunterhalt verdienen kann, also
wie sich Wirtschaftsräume im virtuellen Raum bilden bzw. inwiefern virtuelle und Realwirtschaft miteinander verschmelzen. Die
meisten zeitraubenden virtuellen Welten stellen allerdings doch
eher in sich abgegrenzte Welten dar, in der sich Phantasiecharak-
tere begegnen und die Welt, in der das stattfindet, eine Welt für
sich ist. Ich denke mir selbst des Öfteren, dass ich vielleicht mal
als Rentner anfangen werde, an solchen Spielen teilzunehmen

bzw. in solche virtuellen Welten abzutauchen. Aber möglicherweise würde ich da wenig Freude (und wenig virtuelle Freunde) finden, da ich als vollkommen unerfahrener Neuling in einer für mich neuen Welt wenig Lebenserfolg für mich verbuchen könnte. In der virtuellen Welt wäre ich möglicherweise unzufriedener als in der realen. Aber ich könnte doch einfach eine andere virtuelle Welt wählen. Es gibt ja genug Auswahl und die virtuelle Welt muss ja nicht unbedingt interaktiv sein. Es sollte doch möglich sein, jedem Menschen seine virtuelle Welt zu schaffen, auch für mich, oder? Tausende, oder vielmehr Millionen, gar Milliarden von virtuellen Welten.

Die Qualität der Simulation sollte in 20 Jahren eigentlich so gut sein, dass sich die virtuellen Welten gar nicht mehr von den realen unterscheiden lassen. Auch müsste ich nicht immer in derselben virtuellen Welt unterwegs sein, sondern könnte nach einem Tag im Alten Rom ein paar Tage im fernen Angkor Wat des 11. Jahrhunderts zubringen, oder in meine eigene Jugend zurückgehen und all die Liebesabenteuer erleben, die mir damals nicht vergönnt waren. Kurzum: Die Zahl der möglichen virtuellen Welten kennt eigentlich keine Grenzen.

Wenn es aber nur eine reale Welt, aber unzählige virtuelle Welten gibt, wie verschwindend gering ist dann eigentlich die Wahrscheinlichkeit, dass ich in einer realen Welt lebe? Oder gibt es nicht nur unendlich viele virtuelle, sondern auch unendlich viele reale Welten und gäbe es dann überhaupt noch einen Unterschied zwischen realer und virtueller Welt? Dann fragt sich allerdings, welches das Substrat ist, in dem mein Leben (real oder virtuell) stattfindet. Mit den verschiedenen Welten habe ich ja schon die beiden Dimensionen (Substrate) Zeit und Raum angesprochen, die bei unendlich vielen Parallelwelten wohl zwangsläufig ebenfalls unendlich sein müssen, also „Ewigkeit" für die Zeit und „Endlosigkeit" für den Raum. Das Substrat, in dem mein/das Leben stattfindet, könnte man dann vielleicht als Geist bezeichnen, wobei das Undenkbare dann das Nichts wäre.

In der amerikanischen Sitcom-Serie "The Big Bang Theory" entspannt sich folgender Dialog zwischen Sheldon Cooper und Penny, der Freundin seines Mitbewohners, die gerade temperamentvoll zu lauter Shania Twain Musik singend und tanzend Toast für das Frühstück zubereitet:

[Originalenglisch:

Penny: Morning Sheldon…..come dance with me!

Sheldon: No.

Penny: Why not?

Sheldon (switches of the music): Penny, while I subscribe to the "Many Worlds Theory", which posits the existence of an infinite number of Sheldons in an infinite number of universes, I assure you that in none of them am I dancing.

Penny: Are you fun in any of them?

Sheldon: The math would suggest that in a few of them I'm a clown made of candy, but I don't dance.]

Penny: Morgen Sheldon.....komm, tanz mit mir!

Sheldon: Nein.

Penny: Warum nicht?

Sheldon (schaltet die Musik ab): Penny, derweil ich mich der "Multiple Welten Theorie" anschließe, welche die Existenz einer unendlichen Zahl von Sheldons in einer unendlichen Zahl von Universen postuliert, versichere ich Dir das ich in keiner von ihnen tanze.

Penny: Hast Du in einer von ihnen Spaß?

Sheldon: Die Mathematik würde nahelegen, dass ich in einigen von ihnen ein Clown aus Kandiszucker bin, aber ich tanze nicht.

(Sheldon Cooper und Penny sind durch Schauspieler simulierte Charaktere, deren simulierte Existenz gefilmt und in der Serie „The Big Bang Theorie" zwischen September 2007 und Mai 2019 zur Ausstrahlung kam)

Die von Sheldon Cooper angesprochene Paralleluniversentheorie lässt sich eher denken, wenn diese Welten nicht real, sondern simuliert sind, also nur aus Informationen bestehen, ohne Materie auskommen und keinen echten Raum beanspruchen. Unheimlich viele und unendlich viele mögliche Simulationen können wir uns noch vorstellen. Für unendlich viele reale Universen wäre jedoch unendlich viel Raum notwendig. Dass Unendlichkeit in Raum und Zeit nicht vorstellbar ist, ist uns allen schon als junger Mensch bewusst geworden, wenn wir z.B. im Zeltlager sternenklaren Himmel über uns hatten. Allerdings wurde uns da auch klar, dass auch Endlichkeit nicht vorstellbar ist, zumindest nicht ohne die Frage, was denn jenseits der Endlichkeit (in Raum und Zeit) sein soll. Eigentlich ist die Existenz an sich nicht vorstellbar, genauso wenig wie die Nichtexistenz nicht vorstellbar ist.

Aus der Physik gibt es einige Anhaltspunkte dafür, dass es gar keine Realität gibt, sondern (unendlich viele) simulierte Paralleluniversen, Parallelwelten. Was mir als Jugendlicher am Atomaufbau nie ganz einleuchten wollte, ist die Tatsache, dass die Protonen, Neutronen und Elektronen nur einen verschwindend geringen Raum des Atomvolumens einnehmen. Selbst wenn man Elektronen nicht als Teilchen, sondern als Wellen ansieht, besteht ein Atom demnach größtenteils aus leerem Raum. Wie ist es dann möglich, dass alle Objekte, alles Dingliche und alles Lebende, alles, was in unserer Welt existiert, aus Atomen aufgebaut ist, die zu 99% aus „Nichts" bestehen? (Die Antwort ist wohl weil diese durch Kräfte (Energie) zusammengehalten werden).

Wenn Licht durch einen ganz engen Spalt fällt, entsteht auf dem Detektionsschirm eine Streuung mit besonders starker Lichtintensitätswahrnehmung auf der dem Zentrum des Spalts entsprechenden Detektionsfläche und rasch abnehmender Intensität, je weiter man sich von dieser Linie entfernt. Offenbar wird das Licht im Spalt nach außen abgelenkt, so dass eben keine Gerade auf dem Schirm entsteht, sondern ein unklar begrenzter Streifen.

Wenn man das Experiment mit 2 parallel nebeneinanderstehenden Spalten durchführt (Doppelspaltversucht), würde man 2 parallele Linien auf dem Detektionsschirm erwarten. In der Tat gibt es solche parallelen Linien hoher Intensität, allerdings gibt es weitere Linien abnehmender Intensität, je weiter man von den Linien nach außen geht. Und, besonders bemerkenswert: In der Mitte des Detektionsschirms, also zwischen den beiden Spalten, entsteht eine Linie höchster Intensität. Hier überlagert sich offenbar das Licht beider Spalten zu einem Maximum. Die Abnahme der Intensität verläuft nicht kontinuierlich nach außen hin, sondern in Form schwächer werdender, nach außen hin unklar abgegrenzter Balken, zwischen denen dunkle Balkenflächen liegen. Auch die dunklen Flächen entstehen durch Überlagerungsphänomene. Offenbar treten die Lichtphotonen als „Teilchen" durch den Spalt und werden als Wellen auf dem Detektionsschirm wahrgenommen. Die Wellen überlagern sich und sorgen dafür, dass es zu Hell- (Maxima) und Dunkelflächen (Minima) kommt.

Auch mit anderen Quantenobjekten als Lichtphotonen (z.B. Elektronen, Ionen) lässt sich dieser Spaltversuch durchführen. Quantenobjekte wie Elektronen lassen sich nicht eindeutig als Teilchen oder als Welle bezeichnen. Dieses Phänomen wird als Welle-Teilchen-Dualismus bezeichnet. Für Teilchen lässt sich ein fester Ort bestimmen, während sich für Wellen kein fester Ort bestimmen lässt. Dafür hat eine Welle eine Richtung und eine Geschwindigkeit (Impuls), die sich bestimmen lassen. Für ein Teilchen hingegen lässt sich der Impuls wiederum nicht bestimmen. Für Elektronen lässt sich entweder ein Ort oder ein Impuls definieren, aber nie beide gleichzeitig.

Daraus folgt in der Quantenphysik, dass der Ort eines Photons oder eines Elektrons unbestimmt bleibt und nur durch eine Messung definiert wird. Oder anders ausgedrückt: Nur durch das „Hinschauen" (messen) wird das Photon oder Elektron an dem gemessenen Ort existent (ohne, dass sich hierbei der Impuls feststellen ließe). Auch diese Definition der (wahrgenommenen) Realität (Simulation?) lässt sich im Doppelspaltversuch nachweisen: Wenn man mit einer Elektronenkanone viele Elektronen nacheinander durch den Doppelspalt schießt und gleichzeitig eine Elektronenmessung im Spalt durchführt, so werden am Detektionsschirm keine Wellenmuster (Interferenzmuster), sondern Teilchenmuster (ohne Interferenzstreifen) entstehen. Ob Elektronen Wellen oder Teilchen sind, hängt also nicht von ihnen innewohnenden Eigenschaften ab, sondern vom Betrachter: Werden die Welleneigenschaften (Impuls = Richtung und Geschwindigkeit) gemessen, verhalten sich die Elektronen wie Wellen; werden die Teilcheneigenschaften (Ort) gemessen, verhalten sich die Elektronen wie Teilchen.

Wenn wir das auf unsere Welt übertragen, wird diese erst durch den Umstand, dass wir „hinschauen", existent. Virtuelle Welten in Computerspielen funktionieren ähnlich: Dort ist auch keine komplette Welt simuliert, sondern es wird jeweils nur der Teil der Welt simuliert, die der Spieler gerade wahrnimmt. Wenn sich die Handlung eines Computerspiels in einem Haus abspielt, wird, wenn der Spieler das Badezimmer betritt, dieses simuliert, während die anderen Zimmer nur als mögliche Welten verbleiben, die real werden, wenn der Spieler diese betritt und sie somit seiner Wahrnehmung aussetzt.

Verschränkung

Die Verschränkung von Elektronen ist ein geradezu unheimliches Phänomen: Elektronen drehen sich um die eigene Achse, sie haben einen „Spin". Jeweils 2 Elektronen sind derart miteinander verschränkt, dass, wenn ein Elektron sich im Uhrzeigersinn mit einem gewissen (positiven) Spin dreht, dann dreht sich das andere Elektron mit genau demselben (jedoch negativen) Spin in die entgegengesetzte Richtung, so dass der Gesamtspin der miteinander verschränkten Elektronen 0 ergibt. Die Spinbilanz der beiden Elektronen bleibt auch bestehen, wenn diese Lichtjahre voneinander entfernt sind. Diese raumunabhängige Verschränkung erscheint dann am plausibelsten, wenn man den Raum als nicht real annimmt, sondern lediglich als simuliert.

Obgleich der Gedanke, dass unsere Welt nicht real ist, zunächst einmal sehr beunruhigend wirken kann, liegt auch viel Tröstliches in der Simulationshypothese. Das Filmlied „Always look on the Bright Side of Life" des britischen Satireklassikerfilms „Monty Python's Life of Brian" endet mit der gesprochenen Bemerkung „You know, you come from nothing, you're going back to nothing. What have you lost? Nothing!" (Weißt Du, Du kommst aus dem Nichts, Du gehst zurück ins Nichts. Was hast Du verloren? Nichts!).

In einer Simulationswelt lassen sich auch problemlos nicht-wissenschaftliche Phänomene und Weltanschauungen integrieren. Déjà-Vu Erlebnisse, Geister, Ufosichtungen, Aliens und alle anderen paranormalen Beobachtungen und Aktivitäten wären demnach lediglich Spielarten der Simulation. Auch Religionen fügen sich problemlos in simulierte Welten ein. Das Schöne in einer virtuellen Realität ist eben, dass alles möglich ist (was leider unserer Alltagswahrnehmung widerspricht).

9. Evolutionäre Entwicklung von Kompetenzen, Geist und Intelligenz

Prinzipiell benötigt es für viele Kompetenzen keinerlei Verständnis. Die längste Zeit der Evolution des Lebens entstanden Lebens- und Überlebenskompetenzen ganz ohne, dass die kompetenten Organismen irgendein Verständnis, geschweige denn Bewusstsein hatten. Auch heute operieren die meisten Lebensformen ohne jegliches Verständnis. Die Lebens- und Überlebenskompetenzen, die sie mitbringen, haben sich wie von Darwin beschrieben durch natürliche Selektion ausgeprägt (83).

Die 4 Kategorien des Kompetenzerwerbs (Lernen) nach Daniel Dennett

Jede Generation bildet Variationen bestimmter Eigenschaften oder Kompetenzen aus, wobei die „Gewinnereigenschaften" zu mehr Kopien in der nächsten Generation führen. Solche **Darwin'sche Kreaturen** wurden also mit allen Kompetenzen geboren, die sie je haben werden. Sie sind also begabt ohne zu Lernen und ohne zu verstehen und ohne lernen zu müssen. Das kompetitiv-selektive Testen der Verhaltenskompetenzen selektiert auf *Generationsebene*.

In seinem Buch über die Evolution des Geistes „From Bacteria to Bach and Back" stellt der Amerikanische Philosoph Daniel Dennett vier Stufen der Verständnis – Kompetenzabhängigkeit, vor. Neben der primitivsten (aber sehr erfolgreichen) Kategorie des

Darwin'schen Kompetenzerwerbs, nennt er noch drei weitere Kategorien, benannt nach dem Verhaltenswissenschaftler Skinner, dem Wissenschaftsphilosophen Popper und dem Kognitionspsychologen Richard Gregory. Dennett schreibt von 4 Kategorien von „Kreaturen", wobei mir 4 Kategorien des „Kompetenzerwerbs" angemessen erscheint, da die „niedrigeren" Kategorien des Kompetenzerwerbs in Kreaturen, der höheren Stufen ebenfalls angelegt sind. Auch wir Menschen bringen schließlich einige angeborene Kompetenzen mit (Atmen z.B.). die als **Darwin'sche Kompetenzen** angesehen werden können.

Die 4 Kategorien des Kompetenzerwerbs nach Dennett sind:
- Darwin'scher Kompetenzerwerb (alle Kompetenzen angeboren)
- Skinner'scher Kompetenzerwerb (Lernen durch Konditionierung)
- Popper'scher Kompetenzerwerb (Lernen durch Testen von Verhaltenshypothesen)
- Gregorianischer Kompetenzerwerb (Denken)

Skinner'scher Kompetenzerwerb erfolgt durch Konditionierung. Skinner'sche Kreaturen bringen eine gewisse Formbarkeit mit. Neben den angeborenen Kompetenzen bringen sie Fähigkeit mit, bestehende Verhaltensweisen anzupassen. Die Anpassung erfolgt entsprechend positiver oder negativer Verstärkung: Positive Verstärkung besteht aus einem belohnenden Reiz (z.B. eine leckere Frucht), negative aus einem bestrafenden (z.B. ein

Schmerzreiz). Die Verhaltensmuster, die einen positiven Reiz auslösen werden in Zukunft verstärkt auftreten. Das kompetitiv-selektive Testen der Verhaltenskompetenzen erfolgt also auf *individueller Ebene* zu Lebzeiten. Der Skinner'sche Kompetenzerwerb wirkt sich aber auch evolutionär im Sinne Darwins aus, da das Konditionieren die Überlebenskompetenzen verbessert und somit die Überlebens- und Fortpflanzungswahrscheinlichkeit erhöht.

Popper'scher Kompetenzerwerb erfolgt durch „offline" Testung von Hypothesen. Popper'sche Kreaturen extrahieren Informationen aus der Umwelt und können hypothetisches Verhalten „offline" Testen und gegebenenfalls virtuell „sterben" lassen anstatt selbst zu sterben. Die erste Handlung, die sie dann tatsächlich umsetzen ist also nicht mehr zufällig, sondern folgt einem vorherigen „Testen" verschiedener Verhaltensoptionen. Das kompetitiv-selektive Testen der Verhaltenskompetenzen erfolgt also auf *Ebene der Verhaltenshypothesen.*

Der **Gregorianische Kompetenzerwerb** ist schließlich, dass, was wir Menschen implizieren, wenn wir von Lernen im Sinne der Schulbildung sprechen. Abstrakte Konzepte können erfaßt und erörtert werden, Lesen, Schreiben, Vorträge, Mathematik und Politik, Soziologie und soziale Interaktionen. Dennett sieht den Gregorianischen Kompetenzerwerb als Domäne des Menschen.

Versuche, Begabungen zu messen

Auch Menschen, die bei Intelligenztests niedrige Werte erzielen, haben in der Regel Begabungen und Interessen und stellen in manchen Bereichen sicherlich auch die „Intelligenzbestien" in den Schatten. Die Intelligenzquotientmesswerte sind nun mal nur Erfolgszählungen bei der Aufgabenlösung bestimmter, von den Testentwicklern für relevant erachteter Fertigkeiten. Einige Fertigkeiten bzw. Begabungen, die in der menschlichen Evolution sicherlich bedeutsam waren, werden in einem Papier- (oder Bildschirm-) basierten Test gar nicht abgefragt (z.B. fehlen oft motorische Begabung/Intelligenz). Auch einige senso-zerebrale Leistungen werden ausgelassen, so wird das Riechvermögen, eine Sinneswahrnehmung, deren Informationsverarbeitung bei anderen Arten, z.B. Hunden, unheimlich wichtig ist, gar nicht erst abgefragt. Der Großteil der abgefragten Intelligenzdimensionen exploriert Fertigkeiten, die, gemessen an der menschlichen Entwicklungszeit, eigentlich erst seit recht kurzer Zeit tatsächlich im Alltagsleben gefordert werden. Die meisten im Intelligenztest abgefragten Fertigkeiten spielten für den Großteil der menschlichen Evolution keine (direkte) Rolle.

Mein Punkt ist: Intelligenz ist etwas sehr Subjektives. Die Intelligenzquotienten täuschen eine messbare Objektivität vor, die es so wohl nicht gibt. Ein Intelligenzquotient ist ein objektiver Messwert für die Zahl der gelösten Aufgaben eines Intelligenztests. Was Intelligenz ausmacht und wie gut der Test diese misst, ist reine Definitionssache. Was ist Intelligenz? Was ist Intelligenz für mich, was für meinen Nachbarn? Wie valide erfasst ein Intelligenztest „Intelligenz"?

Die Fertigkeiten, die wir im Leben entwickeln, werden stark von unserer Umwelt und somit von der Zeit, in der wir Leben, bestimmt.

Idiokratisierung durch Technisierung

Der anfangs erwähnte Film „Idiocracy" skizzierte eine über die Jahrhunderte verdummte amerikanische Gesellschaft als Folge einer wesentlich höheren Fertilität bei Menschen mit niedriger Intelligenz als bei Menschen mit hoher Intelligenz. Kritiker des Films betonten, dass die in der Anfangssequenz gezeigten Beispiele auch unterschiedliche Klassen (obere Mittelschicht vs. Unterschicht) zeigten. Diese Kritik mag uns Anlass geben zu würdigen, dass Intelligenz- und Begabungsentwicklung eben nicht nur genetisch disponiert sind. Wichtige Faktoren beim Lernen sind Interesse an der Thematik, ein angenehmes und stimulierendes Lernumfeld und die Alltagsintegrierbarkeit von Lernaktivitäten. Wichtig um Fertigkeiten zu erlangen und zu verbessern ist deren wiederholende Anwendung – „use it or lose it" –. Fertigkeiten, die uns von Maschinen abgenommen werden sind somit in Gefahr, verloren zu gehen.

Eine Idiokratisierung erfolgt im Zusammenspiel von „Nature" and „Nurture"

Als Gregorianische Kreaturen unterliegen wir eben nicht nur genetischen Zwängen. Ein stimulierendes Umfeld ist für die Entwicklung unserer Fähigkeiten und Begabungen ebenfalls sehr wichtig (wenn nicht gar wichtiger als die genetische Veranlagung). „Nature" und „Nurture" liegen in einem Gleichgewicht.

Allerdings bedeutet dies, dass Mechanismen, die in Idiocracy zur gesamtgesellschaftlichen Verblödung führten, nicht nur durch natürliche Selektion über Generationen wirken, sondern zu unseren Lebzeiten durch Lebensstil und Lern- und Bildungsumwelten sowie Lern- und Bildungssysteme wirken können. Auch die Wirkung auf die Nachkommen der nächsten Generation ist nicht nur genetisch bedingt, sondern auch durch „Vererbung" sozialer Umstände (Klasse, soziales Umfeld). Dies wäre also eine kulturelle Idiokratisierung, die zu einer geistigen Verflachung der Individuen führt.

Fertigkeiten, die in unserem Alltag immer weniger gebraucht werden, entwickeln sich schon innerhalb der direkt betroffenen Generation zurück. Wenn Fertigkeiten mit Mechanismen natürlicher Selektion verknüpft sind, wirkt sich eine Änderung der Fertigkeit auf künftige Generationen aus. Fertigkeiten, die essentiell für das Erreichen des fortpflanzungsfähigen Alters und für die Fortpflanzung sind, bleiben erhalten. Immer wieder machen wir uns Sorgen über die von Generation zu Generation abnehmenden motorischen Fertigkeiten und die abnehmende sportliche Fitness breiter Schichten Jugendlicher (wobei die im Intelligenztest gemessen Werte von Generation zu Generation besser werden –

offenbar wird die Menschheit also im Ausführen von Zettelaufgaben besser).

Wenn ich wissenschaftliche Werke von früher sehe, fällt mir immer wieder auf, wie gut Wissenschaftler früher zeichnen konnten (man betrachte Darwins, Haeckels oder Humboldts Zeichnungen). Ich selbst habe Jahre an Universitäten verbracht, muss aber gestehen, dass meine Zeichenfertigkeiten sehr schwach sind. Die Photographie hat die Zeichenfertigkeit meiner Generation schlichtweg verkümmern lassen. Auch das Schreiben mit der Hand hat mein Vater wahrscheinlich deutlich besser beherrscht (ich schreibe hier gerade auf einem Laptop).

Welche Auswirkungen die allgegenwärtige Nutzung mobiler Endgeräte (Smartphones) auf die kollektiven Fertigkeiten hat, kann ich schwer absehen, aber ich habe jetzt schon den Eindruck, dass die einfache Verfügbarkeit von Navigationsgeräten zu einer kollektiven Rückbildung des Orientierungssinns führt. Auch die Art, wie wir Informationen verarbeiten, ist in einem epochalen Wandel begriffen: Die Zeit, die wir konzentriert an einer Sache arbeiten (z.B. ein Buch lesen) wird immer mehr von unsere Aufmerksamkeit auf sich ziehenden Geräten (z.B. Smartphones) unterbrochen.

In Idiocracy werden Entscheidungen von Computern getroffen, die von vorherigen Generationen geschaffen wurden, die aber in der skiziierten Gesellschaft kein Mensch mehr programmieren oder steuern kann.

10. Von der Evolutionstheorie zur Eugenik

Survival of the fittest wurde insbesondere unter überzeugten Eugenikern als „Überleben des Stärkeren" interpretiert bzw. in nicht-englische Sprachen übersetzt. Worauf sich hier die Stärke bezieht, ob auf körperliche Kraft oder besondere kognitive Fähigkeiten, ist hierbei nicht entscheidend. Viel wichtiger ist es, dass der „Überleben des Stärkeren"-Interpretation zu Grunde liegende Missverständnis zu entlarven. Nicht der Stärkere setzt sich in der Evolution durch, sondern der an die Erfordernisse der Fortpflanzung am besten Angepasste. Folgende Faktoren sind für den Fortbestand der Linie eines Individuums einer sich sexuell fortpflanzenden Art entscheidend:

- Die Überlebenszeit muss lang genug sein, um ins fortpflanzungsfähige Alter zu gelangen

- Das Individuum muss die Gelegenheit zur Kopulation bekommen (Partnerfindung)

- Die Kopulation muss zu erfolgreichen Schwangerschaften mit Geburt lebender und fruchtbarer Nachkommen führen

- Die Nachkommen (mindestens ein Nachkomme) müssen dieselben Hürden überwinden und Nachkommen zeugen, die selbst wieder dieselben Hürden bis zu eigenen, dann wieder ebenso reproduktiv erfolgreichen Nachkommen überwinden müssen.

Jedes Individuum einer sich sexuell fortpflanzenden Art hat somit Vorfahren, die evolutionär betrachtet hinsichtlich der Fortpflanzung zu 100% erfolgreich waren. Für den Menschen bedeutet dies, dass evolutionärer Erfolg von dem, was gemeinhin als Erfolg im Leben bezeichnet wird weit entfernt sein kann. In Europa leben heute viele Menschen, die als sehr gut ausgebildet und (beruflich) „erfolgreich" gelten. Evolutionär betrachtet bewegen sich viele dieser Menschen (inklusive des Autors dieses Buches) in eine nachkommenlose Sackgasse. Mit meinem Ableben wird also eine Abstammungslinie zu Ende gehen, die vorher sehr erfolgreich war, da ich nur der Tatsache, dass alle meine genetischen Vorfahren Fortpflanzungserfolg hatten, meine Existenz verdanke. Tröstlich für mich ist das Wissen, dass ich mich genetisch ohnehin nicht über die Generationen erhalten kann, dazu müßte ich mich klonal fortpflanzen. Da der *Homo sapiens* sich aber sexuell fortpflanzt, hätten (unter Annahme von nichtverwandschaftlicher Paarung) meine Kinder noch 50% meines Genoms, meine Enkelkinder 25% und meine Urenkelkinder 12,5%. In der vierten Nachkommensgeneration wären noch 6,25 % meines Genoms erhalten und schon in der siebten Generation wären weniger als 1% meines Genoms übrig. Dennoch spielen Stammbäume eine große Rolle bei der Organisation von Macht in menschlichen Gesellschaften. Dies ist offensichtlich in Monarchien, aber auch in modernen (so genannten) Demokratien spielen Familie und Abstammung eine nicht zu vernachlässigende Rolle hinter den Kulissen.

Die im 20. Jahrhundert weltweit unter Wissenschaftlern verbreiteten Ideen zur Eugenik versuchten die Erkenntnisse der Evolutionstheorie praktisch umzusetzen, um die Menschen durch Züchtung zu „verbessern". Hierbei sollte der Anteil „guter" Erbanlagen in der Population von Generation zu Generation erhöht werden (positive Eugenik) und der Anteil „schlechter" Erbanlagen in der Population von Generation zu Generation veringert werden (negative Eugenik).

Bei der Definition von „guten" und „schlechten" Erbanlagen besteht natürlich sehr viel ideologischer Spielraum. Die Verbrechen der Nationalsozialisten haben die Gefährlichkeit der ideologiegetriebenen Durchsetzung eugenischer Ideen aufgezeigt. Selbst die wissenschaftliche Debatte über die menschliche Evolutionstheorie ist hierdurch in Deutschland und auch weltweit belastet und mit vielen Tabus belegt. Umso wichtiger erscheint es mir, hier im Folgenden die Ideen einiger Vertreter der Evolutionstheorie und der Eugenikbewegungen des ausgehenden 19. und beginnenden 20. Jahrhunderts möglichst wertungsfrei darzulegen. Die Verbrechen Verbrechen der Nationalsozialisten den Evolutionsbiologen wie Darwin oder Wallace anzulasten, erscheint mir eine unangemessene Vermischung zwischen neutral-nüchterner Wissenschaft und fanatisch unmoralischer Ideologie. Angesichts dessen, dass Eugenik durch die absehbaren gentechnischen Möglichkeiten von selbst wieder zum Thema wird, erscheint es mir jedoch angemessen, die zum Thema bereits gefassten Gedanken aufzugreifen.

Durch die uns heute bekannten Folgen der ersten Eugenikbewegung haben wir vielleicht den Wissensvorteil, diese Gedanken auch ob ihrer innewohnenden Gefahren besser einzuordnen, als es noch vor hundert Jahren der Fall war.

Alexander von Humboldt (1769-1859) – der Naturgeograph

Alexander von Humboldt ist berühmt für seine Entdeckungsreisen durch Süd- und Mittelamerika. Eine weltverändernde Theorie, die nach ihm benannt wurde, wie Darwins Evolutionstheorie hat er zwar nicht hinterlassen, dafür hat er nicht nur duch die Fülle seiner Messungen und Aufzeichnungen, sondern besonders durch seinen Methoden, mit denen er Messungen und Aufzeichnungen durchführte und in größere Zusammenhänge setzte, Maßstäbe gesetzt. Die Art, wie Darwin seine Aufzeichnungen führte, ähnelte sehr stark dem Humboldt'schen Stil und Darwin selbst betonte, wie wichtig und inspirierend Humboldts Werke für Ihn waren (84). Der Begriff „Evolution" spielte für Humboldt noch keine Rolle aber seine inspirierende Wirkung auf Darwin hat mich veranlasst, seine Arbeiten als Vorarbeiten zur Entwicklung der Evolutionstheorie zu werten.

Charles Darwin (1809-1882) – der Begründer der Evolutionstheorie

Über Darwins Evolutionstheorie wird an anderen Stellen in diesem Buch eingegangen. Hier wollen wir einen kurzen Blick auf Darwins Leben werfen. Darwin wurde 1809 als das fünfte von 6 Kindern in eine durchaus wissenschaftsaffine englische Ober-

schichtsfamilie geboren. Darwins Vater war Arzt und sein Großvater der Mediziner und Naturforscher Erasmus Darwin, der in seinem Werk „Zoonomia, or the Laws of Organic Life" einige von
Darwins Ideen vorwegnahm, z.B. die Idee, artübergreifender
Stammbäume oder die Idee sexueller Selektionsmechanismen. In
der Kindheit erfuhr Charles Darwin eine gute Schulbildung, die er
durch Streifzüge durch die Natur mit Vogelbeobachtungen und Ar-
tefaktsammlungen (Muscheln, Knochen, Mineralien, etc.) er-
gänzte. 1825 begann Darwin sein Medizinstudium, dass ihm, obgleich er es nie zum Abschluss brachte, sicherlich fruchtbare An-
regungen für sein späteres Denken lieferte, insbesondere lernte
er durch Robert Edmond Grant die Lamarck'schen Evolutionstheorien (Evolution von Merkmalen während des Lebens) kennen
und wurde von ihm im Anfertigen genauer wissenschaftlicher
Zeichnungen und Aufzeichnungen instruiert. Von John Edmons-
tone, einem ehemaligen Sklaven aus Britisch Guyana lernte Darwin das Präparieren von Tieren und schulte damit sicherlich auch
seine für die Entwicklung der Evolutionstheorie so wichtigen taxo-
nomischen Denkweisen. 1828 brach Darwin das Medizinstudium
in Edinburgh ab, um ein Theologiestudium in Cambridge aufzu-
nehmen. Das eigentliche Studium verfolgte er mit wenig Begeis-
terung aber immerhin erfolgreich. Wichtiger war wohl die mit dem
Studium einhergehende Beschäftigung mit philosophischen und
naturphilosophischen Denkern und Werken, darunter die Werke
des Naturtheologen William Paley. Paley prägte in seinem Buch
„Natural Theology – Naturtheologie" die im Spannungsfeld zwischen Schöpfungs-und Evolutionslehre immer wieder aufs neue

bemühte Uhrmacheranalogie, wonach die Komplexität einer Uhr nur durch das Wirken eines intelligenten Schöpfers (Designers) möglich ist. Ebenso sah Paley in der perfekten Adaptation der Lebewesen einen Beweis für einen intelligenten Schöpfer und dessen unveränderliche (weil bereits perfekt adaptierte) Schöpfung.

Auch wenn Paleys Schlussfolgerungen im Licht heutiger Erkenntnisse als nichtzutreffend eingeschätzt werden müssen, waren sie für die Entstehung der Evolutionstheorie insofern von Bedeutung, dass sie Darwin Stoff gaben, an dem er sich abarbeiten und seine eigenen Ideen entwickeln konnte. Erst durch gegensätzliche Ideen können sich Theoriegebäude im verbalen und gedanklichen Diskurs entwickeln.

Im Dezember 1831, im Alter von 22 Jahren, stach Darwin an Bord der HMS Beagle für eine Weltumsegelung in See, die 5 Jahre dauern sollte und ihn über den Atlantik, die Kanaren und die Kapverdischen Inseln nach Südamerika führen sollte, um Kap Horn herum in den Pazifik, auf die Galapagosinseln, nach Neuseeland und Australien. Über die Kokosinseln im Indischen Ozean und um das Kap der Guten Hoffnung, über die Kapverdischen Inseln und die Azoren führte die Reise zurück nach England. Möglicherweise profitierte Darwin auch von der Langsamkeit der Reise. Denn wenn die Entwicklung der Arten hauptsächlich durch natürliche Selektion über die Generationen erfolgt, benötigt dieser Prozess sehr viel Zeit. Auch die Tatsache, dass er sich ausgiebig mit geologischen Konzepten, also eher der unbelebten Umwelt, beschäftigte, mag Darwins Zeithorizont so weit erweitert haben, dass seine Evolutionstheorie für ihn (aus)denkbar wurde. Auf der Reise fand Darwin auch viele Fossilien, also versteinerte Überreste ehmals lebender Tiere, und somit Berührungszonen zwischen (einst) belebter Natur, also Biologie und der unbelebten Geologie. Auf den Galapagosinseln lebte Darwin sein schon in der Jugend entwickeltes Interesse am Vogelbeobachten aus. Schon die Einheimischen wussten zu berichten, dass die Galapagosfinken von Insel zu Insel varriierten.

Nach seiner Rückkehr publizierte Darwin erst einmal nicht die Evolutionstheorie, die ihn später berühmt für die Ewigkeit machen sollte. Vielmehr erwarb er sich eine respektable Repuation für die Veröffentlichung zoologischer Kompendien und wurde auch schon aufgrund seiner beeindruckenden Artefarkte, die er auf der 5-jährigen Reise gesammelt hatte, zu einem führenden Naturalisten seiner Zeit.

In „An Essay on the Principles of Population" hatte Thomas Robert Malthus Basisprinzipien der Populationsdemographie entwickelt und dargelegt, wie ein Missverhältnis zwischen linear wachsenden Nahrungsmittelressourcen und exponentiell wachsenden Populationen zu Hungersnöten und Massensterben führe. Darwin schloss hieraus, dass Lebewesen um Ressourcen konkurrieren und nur die Lebewesen überleben, die besonders „fit" für ihre

Umwelt sind. Die Natur wählt (selektiert) sie. (Ob fit mit „stark"
oder mit „angepasst" übersetzt werden sollte, möge der Leser
selbst entscheiden).

Kein Schöpfer wird mehr gebraucht, die Arten sind nicht fixiert
und einen Designer gibt es nicht. Alles Leben geht durch Fortpflanzung aus älterem Leben hervor und es setzen sich die Eigenschaften der Individuen durch, denen es gelingt, sich vor dem eigenen Ableben fortzupflanzen. Diese Erkenntnis, so bannbre-
chend sie war, versauerte noch Jahrzehnte in Darwins Schublade,
bzw. Vorstellung. Statt die Evolutionstheorie zu publizieren, heira-
tete er s eine Cousine, der er das schon weit gereifte Manuskript
zur Evolutionstheorie vorlas, mit der Bitte, es im Falle seines Ab-
lebens zu publizieren. Das Paar hatte sechs Kinder und Darwin
beschäftigte sich mit allem Möglichen (Taubenzucht, Studium von
Rankenfußkrebsen). Die Evolutionstheorie legte er zwar regelmäßig befreundeten Wissenschaftlern dar, publizieren wollte er sie
wohl immer noch nicht. Erst ein Brief von Alfred Russel Wallace,
aus dem Darwin schließen musste, dass dieser ebenfalls das
Prinzip der natürlichen Selektion verstanden hatte, veranlasste
ihn, sich auf die Evolutionstheorie zurückzubesinnen. Zunächst
publizierten Darwin und Wallace einen gemeinsamen Wissen-
schaftsbrief in einer Londoner Fachzeitschrift. Ein Jahr später
folgte dann „On the Origin of Species".

Alfred Russel Wallace (1823-1913) – Darwins Ideenverwandter

Im Februar 1858 verfasste der das Malaiische Archipel bereisende Wallace im Intervall zwischen zwei Malariaanfällen einen Brief an Darwin, in dem er gut verständlich und kompakt die Idee der natürlichen Selektion darlegte. Wie oben dargelegt veranlasste dieser Brief Darwin dazu, sein Werk „Origin of Species" zur Publikation zu bringen. Bis heute wird immer wieder diskutiert, ob Darwin Ideen von Wallace gestohlen hat. Nüchtern betrachtet ist diese Diskussion nicht sonderlich relevant. Erkenntnisse, die ein Naturphänomen beschreiben und von mehreren Personen gemacht werden, dürften in diesen Personen zu ähnlichen Phänomenbeschreibungen und Ideen führen. Oder anders gesagt: Für Naturforscher des 19. Jahrhunderts lag die Erkenntnis der natürlichen Selektion in der Luft.

Herbert Spencer (1820-1903) – Der liberale Sozialdarwinist

Herbert Spencer stand für eine konsequente Gültigkeit der Prinzipien der natürlichen Selektion und sah für den Menschen keinerlei Ausnahmen. Das „Survival of the Fittest" im Sinne des „Überleben des Stärkeren" in einem ständigen Überlebenskampf zu interpretieren, galt nach Spencer auch für den Menschen. Er postulierte ein „Law of equal freedom" (Gesetz der gleichen Freiheit), wonach jeder Mensch die gleiche Freiheit habe, solange die Freiheit eines anderen dadurch nicht angegriffen werde. Demnach war er strikt gegen jeden Eingriff des Staates in die Gesellschaft. Somit war Spencer auch ein strikter Gegner jeglichen sozialen Ausgleichs und bekämpfte Gesetze, die Klassenunter-schiede abfedern könnten, darunter Gesetze zum Schutz von Kindern vor Kinderarbeit. Dem Individuum sei also die maximale Freiheit zu gewähren, wobei die Belange des Individuums aber unbedeutend sind, da das Individdum eigentlich nur eine Selektionseinheit für die Höherentwicklung der Gesellschaft und der Art sei. Im Klassenkampf sah er eine normale Manifestationsform der natürlichen Selektion, die für eine Höherentwicklung menschlicher Gesellschaften nützlich sei. Er gilt als Vordenker des Sozialdarwinismus mit klaren Bezügen zum konkurrenzgetriebenen Liberalismus. Die Ideen Spencers dürften durch meritokratische Ideologien präsenter sein, als uns bewußt ist. Der Ausspruch des französischen Präsidenten Macron „Es gibt Leute, die Erfolg haben und jene, die nichts sind" („gens qui réussissent et d'autres qui ne sont rien") ist der meritokratischen Denkschule mit sozialdarwinistischen Elementen zuzuordnen (56).

Francis Galton (1822-1911) – der Universalgelehrte

Francis Galton, eine Halbvetter Darwins, war ein sehr vielseitiger Wissenschaftler und an der Erarbeitung von Grundlagen mehrerer wissenschaftlicher Disziplinen, darunter Meteorologie (er erstellte eine der ersten Wetterkarten), Geographie, Psychologie und besonders Statistik (die ja auch in vielen anderen Wissenschaftsdisziplinen gebraucht wird). Zudem war er ein aktives Mitglied mehrerer Wissenschaftsgesellschaften, darunter die „British Association for the Advancement of Science". Heute wird Galton aber insbesondere als Begründer der Eugenik aufgefasst, mit der

Ansicht, dass der menschliche Genpool durch gezielte Fortpflanzungssteuerung über die Generationen verbessert werden kann und soll (wer sollte mit wem Kinder haben und wer nicht).

Galton postulierte, dass die Unterschiede zwischen Lebewesen primär biologisch bedingt seien und nicht durch die Umwelt und die Erfahrungen im Leben geprägt würden. Für seine sozialdarwinistischen Beobachtungen wählte Galton in „Hereditary Genius (Genie und Vererbung)" ein mit nüchternem Blick eher seltsam anmutendes Kriterium: Eminenz. Demnach müssten auf die Nachfahren der meisten herausragenden Männer eher „weniger eminente" Nachfahren folgen, da diese mit einer weniger herausragenden Frau gezeugt worden seien. Entsprechend sammelte er Information über eminente britische Persönlichkeiten und deren Nachfahren um festzustellen, dass die Eminenz der Nachfahren abnahm.

Wissentlich, dass Francis Galton in seinem Leben viele herausragende wissenschaftliche Leistungen erbracht hat, erlaube ich mir anzumerken, dass diese Ausführungen nicht dazugehören. Möglicherweise haben diese in dem Buch „Hereditary Genius (Genie und Vererbung)" geäußerten Überlegungen und (Fehl-)Schlüsse aufgrund der anderen herausragenden wissenschaftlichen Leistungen Galtons und seiner entsprechenden Reputation viele Fürsprecher gefunden. Vielleicht waren sie aber einfach nur griffig, denn natürlich ist bei intelligenten Eltern tatsächlich eine höhere Wahrscheinlichkeit, dass auch die Kinder „ordentlich was zwischen den Ohren haben", zu erwarten. Was mir aufstößt, ist der geradezu dilettantische Ansatz, zunächst eine Fallgruppe „eminenter Personen" der britischen Geschichte gezielt zu suchen und dann festzustellen, dass eminente Personen der britischen Geschichte tatsächlich eminenter sind als ihre Nachfahren (nach denen nicht anhand des Kriteriums „Eminenz" gesucht wurde). Wenn ich Objekte und Individuen aufgrund ihres herausragenden Merkmals (z.B. Größe) auswähle und deren Durschnittswert mit dem Durchschnitt der Grundgesamtheit oder jeweils danebenstehender Individuen vergleiche, sollte ich eigentlich nicht überrascht sein, dass die Durschnittsgröße meiner Auserwählten über der Durchschnittsgrösse der Grundgesamtheit liegt.

Galton elaborierte in seinem Buch also weitgehend auf einem solchen Detektionsselektionsbias, (ein Phänomen, dass man übrigens immer wieder bei „Lebensratgebern" findet, die z.B. einem anhand von Verhaltensweisen Superreicher erklären wollen, wie man sich verhalten müsse, um reich zu werden). Trotz dieser methodischen Schwächen wurde das Buch „Hereditary Genius (Genie und Vererbung)" zu einem sehr einflussreichen Werk, dass bis in unsere Zeit wirkt. So prägte Galton hier erstmals den Satz „Nature vs. Nurture", hinter dem sich die Debatte verbirgt, ob die Entwicklung eines Menschen stärker von genetischen Vorraussetzungen („Nature") oder von Umwelteinflüssen und Erziehung („Nurture") bestimmt wird. Eineige Zwillinge waren für Galton willkommene Studienobjekte, da deren genetische Vorraussetzung gleich waren, so dass sämtliche Unterschiede auf Umwelteinflüsse und Erziehung zurückzuführen sein müssten. Für Galton waren deshalb insbesondere Zwillinge interessant, die getrennt voneinander aufwuchsen.

Wie oben erwähnt war Galton auch Statistiker und erfasste die Größenverteilung von Erbsen, die er als wissenschaftliche Versuchsobjekte züchtete. Diese Erbsengrößen ergaben eine Normalverteilung, woraus Galton schloss, dass auch menschliche Eigenschaften zum faden Durchschnitt neigen und gute Eigenschaften wie Intelligenz und moralische Größe auf Dauer in der Population „ausgedünnt" würden.

Galton betrachtete die höhere Fertilität der Unterschicht als problematisch und wies darauf hin, dass viele viktorianische Sprößlinge aus gutem Hause spät heirateten und wesentlich weniger Kinder hatten als Menschen aus einfachen Verhältnissen. Folglich setzte er sich für eine Bevölkerungspolitik ein, die Anreize für das Wachstum leistungsstarker, „verdienter Familien" setzte.

Charles Davenport (1866-1944) – Kopf der amerikanischen Eugeniker

Charles Davenport besuchte in seinen Mittdreißigern den großen Allround-Wissenschaftler und Quantifizierer Francis Galton, einen Vetter Darwins, von dem sich Davenport insbesondere zur

Verfolgung eugenischer Ziele in Amerika inspirieren ließ. Galton hatte den Begriff Eugenik geprägt und Davenport nahm von diesem Besuch aus London die Ansicht mit nach Amerika, dass die natürliche Selektion in modernen Gesellschaften nicht mehr gut funktioniere: Zur Verbesserung der Gesellschaft und der darin lebenden Menschen sollten Wissenschaftler gezielt intervenieren und bessere Menschen züchten. Die Fortpflanzungstendenzen von Menschen mit positiven Eigenschaften (insbesondere Intelligenz und Gesundheit) seien zu fördern, während sich die kognitiv Schwachen („feeble minded") sowie die Kranken und Gebrechlichen besser nicht fortpflanzen sollten, auch um Krankheit, Leid und Siechtum in der Welt zu veringern. Davenport wollte eine Institution schaffen, die sich nicht nur mit der natürlichen Selektion befasste, sondern wesentlich weiter ging, nämlich experimentelle Evolution betrieb, also mit wissenschaftlichen Methoden die gezielte Höherzüchtung von Pflanzen, Tieren und Menschen erforschte und betrieb. Aus Davenports Eugenik Institut wurde eines der berühmtesten und renomiertesten biologischen Forschungszentren der Welt: Die *Cold Spring Harbour Laboratories*.

Margaret Sanger (1879-1966) – die Feministin

Sanger prägte den auch heute allgegenwärtigen Begriff Geburtenkontrolle. Heutzutage denken wir bei Geburtenkontrolle zuerst einmal an Instrumente zur quantitativen Geburtenkontrolle zur Reduktion des Bevölkerungswachstums, wie Familienplanungsberatungen und Kontrazeptiva. Sangers Geburtenkontroll-Absichten waren eindeutig eugenischer Natur, also darauf ausgerichtet, zu kontrollieren wer sich vermehrt. Sie eröffnete die erste Geburtskontrollklinik im Jahr 1916 und gründete die American Birth Control League (Amerikanische Liga für Geburtenkontrolle), die über Abtreibung und Empfängnisverhütung aufklärte. Angesichts eines überbevölkerten Planeten, der zur Übernutzung natürlicher Ressourcen und potentieller Zerstörung unseres Lebensraums führen könnte, während das 6. Massenaussterben komplexer Arten aufgrund der Ausbreitung des *Homo sapiens* stattfindet, erscheint Geburtenkontrolle zur Eindämmung von Bevölkerungswachstum zunächts mal keine schlechte Idee zu sein.

Margaret Sangers war allerdings weniger ökologisch als vielmehr eugenisch motiviert. Sie hielt Vorträge bei offen rassistischen Vereinigungen wie dem KuKlux Clan und sprach sich dafür aus, der „Fortpflanzung der Untüchtigen ein Ende zu setzen". In ihrem monatlichen „The Woman Rebel" Rundbrief verband sie radikal-feministische mit eugenischen Inhalten. Allerdings muss man eingestehen, dass einige der von uns heute als rassistisch bewerteten Aktivitäten Sangers, aber auch anderer Eugeniker, durchaus dem Zeitgeist und auch dem wissenschaftlichen Hauptstrom entsprachen, wonach die weiße-kaukasische Rasse anderen Rassen als überlegen galt. Um Missverständnisse auszuschließen: Das britische „Sanger Institute" für Genomforschung wurde nicht nach Margaret Sanger sondern nach dem zweifachen Nobelpreisträger Frederick Sanger benannt.

Thomas Henry Huxley (1825-1895) – Darwins Bulldogge

Inwiefern erst die Abschaffung Gottes die Evolutionstheorie möglich macht, soll hier jetzt nicht Gegenstand der Debatte sein. Vielleicht genügt es festzustellen, dass Gott einfach nicht mehr gebraucht wurde. Einer der stärksten Vertreter des Agnostizismus war Thomas Henry Huxley, ein Zeitgenosse Darwins (1809-1882) und Großvater der im 20. Jahrhundert berühmten Huxley Brüder Julian Huxley (UNESCO Generalsekretär), Aldous Huxley (Autor von Brave New World) und Andrew Huxley (Beschreiber der neuromuskulären Endplatte). Thomas Huxley trug maßgeblich dazu bei, die Darwin'sche Evolutionstheorie gegen Gegner zu verteidigen und die Evolutionstheorie zu verbreiten. Auch prägte er, basierend auf den Reiseberichten von Alfred Russel Wallace, den Begrif „Wallace Linie" als Trennlinie zwischen asiatischen Tierarten, die noch auf Borneo und Java zu finden sind, und australasischen Tierarten, die sich auf Sulawesi und südostwärts von hier finden (6). Passend zu seiner Gabe, Wissen zu verbreiten und die wissenschaftliche Debatte zu animieren, gründete er die Zeitschrift „Nature".

Julian Huxley (1887-1975) –Humanist und erster UNESCO-Generalsekretär

Der Evolutionsbiologe Julian Huxley war eine der treibenden Kräfte hinter der Gründung der Organisation der Vereinten Nationen für Bildung, Wissenschaften und Kultur (UNESCO) und wurde deren erster Generalsekretär. Er war ein führendes Mitglied der British Eugenics Society (heute Galton Institute), in deren Vorstand er in den Jahren 1937 bis 1944 und 1959 bis 1962 saß.

Aufbauend auf Darwins Evolutionstheorien entwickelte er Ideen, die in ihrer Gesamtheit als evolutionärer Humanismus bezeichnet werden. In Deutschland hat sich die Giordano Bruno Stiftung dem evolutionären Humanismus verschrieben. Yuval Harari hat in seinem Buch Sapiens ein ganz anderes Verständnis des evolutionären Humanismus gegeben, als es wohl der Giordano Bruno Stiftung vorschwebt. Nach Harari sei die Ideologie der Nazis mit ihrer Anwendung evolutionärer Gedanken auf die Entwicklung der Menschheit als mutierende Art eine konsequente Verkörperung des evolutionären Humanismus. Der Mensch sei demnach denselben evolutionären Mechanismen unterworfen wie alle anderen Tiere, sei diesen jedoch als höherwertig überstellt. Der *Homo sapiens* kann sich genetisch entwickeln oder genetisch degenerieren, wobei die Höherentwicklung der Rasse das erklärte Ziel der Nazis war, welches sie durch mordende Selektion in die Realität umsetzen wollten.

Wenn man sich an der Bedeutung der Wörter „evolutionär" und „Humanismus" in ihrer nächsten Bedeutung orientiert muss auch Hararis Interpretation des Begriffs als valide betrachtet werden. Der entscheidende Unterschied zwischen Harari und der Giordano Bruno Stiftung liegt in der Auslegung des Humanismus-Begriffs. Harari betont die dem Humanismus innewohnende Überhöhung des Menschen in Abgrenzung zu anderen Lebewesen. Somit impliziert die Überhöhung des Menschen eine abwertende Diskriminierung anderer Lebewesen, einen Speziesmus. Die Giordano Bruno Stiftung benutzt den Humanismus-Begriff so, wie er

in unserer Gesellschaft allgemein aufgeladen ist: Gutes und rück-
sichtsvolles („humanes") Verhalten gegenüber Mitmenschen (und
Tieren) werden gemeinhin mit Humanismus verbunden. Speziesmus wird ausdrücklich abgelehnt. Natürlich ist die wörtliche (spe-
zistische) Deutung des Begriffs „Humanismus" nicht im Sinne der
Giordano Bruno Stiftung, die das Wort eher in der positiven Auf-
ladung, die wir in unserer Gesellschaft mit dem Wort in Verbindung bringen aufgefasst sehen will. Entsprechend hat sie Harari's
Interpretation des evolutionären Humanismus deutlich widerspro-
chen (85).

Aldous Huxley (1894-1963) – der visionäre Schriftsteller (Schöne Neue Welt)

Der Bruder Julian Huxleys, Aldous Huxley, hat in seinem utopischen Roman „Brave New World" eine fiktive Gesellschaft, die
durch genetische Klassen strukturiert ist, beschrieben, wobei die
Zufriedentheit mit der eigenen Klassenzugehörigkeit genetisch
mitverankert ist und durch frühkindliche Indoktrinierung in „Schlaf-
schulen" gefestigt wird. Dadurch sind die Menschen zwar unfrei,
aber zufrieden. In Huxleys Roman werden die angeborenen Klas-
senmerkmale durch chemische Steuerung der Embyronalent-
wicklung erreicht. Einer der Hauptcharaktere ist Bernard Marx, ein
Alpha, also ein Angehöriger der genetisch privilegierten Schicht.
Innerhalb dieser Schicht ist er jedoch ein Außenseiter, da er für
einen Alpha-Mann zu klein ist und des Weiteren (oder deswegen)
ein als nicht konform geltendes Sozialverhalten an den Tag legt.
Dem Leser wird er zu Anfang des Buches als systemkritischer

Geist präsentiert, der sich eben durch nichtkonformistische Gedanken hervorhebt. Wäre Bernard Marx ein gut gebauter, sozial
voll integrierter Alpha, hätte er vielleicht eine weniger systemkriti-
sche Haltung. Mit Hilfe des „Wilden" aus dem Reservat für indi-
gene Völker, deren Kinder obszönerweise leibliche Väter und Mütter haben wird er für eine Zeit lang zum gesellschaftlichen Mittel-
punkt Londons. Diese ungewohnte Popularität beschert ihm sogar
Verabredungen mit schönen Frauen, läßt aber auch sein kritischer
Geist verflachen.

Oft wird mit Huxleys Schöne Neue Welt auch Orwells dystopi-
scher Roman 1984, der einen totalen Überwachungsstaat beschreibt erwähnt. Und natürlich fragt man sich, wenn man beide
Romane kennt, welches Szenario den Verhältnissen in heutigen
konsumkapitalistisch geprägten Fassadendemokratien (86) näher
kommt. Neil Postman hat sich hierbei für Huxleys „Brave New
World" entschieden:

*„Orwell fürchtete, dass die Wahrheit von uns verborgen werden
würde. Huxley fürchtete, dass die Wahrheit in einem Ozean irre-
levanter Informationen ertränkt werden würde. Orwell fürchtete,
dass wir eine Gefangenenkultur werden würden. Huxley fürchtete,
dass wir eine Trivialkultur werden würden. In 1984 werden die
Menschen durch das Zufügen von Schmerz kontrolliert. In Schöne
Neue Welt werden die Menschen durch das Zufügen von Vergnü-*

gen kontrolliert. Kurz gesagt, Orwell fürchtete, dass, was wir fürchten uns ruinieren würde. Huxley fürchtete, dass, was wir begehren, uns ruinieren würde. " (Neil Postman, Amusing Ourselves to Death: Public Discourse in the Age of Show Business)

Was Orwell fürchtete, waren die, die Bücher verbieten würden. Was Huxley fürchtete war, dass es gar keinen Grund mehr geben würde ein Buch zu verbieten, da es einfach niemanden mehr gäbe, der Interesse hätte eins zu lesen.

Ernst Haeckel (1834-1919)

Haeckel war ein starker Befürworter der Evolutionstheorie und spielte eine wichtige Rolle bei der Verbreitung des Darwinismus in Deutschland. Wie ähnliche Wissenschaftler in anderen Ländern (z.B. Francis Galton in England) zog auch er deutliche Schlussfolgerungen für den Menschen, wodurch er zu einem Wegbereiter der Eugenik und Rassenhygiene in Deutschland wurde. Die Nationalsozialisten nahmen seine Schriften als Grundlage für ihre mörderische Rassenideologie, was man allerdings fairerweise nicht Ernst Haeckel vorwerfen kann, da er 1919, also 14 Jahre vor der Machtergreifung der Nationalsozialisten, gestorben war. Haeckel war selbst Pazifist und Unterstützer der Friedensbewegung und hätte die Angriffskriege Hitler-Deutschlands sicherlich nicht unterstützt. Im Zusammenleben der Menschen betonte er die Wichtigkeit von Mitleid und Sympathie. Zoologische Werke Hae-

ckels sind mit seinen wunderbaren handgezeichneten Illustratio-
nen ausgestattet. Ohne das mörderische Werk der Nationalsozialisten, die sich auf Haeckel beriefen, wäre er vielleicht heute ähnlich ehrenvoll angesehen wie Alexander von Humboldt.

11. Eugenik in Amerika und im Nationalsozialistischen Deutschland

In Amerika gründete Charles Davenport im Jahr 1890 auf Long Island die *Cold Spring Harbor Laboratories*, wo er auch das amerikanische Eugenik Register (Eugenics Record Office) etablierte. Eine wichtige Rolle spielte seine Frau, Gertrude Davenport, eine Embryologin. Das Eugenics Record Office wurde von der Carnegie Stiftung und der Rockefeller Familie getragen, zwei der mächtigsten, auch heute noch tätigen Stiftungen. Tatsächlich muss man insbesondere die Arbeit des Registers als wissenschaftlichen Rassismus bezeichnen. Von hier aus wurden in der ersten Hälfte des 20. Jahrhunderts insbesondere negative Eugenikmaßnahmen, die die Fortpflanzung von als genetisch minderwertig eingeschätzten Individuen verhindern wollten, in ganz Amerika propagiert und gesteuert. Negative Eugenik wurde durch Einwanderungsbeschränkungen, Zwangssterilisierungen und Unterbringung in geschlossenen Anstalten betrieben. Die Zwangssterilisierungen waren vom Gesetzgeber rechtlich abgesichert, d.h. die ausführenden Ärzte machten sich nicht strafbar, sondern wurden durch zahlreiche Gesetze sogar dazu angehalten, im Dienste der Allgemeinheit Zwangssterilisierungen durchzuführen.

Berühmt wurde der Fall der damals 20-jährigen Millionenerbin Ann Cooper Hewitt, der 1934 während einer Appendektomie die Eierstöcke entfernt wurden. Veranlasst hatte diese Sterilisierung

Ann's Mutter, da Ann unehelich mit einem Millionär gezeugt worden war und Ann's Erbe davon abhing, selbst Kinder zu bekommen, wodurch es nicht mehr direkt für ihre Mutter verfügbar gewesen wäre. Ann Hewitt verklagte die Chirurgen und ihre Mutter. Der Fall wurde außergerichtlich beigelegt.

Die Nationalsozialisten

Das Jahr 1933 gilt in der deutschen Geschichte als das Jahr der Machtergreifung bzw. Machtübernahme der Nationalsozialisten mit dem „Führer" Adolf Hitler. Hierbei handelte es sich keineswegs um eine gewaltsame Machtergreifung durch einen Putsch. Tatsächlich wurde Adolf Hitler am 30. Januar 1933 vom damaligen 85-jährigen Reichspräsidenten Paul von Hindenburg als Wahlsieger der im November 1932 stattgehabten Reichstagswahlen zum Reichskanzler ernannt. In den folgenden Monaten gelang es den Nationalsozialisten, über von Reichspräsident Hindenburg erlassene Notverordnungen, ihre Macht zu konsolidieren. Am 1. Februar wurde so der Reichstag aufgelöst. Durch die am 28. Februar folgende Reichstagsbrandverordnung wurden die Bürgerrechte der Weimarer Verfassung außer Kraft gesetzt und durch das Ermächtigungsgesetz vom 24. März 1933 wurde die Gewaltenteilung aufgehoben und die gesetzgebende Gewalt an Adolf Hitler abgegeben. Innerhalb weniger Wochen war es den Nationalsozialisten also gelungen, eine parlamentarische Demokratie in eine nach dem Führerprinzip agierende Dikatur umzuwandeln. Der greise Hindenburg war hierbei wohl eher eine tragische, von den Nationalsozialisten instrumentalisierte Figur. Ende Juli verschlechterte sich Hindenburgs Zustand rapide und am 2.

August verstarb er auf Gut Neudeck in Ostpreußen. Hitler organisierte ein ehrenvolles, propagandawirksames Begräbnis im Ehrenmal der Schlacht zu Tannenberg und integrierte das Amt des Reichspräsidenten in das Amt des Reichskanzlers, also in seiner Person. Schon lange vor seiner Machtergreifung hatte Hitler kein Geheimnis aus den rassistsichen Ideologien gemacht, denen er anhing. Die Verbreitung von Hitlers ideologischem Hauptwerk „Mein Kampf" war in Deutschland nach dem 2. Weltkrieg nicht erlaubt. Zudem war bis 2016 der Nachdruck nach dem Urheberrecht verboten. Im Jahr 2016 gab das Münchner Institut für Zeitgeschichte eine kommentierte Ausgabe heraus und inzwischen lassen sich über eine Suchmaschine im Internet PDF Fassungen von „Mein Kampf" finden.

Mein Kampf

Nach dem gescheiterten Münchner Bürgerbräu-Putsch im November 1923 saß Hitler für 9 Monate in Festungshaft in Landsberg am Lech. Bei der Festungshaft handelt es sich um eine Arrestform des preussischen Rechts, die als „ehrenhaftes Gewarsam" galt und bei politisch motivierten Straftaten verhängt wurde, denen eine ehrenhafte Gesinnung unterstellt wurde. Die Festungshaft nutzte Hitler, um sein 2-bändiges politisch-ideologisch-weltanschauliches Werk „Mein Kampf" zu schreiben. Während der erste Band eher autobiographisch ist, finden sich im zweiten Band ausführlichere programmatische Aussagen, denen ein die „arisch-germanische" Rasse bevorzugender Rassismus zu Grunde liegt. So hat Hitler in mein Kampf Eroberungskriege insbesondere mit

Ausdehnung des Lebensraums des deutschen Volkes nach Osten („Lebensraum im Osten") angekündigt, wobei er sich zur Vermeidung eines Zweifrontenkrieges eine Vereinigung mit England und einem faschistischen Italien wünschte. Bei seinen antisemitischen Ausführungen vermischte Hitler rassistische Motive mit Tiraden, gegenüber in seinen Augen jüdischen und somit zu vernichtenden Weltanschauungen wie dem Marxismus und der Sozialdemokratie, aber auch dem „jüdischen Bolschewismus" und dem „jüdischen Börsenkapital". Inhaltlich-wissenschaftlich sind die Ausführungen eher schlicht, zuweilen wirr und selbst bei skrupel-und ethikloser Betrachtung nicht nur gegen Ethik und Moral, sondern auch gegen die Wahrheit verstoßend (also falsch). Dennoch muss man mein Kampf als eines der wirkmächtigsten politischen Bücher betrachten, schließlich wurden hier die Grundlagen für viele schlimme Ereignisse und Verbrechen gelegt, die das Leben von Millionen von Menschen (in der Regel zum Schlechten) veränderten und das Leben von Millionen von Menschen kosteten.

Nürnberger Rassengesetze

Im September 1935 erließ der Reichsparteitag der NSDAP die Nürnberger Rassengesetze, welche in den „Blutgesetzen" und den „Reichsbürgergesetzen" die Grundlage für die folgenden Judenverfolgungen und Ermordungen legten (87). Die Nürnberger Gesetze stellten die Verrechtlichung der rassistischen Ideologie der Nationalsozialisten dar. Die aktive Beteiligung von Ärzten und

Wissenschaftlern zeigt sich an der Übertragung der Mendelschen Gesetze auf die Klassifizierung von Menschen gemäß der nationalsozialistischen Rassenideologie. Demnach gab es Volljuden, das waren Personen mit 3 jüdischen Großeltern und „Mischlinge ersten Grades", das waren Personen mit einem jüdischen Elternteil oder zwei jüdischen Großeltern. Personen mit einem jüdischen Großelternteil, wurden als „Mischlinge zweiten Grades" eingestuft. Im Blutschutzgesetz wurde die Ehe und der außereheliche Geschlechtsverkehr zwischen Deutschen und Juden verboten, wobei bei einem als „Rassenschande" bezeichneten Vergehen nur jeweils der Mann bestraft wurde (egal ob Mann oder Frau als Jude eingestuft worden waren). Jüdische Mischlinge ersten Grades mussten, wenn sie Deutsche oder jüdische Mischlinge zweiten Grades ehelichen wollten eine Sondergenehmigung beantragen (der meist nicht stattgegeben wurde).

Wannseekonferenz

Bei der berüchtigten Wannseekonferenz, bei der im Januar 1942 der bereits begonnene Holocaust mit dem erklärten Ziel der Vernichtung der europäischen Juden durchorganisiert wurde war Hitler nicht anwesend. Vielleicht wird die tatsächliche Bedeutung der Wannseekonferenz in der populären Wahrnehmumg auch überschätzt, da die Massenmorde an den Juden in Deutschland, Polen und der Sowjetunion schon überall auf breiter Fläche stattfanden und bis zur Wannseekonferenz schon bis zu 1 Million Juden ermordet worden waren.

Aktion T4 – Vernichtung unwerten Lebens

In Berlin, nahe des Postdamer Platzes, auf dem Platz vor der in dern 1960er Jahren errichteten Berliner Philharmonie, findet sich ein Denkmal mit Gedenk- und Informationstafeln zur „T4 Aktion". T4 ist ein Kürzel, das sich von der damaligen Adresse Tiergartenstrasse 4 ableitetet, wo bis Kriegsende eine Villa stand, in der seit 1940 die Planungs- und Verwaltungsbehörde für die Koordination von Euthanasiemorden an Menschen, deren Leben nach nationalsozialistischer Ideologie als „lebensunwert" eingestuft wurde, untergebracht war. Demnach wurden hier verdeckte Aktionen zur Ermordung körperlich und geistig behinderter Menschen und psychisch kranker Menschen geplant. Bewohner von psychiatrischen Anstalten, Heil- und Pflegeanstalten wurden über Meldebögen von Ärzten erfasst. Diese Meldebögen wurden hinsichtlich Arbeitsfähigkeit und Rassenzugehörigkeit ausgewertet. Gemeldete Personen wurden, wenn sie nicht arbeitsfähig waren, in sechs nahegelegenen Tötungsanstalten durch Gas umgebracht. Das Programm T4 wurde im Jahr 1941, ein Jahr nach Beginn, aufgrund öffentlicher Proteste eingestellt. Das Morden in den Konzentrationslagern und vor allem in osteuropäischen, von Nazi-Deutschland überfallenen Ländern ging allerdings bis Kriegsende weiter.

Der Lebensbrunnen

Lebensborn e.V. (eingetragener Verein) klingt nach einer Initiative engagierter Bürger, die einen Verein gegründet haben, der sich z.B. mit Biolandbau oder Kleintierzucht beschäftigen könnte. Das Wort „Born" allein ist ein altes, in poetischen Werken zuweilen verwendetes Wort, welches einen Brunnen bezeichnet. Wer in der jüngeren deutschen Geschichte etwas bewandert ist, wird bei Lebensborn aufhorchen und sich zumindest dran erinnern, dass es irgendetwas mit den unsäglichen Jahren zwischen 1933 und 1945 zu tun haben könnte, also der Zeit des Nationalsozialismus. Lebensborn e.V. war ein von der SS (Schutzstaffel) getragener Verein, der das Ziel hatte, die gemanisch-arische „Rasse" bei der Fortpflanzung zu begünstigen.

In der Rassenideologie der Nazis war die nordisch-germanisch Rasse, die (den Begriff missbrauchen) als „Arier" bezeichnet wurde allen anderen Rassen überlegen und durch die gezielte Zucht von Ariern sollte die Führungselite der Menschheit herangezüchtet werden. Da die Deutschen nach dieser Ideologie von den Ariern abstammten, stellten Deutsche mit ausgeprägten nordisch-germanischen Merkmalen das „Zuchtmaterial" für die Arierzucht. Das Ziel der Lebensbornbewegung war also der Erhalt und die Erweiterung der „arischen Rasse".

Treibende Kraft hinter den Bemühungen, diese rassistischen Ideologien umzusetzen war Heinrich Himmler, der Reichsführer der SS. Entsprechend sollten SS-Soldaten groß, blond und blauäugig sein, um dem Idealtypus Himmlers zu entsprechen. Da viele Deutsche nicht diesem Idealbild entsprachen (sondern z.B. klein und dunkelhaarig waren, wie der „Führer") wollte Himmler die in den Deutschen angelegte „arische Rasse" nicht nur erhalten, sondern, bei der Fortpflanzung unterstützen, um in künftigen Generationen mehr Arier zu haben und deren rassisch-arische Merkmale über die Generationen zunehmend stärker zur Geltung zu bringen. Ende 1935 wurde hierzu der Lebensborn e.V. gegründet, der im ganzen Reichsgebiet und später auch in besetzten nordischen Gebieten (z.B. Norwegen) Zuchteinrichtungen etablierte. Die Lebensbornheime hatten Entbindungs- und Erziehungsheime integriert und ermöglichten und erleichterten die Paarung ausgewählter „germanisch-arischer" Frauen mit „strammen SS-Männern".

Während des dritten Reiches werden etwa 11.000 Lebensbornkinder im Deutschen Reich geboren. Die „auserwählten" Kinder wurden zuweilen in Fremdbetreuung in besonders arische Familien, die diese adoptierten, gegeben. In den eroberten Gebieten Osteuropas wurden gezielt „arisch" wirkende Kinder gesucht, aus ihren Familien gerissen und in Lebensbornheime verschleppt, wo sie dann unter geänderter germanischer Identität und deutschem Namen aufwachsen und Deutsch anstatt ihrer Muttersprache sprechen mussten. Unterlagen, welche die ursprüngliche Identität des Kindes auswiesen, wurden vernichtet und durch Unterlagen zur neuen arischen Identität ersetzt. Ideologisch gefestigte nationalsozialistische Ehepaare kamen gerne mal in die Lebensbornheime, um sich ein Kind zur Adoption auszusuchen. Bei den entführten Kindern handelte es sich nicht nur um kleine Kinder, sondern auch um ältere Kinder, so wird z.B. von hunderten slowenischen Kindern zwischen 6 und 12 Jahren berichtet, die in deutsche Nazifamilien von Lebensbornfunktionären verschleppt wurden (88). Auf der Liste der slowenischen Kinder befand sich auch jeweils eine Kurznotitz, die anzeigte, dass die Eltern erschossen worden seien. Kinder, die nach ausführlicher Untersuchung nicht den arischen Rassenstandards entsprachen, wurden in Konzentrationslager verbracht, wo sicherlich viele starben. Kinder, deren alleinstehende Mutter von einem SS-Mann befruchtet worden war und für die keine Adoptionsfamilie gefunden werden konnte, wurden in den Lebensbornheimen unter ärztlicher Aufsicht von linientreuen Schwestern aufgezogen. Medizinische Berufe spielten eine maßgebliche Rolle bei der Implementierung des Lebensbornprogramms. Der ärztliche Leiter aller Lebensbornheime war Gregor Ebner, der vorher der Hausarzt Himmlers war. Am Ende des 2. Weltkrieg war die Zahl dieser ins Lebensbornprogramm verschleppten Kinder wohl deutlich höher als die der durch die „Lebensbornzucht" geborenen Kinder. Insgesamt gab es wohl um die 200.000 Lebensbornkinder.

Waren die Deutschen meiner Großelterngeneration „schlechte Menschen"?

Während meiner medizinischen Studien- und Ausbildungsjahre hatte ich sehr viel Kontakt zu Menschen meiner Großelterngeneration, da diese aufgrund ihres fortgeschrittenen Alters vermehr mit Krankheiten und Gebrechen konfrontiert waren und somit die deutschen Krankenhäuser bevölkerten (wer 1940 zwanzig

Jahre alt war, erreichte 2000 sein 80.-tes Lebensjahr). Die meisten Menschen, die ich in den Krankenhäusern kennenlernte waren normale Menschen mit charakterlichen Stärken und Schwächen, freundlich und rücksichtsvoll mit guten Manieren und Anstand und unterschieden sich in ihren Charakterzügen nicht nennenswert von alten Menschen, die ich in meinen Auslandsjahren in Gabun, England und Frankreich kennenlernte.

Dennoch muß man davon ausgehen, dass viele dieser Menschen zur Zeit der Nationalsozialisten Dinge getan haben, die im Nachhinein als Verbrechen gewertet würden. Es gibt keine eindeutig guten und schlechten Menschen, nur gute und schlechte Taten, und selbst hierbei ist die Einordnung in gut und schlecht an Kategorien gebunden, die nicht aus Naturgesetzen hervorgehen, sondern die der menschliche Geist festlegen muß. Die Menschen sind schlichtweg Kinder ihrer Zeit und ihrer Gesellschaft und entwickeln Verhaltensweisen, die durch die Umstände und die Gesellschaft z.B. durch Anerkennung, Stellung und Reichtum verstärkt werden. Andere Verhaltensweisen und Ideen werden selektiert, sei es durch „Niederschreien" oder gar durch Ermordung des Menschen, der die nicht dem Machtsystem konforme Idee ausgesprochen hat. Die Ermordung der Idee oder des Menschen wird dabei meist nicht durch eine verantwortliche Führungsperson durchgeführt, sondern durch Handlanger, die „nur auf Befehl" handeln. Aber warum sind diese Handlanger so gerhorsam?

Das Hume's Paradox: Warum können so wenige so viele unterwerfen?

Noam Chomsky wies in seinen Reden immer wieder auf die Tatsache hin, dass autoritäre Machtsysteme stärker und mächtiger wirken, als sie eigentlich sind. Die de facto Macht läge eigentlich in der Hand der „Vielen", die der Macht „Weniger" unterworfen sind. Dieses Phänomen nannte Chomsky „Hume's Paradoxon" nach dem schottischen Aufklärungsphilosophen David Hume (1711-1776). Insbesondere in Staaten und Machtsystemen, die äußerlich Meinungsfreiheit gewähren, sei deshalb die Medien- und Meinungsindustrie von außerordentlicher Wichtigkeit: Wenn man den der Macht Unterworfenen zugesteht, frei Ihre Meinung zu äußern, muss man dafür sorgen, dass das im Volk entstehende Meinungsspektrum im Interesse der Machthaber liegt (89). Die Aufgabe des Medienapparates liegt also darin, die „öffentliche Meinung" so zu steuern, dass die „Mehrheitsmeinung" zu Disziplinierungsmechanismen führt, so dass Abweichler durch andere Menschen aus dem Volk bestraft werden, z.B. durch Diffamierung und soziale Ächtung.

Wie die menschliche Evolution Machtmissbrauch und Unterwerfung fördert

Diese „Public-Relation (oder Propaganda) -orientierte Erklärung für die Tatsache, dass Menschen sich Macht unterwerfen ist sicherlich zutreffend, insbesondere in den „westlichen Demokratien" des 20. Jahrhunderts. Allerdings denke ich, dass diese Tendenz der Menschen, insbesondere als Gruppe, sich Macht zu unterwerfen, auch Erbe der menschlichen Evolution ist.

Kein anderes Tier hat eine derart lange Phase der totalen Abhängigkeit von Artgenossen wie der Mensch. Während dieser Jahre der natürlichen Abhängigkeit, der Kindheit, wird gehorsames Verhalten immer wieder verstärkt: Ein gehorsames Kind wird von den Eltern durch Zuwendung und Liebe belohnt. Die Macht, der wir über die Jahre unserer Kindheit unterworfen sind ist also meist eine gute Macht und die Unterwerfung darunter ist angenehm. Zu dieser behavioristischen Erklärung der menschlichen Gehorsamkeitsneigung kommt jedoch noch eine evolutionäre: Die Wahrscheinlichkeit als Mensch das fortpflanzungsfähige Alter zu erreichen ist höher, wenn ein Kind sich einigermaßen bereitwillig der, in der Regel auch positiven und gutwilligen Macht der Eltern oder anderer Aufsichtspersonen unterwirft. Ein Kind in grauer Vorzeit, dass sich an die Anweisung der Eltern, bei der Gruppe zu bleiben und sich von Löwen fernzuhalten, hielt, hatte sicherlich bessere Aussichten, das fortpflanzungsfähige Alter zu erreichen.

Leider sind die charakterlichen Merkmale, die Menschen zu Eltern werden lassen nicht die gleichen Merkmale, die den Weg zu machtvollen Positionen ebnen. Dennoch werden politische Führer gerne mit Fürsorgepersonen verglichen (der Vater des Volkes, der große Bruder, die Mutter der Nation, oder mit weniger Pathos einfach nur Mutti). Auch ist eine gesellschaftliche Infantilisierung der Machterhaltung dienlich.

Die wohlmeinenden Absichten, die der Eugenik zu Grunde lagen

Wenn wir heutzutage über Eugenik reden, denken wir automatisch an übelsten Rassismus und die Massenmorde, die insbesondere von den Nazis unter eugenischen Motiven betrieben wurden. Hierbei wird leicht übersehen, dass die Eugenikbewegungen im ersten Drittel des 20. Jahrhunderts sehr idealistische und wohlmeinende Ziele hatten, nämlich die Gesellschaft zu verbessern, aber auch den Menschen zu helfen. Menschen mit angeborenen Krankheiten bekamen verstärkt medizinische Aufmerksamkeit, sehr wohl mit der Absicht, deren Leben zu verbessern. Mit der Eugenik entstanden in den Vereinigten Staaten die ersten Anstalten für geistig Behinderte, die ersten Blindenschulen und andere Einrichtungen zur Unterstützung behinderter Menschen. Allerdings machte sich bei den Helfern auch eine gewisse Hilflosigkeit breit, ob der wenigen therapeutischen Möglichkeiten und der Unmöglichkeit von Heilungen. Ein logisch erscheinender Schluss musste sein, dass sich angeborene Krankheiten nur vermeiden ließen, wenn man vermied, dass Kinder mit Erbkrankheiten geboren wurden; oder positiv ausgedrückt, indem man versuchte dafür zu sorgen, dass Kinder gesund auf die Welt kamen. Auf gesellschaftlicher Ebene wollten die Eugeniker die Zahl von Menschen, die mit Behinderungen auf die Welt kamen reduzieren, einerseits um Leiden zu reduzieren, aber andererseits auch, um die Produktivität der Gesellschaft zu erhöhen. Auf diese Ziele sollte durch positive oder negative Eugenikmaßnahmen hingearbeitet werden. Bei positiven Eugenikmassnahmen wurden Paare mit als positiv erachteten Eigenschaften ermutigt, Kinder zu bekommen und dann bei der Erziehung der Kinder aktiv unterstützt, um so die Zahl gesunder Kinder zu erhöhen. Zu den brutalen Auswüchsen führten die Konzepte der negativen Eugenik, da hier die Selektion durch grausame Maßnahmen bis hin zum Massenmord betrieben wurde.

12. Selektierende Eugenik und Eugenik durch gentechnische Optimierung

Eugenik zielt zunächst mal darauf ab, die genetische Qualität menschlicher Populationen zu verbessern. Dieses Ziel muss hierbei nicht zwangsläufig für die ganze Menschheit gelten. Bisherige Eugenik Aktionen zielten vielmehr darauf ab, gewisse Gruppen (Volk, Nation, „Rasse") selektiv zu begünstigen. Die genetische Qualität der gewählten Gruppe sollte also auf lange Sicht verbessert werden; auch relativ zu anderen identitätspolitischen Gruppen, und deren genetische Qualität übertreffen. Eugenik-Aktionen waren hierbei negativ selektierend, wobei Menschen der genetisch zu unterdrückenden Gruppe die Fortpflanzung erschwert wurde oder diese ermordet wurden. Ein Beispiel hierfür ist die Verschleppung und Ermordung von als „nicht-arisch" klassifizierten Menschen im Nationalsozialismus.

Bei der positiv selektierenden Eugenik wird angestrebt, Angehörige genetisch „hochzuzüchtender" Gruppen (z.B. „Rassen") bei der Fortpflanzung zu begünstigen, indem sie bei der Partnersuche gemäß „Zuchtplan" unterstützt werden und ökonomische Bevorzugungen und Begünstigungen bekommen. Ein Beispiel für positiv selektierende Eugenik der Nationalsozialisten war die Aktion Lebensborn, bei der arische Paare bei der Fortpflanzung gefördert wurden und „arische" Kinder und Heranwachsende in Lebensbornheimen gesammelt wurden, um sie mit geeigneten arischen Partnern zur Fortpflanzung zu bringen.

Inzwischen bahnt sich eine weitere Form der Eugenik an: Eugenik durch gezielte genetische Eingriffe, die, wenn sie an der Keimbahn erfolgen (Eizelle/Samenzelle) über Generationen weitergegeben werden können und somit eugenisch wirksam würden.

Negativ selektierende Eugenik (Eugenik durch Mord)

Berühmt berüchtigtes Beispiel für negative selektierende Eugenik durch Mord an Menschen, deren Wert im Genpool als minderwertig eingestuft wurde sind die rassistisch motivierten Massenmorde der Nationalsozialisten. Die Mitschuld von Ärzten und Wissenschaftlern an diesen Verbrechen lässt sich nicht leugnen. Für die Rechtfertigung und vermeintliche Legitimierung des Genozids lieferten willfährige Wissenschaftler die verquere sozialdarwinistische, rassistische Ideologie, nach der die Schergen des Systems Menschen selektierten und damit über deren Tod oder Überleben entschieden.

Bei der Ankunft neuer, mit Menschen überladener Güterwagen in Konzentrationslagern warteten Mediziner auf der Rampe und sortierten die Menschen in arbeitsfähig oder sonstwie zu gebrauchen und nicht arbeitsfähig, was oftmals die Tötung in den Gaskammern der Konzentrationslager noch am selben Tag bedeutete. Diese Selektion war menschenverachtend und grausam, dennoch taugt die Selektionsrampe des Konzentrationslagers nur begrenzt als Beispiel für die brutalen Seiten der Eugenik, da sie eigentlich kaum noch eugenisch motiviert war. Menschen, die als

arbeitsfähig eingestuft wurden, sollten sich ja später nicht fortpflanzen, sondern durften nur deshalb weiterleben, weil deren Arbeitskraft noch ökonomisch verwertbar war. Die negativ selektierende Auslese hatte im Grunde schon vorher stattgefunden, nämlich bei der Verschleppung ins Konzentrationslager. Das gesamte
Mordprogramm war demnach durchaus eugenisch motiviert, die
Auslese an der Rampe diente dann nur noch dazu, aus den eugenisch Aussortierten ökonomisch noch das Letzte herauszuho-
len und deren Arbeitskraft auszubeuten.

Positiv selektierende Eugenik (Eugenik durch Fortpflan-zungsförderung)

Im viktorianischen England setzte sich Francis Galton für eine
Bevölkerungspolitik (heute würde man von Familienpolitik sprechen) ein, die Anreize für das Wachstum leistungsstarker, verdienter Familien setzte, also deren Fortpflanzung gezielt förderte.
Dies ist ein typisches Beispiel positiver Eugenikkonzepte. Eine
durch positiv selektierende Eugenik motivierte Familienpolitik verteilt soziale Zuwendung also nicht nach Bedürftigkeit sondern
nach Kriterien, von denen man sich einen Fortpflanzungsanreiz
für Familien erhofft, deren Fortpflanzung als erwünscht angesehen wird. Kriterien der Bevorzugung können Rasse, Klasse, Religion oder wie auch immer gemessene „Tüchtigkeit" der Familien-
verbünde bzw. der Individuen, die sich fortpflanzen wollen (sollen), sein.

Bevölkerungspolitische Maßnahmen mit eugenischen Zielsetzungen waren Anfang des 20. Jahhunderts in mehreren Ländern zu beobachten. In den USA verabschiedeten mehrere Bundesstaaten Gesetze, die Zwangssterilisierungsmaßnahmen legitimierten. Diese wurde insbesondere zur Sterilisierung von Gefängnisinsassen oder Menschen mit Behinderungen angewendet. Zwangssterilisierungen stellen negativ selektierenden Eugenikmaßnahmen dar.

Eugenik durch direkte gentechnische Optimierung des menschlichen Genoms

Bei der direkten genetischen Optimierung des menschlichen Genoms besteht ein nicht zu vernachlässigender konzeptueller Unterschied zur (durch Zuchtwahl) positiv selektierenden und negativ selektierenden Eugenik: Es werden keine Menschen selektiert. Bei selektierenden Eugenikformen ist Ungerechtigkeit ein Wesenszug des Verfahrens. Die eugenische Maßnahme besteht ja in der bevorzugenden oder benachteiligenden Selektion. Eine Eugenik unter gerechter Gleichbehandlung ist bei den selektierenden Ansätzen unmöglich, da diese das Wesen der selektierenden Eugenik ausmachen. Eine gentechnische Optimierung des menschlichen Genoms könnte im Prinzip an allen Menschen durchgeführt werden ohne bevorzugende oder diskriminierende Selektion. (Dies würde allerdings andere ethische Prinzipien hinsichtlich der Selbstbestimmungsrechte verletzen).

Genetische Optimierung kann auch so erfolgen, dass die Optimierung nicht über Generationen erhalten bleibt, sondern nur dem In-

dividuum zu Gute kommt. Dies ist beispielsweise bei einer individuellen Gentherapie der Fall. Es wird hierbei nur das Erbgut von
Körperzellen verändert, während das Erbgut von Ei- und Samenzellen unangetastet bleibt. Wenn genetische Verbesserungen jedoch über die Keimbahn erfolgen („Designerbabys"), werden
diese an die Nachkommen weitergegeben und somit eugenisch
wirksam.

13. Gentechnische Veränderungen höherer Lebewesen

Im Folgenden möchte ich die technischen Neuerungen, die gezielte Eingriffe ins menschliche Genom möglich machen, zusammenfassen. Für technische Details sei auf Spezialliteratur verwie-
sen. Hier sollen nur die Prinzipien benannt werden und wie sie zu
gentechnischen Manipulationen verwendet werden können.

Klonales Wachstum

Das Darmbakterium *Escherichia coli* ist das liebste Haustier
des Gentechnikers. Unter optimalen Bedingungen teilen sich *E.
coli* alle 20 Minuten. Durch Einbringen von, zu vermehrenden ring-
förmigen DNS Bestandteilen (Plasmide) lassen diese sich in *E.
coli* mitvermehren. Wenn der Gentechniker also ein bestimmtes
Gen oder einen DNS-Abschnitt in großen Mengen braucht, kann
er es in ein Plasmid einbauen, in *E. coli* einbringen und die das
Plasmid enthaltenden *E. coli* Bakterien über Nacht in einer Kultur
vermehren.

Komplexe, vielzellige Organismen vermehren sich meist nicht über klonales Wachstum, sondern sexuell. Bei klonaler Fortpflanzung wird das, lediglich durch Mutationen veränderte komplette Genom, von einer zur nächsten Generation weitergegeben. Bei sexueller Fortpflanzung setzt sich das Genom der Folgegeneration jeweils zur Hälfte aus dem mütterlichen und väterlichen Genom zusammen.

Dennoch sind auch bei komplexen, vielzelligen, sich sexuell fortpflanzenden Organismen klonale Zellvermehrungsprozesse allgegenwärtig. Bei der mitotischen Zellteilung, die allen Wachstums- und Regenerationsprozessen zu Grunde liegt, sehen wir innerhalb des Organismus klonale Prozesse. Bei der Mitose entstehen aus einer Zelle zwei identische Tochterzellen mit identischem, diploidem Genom. Lediglich bei der Bildung von Geschlechtszellen (Eizelle und Samenzellen) durch Meiose laufen die Zellteilungen nicht klonal ab.

DNS und RNS Stränge schneiden und wieder zusammenfügen

Derzeit wird viel über die CRISPR/Cas9-Methode geschrieben, mit der gezielte Genommodifikationen möglich geworden sind. Tatsächlich hat CRISPR/Cas9 die Eingriffe an DNS- und RNS-Strängen in Genomen mit einer vorher noch nicht gekannten Präzision möglich gemacht. Aber die erste Genschere ist die Methode nicht. Bevor wir uns also der CRISPR/Cas9-Methode zuwenden, schauen wir uns zunächst einmal die Genscheren an, die Molekulargenetiker schon seit Jahrzehnten im Werkzeugkasten haben. Die Restriktionsenzyme (Restriktionsendonukleasen) können an bestimmten Sequenzen gezielt den DNS-Strang schneiden. Als Medizindoktorand nutzte ich zirkuläre vorgerfertigte DNS-Ringe, sogenannte Plasmide, um einen bestimmten Genabschnitt zu vervielfältigen. Hierbei wird der zu vervielfältigende Genabschnitt in das Plasmid eingebaut, das Plasmid in Bakterien, meist *E.coli,* eingeschleust und die Bakterien auf einer Agarplatte ausgestrichen. Um sicherzustellen, dass bevorzugt die Bakterien sich vermehren, die Plasmide mit dem zu vervielfältigenden Genabschnitt (Insert) enthalten, trägt das Plasmid ein Antibiotikaresistenzgen und die Agarplatte enthält das entsprechende Antibiotikum. Da dennoch Bakterienkulturen wachsen, die das Plasmid ohne Insert enthalten, trägt das Plasmid zusätzlich ein Gen für die Produktion eines blauen Farbstoffes, dessen Expression jedoch in Plasmiden mit Insert unterbrochen wird. Auf der Agarplatte finden sich am nächsten Tag also blaue und weiße Kulturen. Eine das Insert enthaltende weiße Kultur wird in eine Flüssigkultur überführt und vermehrt.

Zum Einbau des Inserts in das Plasmid kommen besagte Restritionsenzyme zum Einsatz. Das Restriktionsenzym EcoRI schneidet zum Beispiel an der Erkennungssequenz 5'-GAATTC-3'mit 3'-CTTAAG-5'im Gegenstrang. Abbildung 1 zeigt den Schnitt schematisch:

```
5'-GAATTC-3'      5'-GAATTC-3'      5'-G       AATTC-3'
3'-CTTAAG-5'      3'-CTTAAG-5'      3'-CTTAA       G-5'
```

**Abbildung 1:   Beispiel einer Erkennungssequenz für ein Restrikti-
onsenzym, in diesem Fall EcoRI.**

Die CRISPR/Cas9 Methode

Die CRISPR/Cas9-Methode baut also auf langjährigen Erfahrungen mit Enzymwerkzeugen auf. Was die Technik so leistungs-
stark macht, ist die Ermöglichung gut gezielter Veränderungen
des Genoms ganzer Organismen, inklusive des Menschen. Hierbei wurden bei CRISPR/Cas9 der Vorgang der Zielfindung und
das Schneiden selbst auf 2 verschiedene Enzyme aufgeteilt. Mit
CRISPR kann man, dank einer „Guide-RNS", eine Ziel-DNS Sequenz im Genom zielgenau erkennen, Cas9 ist eine Endonukle-
ase, die die entsprechende Sequenz dann schneidet. Das
CRISPR/Cas System ist ursprünglich eine Komponente der bak-
teriellen Immunabwehr gegen Viren, wobei Cas9 das „Zerstörer-
protein" darstellt. Durch die in CRISPR enthaltenen, zu viralen Sequenzen äquivalenten RNS Abschnitte wird das Cas-Zerstörer-
protein an sein Ziel geführt.

Der Gentechniker synthetisiert also zunächste eine „Guide-
RNS", deren Sequenz der Zielsequenz des herauszuschneiden-
den DNS-Stücks entspricht. Die Guide-RNS lagert sich an die in-
verse DNS-Sequenz des Gegenstrangs an und Cas9 schneidet

die Sequenz heraus. Nun können die Strangenden wieder verknüpft, oder ein Insert eingesetzt werden. Das CRISPR/Cas9 System funktioniert in lebenden Zellen und durch die Guide-RNS wird der Eingriff an multiplen Stellen durchgeführt, an denen die entsprechende Zielsequenz vorhanden ist.

Somit hat das Prinzip alle Eigenschaften, die für einen Einsatz als Gentherapieinstrument notwendig sind: Zielgenauigkeit, Einsetzbarkeit in der lebenden Zelle und Erreichen des Ziels an multiplen Orten.

Für die Implikationen eines solchen Eingriffs ist noch die Unterscheidung zwischen somatischer Genmodifikation und die Keimbahn betreffender Genmodifikation von Bedeutung. Somatische Eingriffe erfolgen an Körperzellen. Eine Zukunftsvision der Diabetesbehandlung ist z.B. die somatische gentherapeutische Behandlung des Diabetes durch gentechnische Herstellung insulinproduzierender Zellen. Ein solcher Eingriff würde nur das behandelte Individuum betreffen.

Bei Keimbahneingriffen hingegen wird die genetische Änderung am Genom der Keimzellen vorgenommen (Ei- oder Samenzelle) mit dem Ziel, das veränderte Genom zum Basisgenom der befruchteten Zygote zu machen, aus der dann durch mitotische Zellteilungen der Embryo und schließlich das neue Individuum heranwächst, welches dann das veränderte Genom trägt. Keimbahneingriffe könnten im Prinzip zur Verhinderung genetischer Geburtsdefekte, also von Erbkrankheiten, verwendet werden. Derzeit werden sie jedoch als noch zu risikoreich angesehen (92). Dennoch: Mit CRISPR/Cas9 steht etwas zur Verfügung, das man mit der Suchen/Ersetzen Funktion eines Textverarbeitungsprogramms vergleichen kann, nur, dass die Information nicht semantisch verbal, sondern in Form von genetischen Anlagen vorliegt und die Sprache der genetische Code ist.

Zwillingsschwestern mit einem gezielt veränderten CCR5-Rezeptorgen

Im Vorfeld des „Second International Summit on Human Genome Editing" in Hongkong hat die Behauptung eines chinesischen Wissenschaftlers, eine gezielte Veränderung des CCR5-Gens von Zwillingsschwestern, die gerade geboren worden seien, vorgenommen zu haben für Aufregung gesorgt. Dr He Jankui hatte bei 7 für Fertilitätsbehandlungen vorbereiteten Embryos eine gezielte Mutation vorgenommen, wobei bisher eine Schwangerschaft zustande kam. In allen Fällen war der Vater HIV positiv und die Mutter HIV negativ (93). Es ist bekannt, dass eine Mutation des CCR5-Gens vor HIV-Infektionen schützt. Allerdings ist der HIV-Infektionsstatus der Eltern zweitrangig, da eine Infektion der Eizelle durch HIV über das sie befruchtende Spermium sehr unwahrscheinlich ist und noch unwahrscheinlicher wird, wenn das Spermium bei der Vorbereitung zur in vitro Fertilisation einen Waschschritt durchlaufen hat. Der die Genbehandlung rechtfertigende Nutzen besteht also lediglich aus dem Schutz vor HIV-Infektionen im späteren Leben. Allerdings könnte dieser Schutz gegenüber HIV auf Kosten einer erhöhten Anfälligkeit für andere Erkrankungen erkauft sein; so ist bekannt, dass Individuen mit CCR5-Mutationen anfälliger für schwere Verläufe des Westnilvirusfiebers sind. Zudem sind die Geneditierungsverfahren noch in einem experimentellen Stadium und können zu Mutationen an anderen Stellen („off Target") führen, die wiederum zu unvorhersehbaren genetischen Problemen führen können, oder das Krebsrisiko steigern können. Es steht sogar die Behauptung im Raum, die CCR5-Mutationen wirkten lebensverkürzend, allerdings war eine lebensverkürzender Effekt der Mutation statistisch nicht zu belegen und die Publikation, die dies behauptete wurde inzwischen zurückgezogen (94).

Das CCR5-Gen codiert für einen Obeflächenrezeptor, der von HIV Viren als Co-Rezeptor für die Infektion von Lymphozyten und Makrophagen genutzt wird, weshalb Individuen mit einem veränderten (defekten) CCR5 Rezeptor vor HIV geschützt sind. Was diesen Eingriff besonders brisant macht, ist die mögliche Assoziation von CCR5 mit Hirnfunktionen und kognitiven Fähigkeiten. Mäuse mit der CCR5 Deletion hatten ein besseres Erinnerungsvermögen (95). Auch konnte an Mäusen gezeigt werden, dass das Blockieren von CCR5 zu einer besseren Regeneration von Neuronen nach Schlaganfällen führt. Dies ist konsistent mit der Beobachtung, dass Menschen mit einer CCR5 delta32 Mutation (die sie vor HIV schützt) eine schnellere Neuroregeneration nach einem Schlaganfall zeigen (96). Menschen mit CCR5 delta32 Mutation scheinen auch länger in der Schule zu bleiben, also seltener die Schule abzubrechen. Es scheint also recht wahrscheinlich, dass der vorgenommen genetische Eingriff einen Effekt auf die kognitiven Funktionen der Zwillinge, wahrscheinlich im Sinne einer Verbesserung kognitiver Funktionen, hat (97).

Dolly (1996-2003)

Dolly wurde im Februar 1997 in wenigen Tagen zum berühmtesten Schaf zwischen Nord- und Südpol und ging in unser kollektives Gedächtnis ein. Dolly war ein Klonschaf. Sie wurde in Edinburgh aus einer voll ausdifferenzierten Körperzelle (also nicht aus Keimbahnzellen) geklont und war somit das erste geklonte Säugetier. Für die Klonierung wurden Eizellen von schottischen Schafen der Rasse „Scottish Blackface" mit Zellkernen aus Euterzellen der Rasse „Fin Dorsett" angeimpft. Aus den 277 angeimpften Eizellen entstanden 29 Embryonen, von denen ein Embryo überlebte. Dolly wurde von einem Leihmutterschaf der Rasse „Scottish Blackface" ausgetragen. In einem Interview mit der New York Times berichtete Ian Wilmut, der Laborleiter, dass alle zuvor geborenen Klontiere kurz nach der Geburt verstorben waren. Dolly war also nicht das erste geklonte Säugetier das geboren wurde, sondern das erste geklonte Säugetier, das überlebte.

Dolly wurde 6 Jahre alt. Schafe werden normalerweise um die 10 Jahre, maximal 20 Jahre alt. Dolly wurde eingeschläfert, nachdem sie an Lungenadenomatose, einer durch ein Schaf-Retrovirus hervorgerufenen broncho-alveolären Krebsform erkrankt war. Die Umstände ihres Todes sind also wahrscheinnlich von den Umständen ihrer Entstehung durch Klonierung unabhängig. Allerdings hatte Dolly starke Arthrose und Arthritis, weshalb diskutiert wird, ob sie frühe Alterserscheinungen entwickelte, da die implantierten Zellkerne aus einem erwachsenen Tier mit entsprechend „gealtertem Genom" stammten (98).

Risiken der Genomveränderung für das Individuum

Risikoerwägungen für das Individuum, also für die Person, deren Genom modifiziert wird, sind natürlich hochspekulativ, da wir davon ausgehen, dass wir diese schlichtweg kaum vorhersagen können und ein Risiko erst wahrnehmen können, wenn es manifest geworden ist. Auch ist es schwierig zu sagen, ob eine sich einstellende Krankheit Folge der Genommodifikation ist, insbesondere wenn seitdem schon viel Zeit verstrichen ist.

Fangen wir mit dem Risiko des Klonens an. Hierbei wird gerade keine Veränderung des Genoms vorgenommen und sogar die bei der Fortpflanzung natürlich stattfindende Mischungen zwischen beiden Elterngenomen unterbleibt. Beim Klonen wird eine Eizelle entkernt und mit dem gesamten diploiden Genom (2x23 Chromosomen beim *Homo sapiens*) aus einem Zellkern des zu klonenden Individuums ausgestattet. In jeder unserer Körperzellen haben wir diploide Chromosemensätze mit 2x23 = 46 Chromosomen. Eine Eizelle ist haploid, trägt also normalerweise einen einfachen Chromosomensatz, so dass sich bei der sexuellen Fortpflanzung die haploiden (1x23) Chromosomensätze der Eizelle und der Spermienzelle unter verschiedenen Genomabschnittsaustauschereignissen zu einem diploiden Chromosomensatz ergänzen können. In Körperzellen haben wir jeweils diploide (2x23) Chromosomensätze.

Das Klonschaf Dolly wurde durch Einbringen eines diploiden Chromosomensatzes (2x27 Chromosomen bei Schafen) aus einer Körperzelle (aus dem Euter), die in eine entkernte Eizelle „eingebaut" wurde, gezeugt. Das Ausgangsgenom Dollys war also nicht durch Vereinigung zweier Chromosomensätze frisch entstanden, sondern ein bereits existierendes, diploides Genom. Die Implementierung eines diploiden Körperzellgenoms in eine entkernte Eizelle klingt vom mechanischen Vorgang her einigermaßen einfach, jedoch muss man sich vor Augen führen, dass für Dolly 277 Eizellen „angeimpft" wurden, woraus 29 Embryonen entstanden, von denen nur ein Embryo überlebte – Dolly.

Was hier manchmal unter den Tisch fällt, ist die Tatsache, dass Dolly zwar bei der Geburt ihren ersten Lebenstag erlebte, aber dass ihr Genom aus einem Organismus stammte, der an Dollys erstem Lebenstag schon 6 Jahre alt war (99). War also Dollys genetisches Alter 6 Jahre älter als ihr Lebensalter? Ob Klonierungen über mehrere Generationen zu kumulativen Schadeffekten durch vorgealterte Genome führen? Auf die Weiterklonierung von Dolly wurde zumindest verzichtet. Tatsächlich waren die Telomerregionen der Chromosomen Dollys etwas kürzer. Telomere sind Endregionen der chromosomalen DNS. Sie spielen eine Rolle beim Entwinden der DNS Stränge für die Bildung des kopierten Genoms bei der Zellteilung. Da an den Enden der Endstücke ein kleiner Abschnitt DNS nicht mitkopiert wird, ist der DNS-Tochterstrang immer geringfügig kürzer (und zwar um die kurzen nicht-mitkopierten Enden der Telomere). Deshalb nimmt die Telomer-länge von Zellteilung zu Zellteilung über die Zellgenerationen ab.

Allerdings wurden von derselben Arbeitsgruppe, die Dolly schuf, weitere Klonschafe mit demselben Euterzellgenom produziert, von denen die Forscher behaupteten sie würden, wenn sie die Postnatalperiode überlebt hatten, ein normales und gesundes Leben ohne Anzeichen vorzeitigen Alterns leben. Eine im Alter von 7-9 Jahren untersuchte, aus 13 geklonten Schafen bestehende Kohorte sei demnach normal hinsichtlich Gelenkstatus, Blutdruck und metabolischer Faktoren (100). Eine andere Frage, die sich bei klonierten Säugetieren aufdrängt, ist die nach der eigenen Fortpflanzungsfähigkeit. Für Dolly war diese sicherlich gegeben. Insgesamt brachte Dolly in ihrem Leben 6 gesunde Lämmer zur Welt, die alle mit dem Schafbock David natürlich gezeugt worden waren (101).

Wie bei allen Technologien könnten initial mit Problemen und Pannen belastete Vorgänge zu Routineprozeduren werden, deren Ergebnisse sich mit der gewonnenen Erfahrung verbessern. Inzwischen werden Tiere nicht mehr nur in experimentellen Forschungslaboren geklont, sondern auch schon industriell zu kommerziellen Zwecken. Auf die erhöhte Nachfrage nach Schweinefleisch wird in China inzwischen auch mit industriellen Klon-Schweinezuchten reagiert (102). Die Klonierungswissenschaft hat etwas unter dem Skandal um den südkoreanischen Wissenschaftler Hwang Woo-suk gelitten, dem zahlreiche Fälschungen seiner zuweilen spektakulären Stammzellforschungsergebnisse und Klonierungsprojekte nachgewiesen wurden. Immerhin aber war wohl Snuupy tatsächlich im Jahr 2005 der erste geklonte Hund. Im Gegensatz zur Klonierung von Paarhufern ist die Klonierung von Hunden aufgrund der begrenzten Phasen, in denen Hündinnen Eizellen produzieren, die fruchtbar sind, schwieriger.

Risiken für das Individuum bei somatischen, also nicht-keimbahnwirksamen genetischen Modifikationen

Für die Gesellschaft oder auch die Menschheit im Ganzen erscheinen somatische Genmodifikationen, die nicht an die nächste Generation weitergegeben werden können, weniger folgen- und somit weniger risikoreich als keimbahnwirksame Genommodifikationen. Direkte Auswirkungen auf zukünftige Generationen sind bei somatischen Genmodifikationen nicht zu erwarten. Die potentiell resultierenden Ungerechtigkeiten, die entstehen können, wenn genetische Selbstoptimierung eine Frage von Reichtum und Armut oder Status ist wird weiter unten im Kapitel „Zugang zur Ressource genetische Optimierung" diskutiert.

Wenn man solche potentiellen Ungerechtigkeiten ausklammert, erscheint es schwierig, individuelle Selbstoptimierungswünsche prinzipiell abzulehnen. Bei einer somatischen Genommodifikation wird auch das medizinische Risiko, also das Risiko, dass die Person, deren Genom modifiziert wird, hiervon Schäden erleidet, selbst getragen. Die Person, die sich informiert für den genetischen Eingriff entscheidet, ist allein von dessen Folgen betroffen, im Gegensatz zur Keimbahngenommodifikation, deren Folgen den Nachwuchs betreffen, der keine Möglichkeit hat an der Entscheidung zum Eingriff beteiligt zu werden. (Wenn man in dieser Richtung konsequent weiterargumentiert müsste man allerdings die Zeugung von Nachwuchs und somit menschlichem Leben an sich ablehnen, da ja kein Mensch auf der Erde an der Entscheidung, ins Leben geworfen zu werden, beteiligt wurde – die Antinatalisten vertreten eine solch konsequente Position).

Derzeit können wir allerdings das Risiko somatischer Genommodifikationen für das Wohlergehen des Menschen, dessen Genom modifiziert wird, nicht abschätzen. Eine solche Fachkenntnis setzt Erfahrung voraus, für deren Akquise Modelle in Zellkultur und Tierversuchen irgendwann nicht mehr ausreichen werden. Wahrscheinlich scheint hier eine Übergangsphase, in der nachteilige Effekte für das menschliche Individuum noch nicht mit hinreichender Sicherheit ausgeschlossen werden können, zugleich jedoch diese Expertise ohne tatsächliche Anwendung am Menschen nicht zu gewinnen ist. Zur Korrektur schwerwiegender genetischer Defekte im Sinne eines Heilversuchs erscheint die Erteilung einer ethischen Freigabe unter solchen Bedingungen noch naheliegend. Deutlich zweifelhafter ist die Situation, wenn es sich um Eingriffe mit Enhancement-Charakter handelt, die eher als „Lifestyle-Eingriffe" zu werten wären.

Insbesondere Krankheiten, bei denen ein einzelnes Gen defekt ist bzw. die Funktion eines einzelnen Gens ausfällt sind interessant für somatische Gentherapieansätze. Bei den kongenitalen retinalen Dystrophien handelt es sich um eine heterogene Gruppe angeborener Netzhautdegenerationserkrankungen, die zu zunehmender Sehschwäche bis zur Erblindung führen. Mehr als 100 Genloci sind bislang identifiziert worden, wo Mutationen zu dieser schlimmen Augenkrankheit führen. Obwohl es so viele Genloci für diese Krankheit gibt, stellt sie ein attraktives Ziel für Gentherapien dar, da die Krankheit beim Individuum durch eine dieser Mutationen zu Stande kommt (und nicht durch das Zusammenspiel verschiedener Mutationen). Die Leber'sche kongenitale Amaurose kommt sowohl bei bei Briard-Hunden als auch bei Menschen durch Mutationen des sogenannten *RPE65* Gens vor. Durch die Verfügbarkeit eines guten Tiermodells war eine wichtige Vorraussetzung für die Etablierung einer somatischen Gentherapie erfüllt. Zudem bietet sich die Krankheit für lokal gut ansteuerbare Gentherapieinjektionen an. Adenoviren werden als Vehikel für die einzubauenden normalen Kopien des *RPE65* Gens gezielt in das betroffene Gewebe der Retina injiziert, wodurch das Risiko systemischer Nebenwirkungen reduziert wird (103). Ende 2017 wurde diese Gentherapie durch die amerikanische Zulassungsbehörde FDA zugelassen (104). Allerdings muss man in diesem Zusammenhang auch auf die Risiken gentherapeutischer Ansätze hinweisen, da es auch schon zu Todesfällen durch die gentherapeutischen Adenovirusinfektion kam (105).

Prinzipiell ist es also möglich, monogenetische Erkrankungen zu therapieren und inzwischen gibt es sogar schon die ersten offiziell zugelassenen Therapien. Dennoch wird die Zahl der von genetischen Erkrankungen Betroffenen wohl eher durch Pränataldiagnostik als durch Therapie reduziert werden: Derzeit ist die Pränataldiagnostik noch mit einer invasiven Fruchtwasseruntersuchung verbunden, bei der mit einer Hohlnadel in die Fruchtblase gestochen wird, um an fötale Zellen zu gelangen, deren Genom dann untersucht werden kann. Seit langer Zeit ist bekannt, das sich aber auch im Blut der Mutter fötale Zellen befinden, die das komplette Genom des Fötus enthalten, allerdings in sehr geringen Konzentrationen (< 1:1 Mio.). Dennoch erscheint die Pränataldiagnostik aus Fötalzellen, die aus dem maternalen Blut gewonnen wurden, inzwischen in erreichbare Nähe gerückt zu sein (106). Parallel dazu können immer mehr genetische Loci in einem Untersuchungsgang gescreent werden. Wenn die Pränataldiagnostik also methodisch leichter, weniger invasiv und umfassender wird, können immer mehr Gendefekte frühzeitig erkannt werden. Die entsprechenden Schwangerschaften werden in solchen Fällen häufig beendet.

Somit bringt die Pränataldiagnostik viele ethische Fragen mit sich, z.B. welche Genloci erfasst werden sollen. Die mit Gendefekten verbundenen Krankheitsbilder müssten schon gravierend genug sein, um eine Abtreibung zu rechtfertigen. Zudem kann von einem Genotyp nicht immer auf die Ausprägung des Phänotyps geschlossen werden. Was tun mit bekannten Gendefekten, die bei manchen Betroffenen nahezu unbemerkt bleiben und bei anderen schwere Krankheiten und Behinderungen verursachen? Auch findet die Pränataldiagnostik in recht fortgeschrittenen Schwangerschaftsstadien statt, so dass die Abtreibung mit der Tötung eines schon recht weit entwickelten Lebens einergeht. Aneuplodiescreening fötaler Zellen aus maternalem Blut wurde zwar schon erfolgreich durchgeführt, allerdings stammten die Zellen aus der 23 Schwangerschaftswoche (107). Mit guter Versorgung können Frühgeborene in diesem Alter schon überleben. Bei Aneuploidien fehlt ein Chromosom oder es ist eins überzählig. Die meisten Aneuploidien führen zum spontanen Abgang des Embryos, jedoch können Menschen mit Trisomie 21 (Down Syndrom) ein langes und glückliches Leben führen.

14. Zugang zur Ressource genetische Optimierung

Menschliche Gesellschaften sind durch Hierarchien geprägt, die als Selbstverständlichkeit für die Organisation menschlichen Zusammenlebens hingenommen werden. Inwiefern die vorgeschichtlichen Sozialgefüge menschlicher Gruppen, die als Jäger und Sammler lebten, Hierarchien ausprägten lässt sich mangels schriftlicher Berichte kaum beurteilen. Aber spätestens mit der Sesshaftwerdung bildeten sich hierarchische Gesellschaften aus. Gleichheit wurde erst in den letzten 200 Jahren zu einem zentralen gesellschaftlichen Wert und in den letzten 50 Jahren des 20. Jahrhunderts sind die Gesellschaften tendenziell gleicher geworden, jedoch sollten wir nicht davon ausgehen, dass diese Entwicklung anhält. Stattdessen werden die Anzeichen einer immer größer werdenden Konzentration von Reichtum und Macht deutlicher (108). Dass die Verteilungsdefizite dauerhaft durch Wachstum und „Trickle down" vertuscht werden können, ist auch in wirtschaftlich starken Staaten unwahrscheinlich.

Die Stellung eines Individuums in der Gesellschaft kann von mehreren Faktoren abhängen, wobei Abstammung und Besitz in der Regel eine große Rolle spielen. Macht wurde und wird in Feudalsystemen in Familien weitervererbt. Auch heute noch hängen die Stellung in der Gesellschaft und die Chancen, diese zu verbessern, stark vom Elternhaus, dessen Status und Reichtum ab. Die soziale Stellung in einer zumindest in Teilen meritokratischen Gesellschaft kann auf individueller Ebene durch Aneignung von Wissen und Fertigkeiten gefördert werden (Bildung). Aufstieg

257

durch Bildung ist eine der wichtigsten Verheißungen einer Gesellschaft, die Chancengleichheit idealisiert. Ein genetisches Fundament von Überlegenheit bestimmter Gruppen wurde zwar immer wieder proklamiert, z.B. von den Nationalsozialisten, welche die Überlegenheit der „arischen Rasse" proklamierten, jedoch waren dies ideologische Behauptungen und nicht die Feststellung tatsächlicher genetisch bedingter Unterschiede: Seit ca. 40.000 Jahren, als der Neanderthaler ausstarb gehören alle menschlichen Individuen der Art *Homo sapiens* an.

Über die Sozialstrukturen des *Homo sapiens* in den etwa 300.000 Jahren seiner Existenz können wir nur spekulieren. In heutigen Jäger-und-Sammler-Kulturen sind Spezialisierungen (Berufe) kaum ausgeprägt und die Gesellschaften erscheinen wesentlich egalitärer und weniger hierarchisch, als dies bei sesshaften Kulturen zu beobachten ist (40). Wahrscheinlich waren die Sozialstrukturen unserer Vorfahren also die meiste Zeit menschlicher Existenz egalitärer als die Sozialstrukturen in Gesellschaften, die die neolithische Revolution mit Sesshaftwerdung und Feldbau durchlaufen haben.

Für die Zeit nach der der neolithischen Revolution (in Europa etwa die letzten 3000 Jahre, an einigen Orten vielleicht die letzten 12-14.000 Jahre) interessieren sich zunächst einmal die Archäologen und schließlich, insbesondere wenn Schriftkulturen untersucht werden, die Historiker. Im Gegensatz zu den Paläontologen, die sich für Jahrmillionen menschlicher Entwicklungsgeschichte zuständig fühlen, sind Archäologen und Historiker sehr wählerisch und interessieren sich für den doch sehr kurzen Zeitraum am rechten Ende des Zeitstrahls. Da ergibt sich, zumindest bei Historikern, die daran glauben, dass sich die Werte der Aufklärung durchsetzen, folgendes Bild: Hierarchien und soziale Ungleichheit, die seit der Sesshaftwerdung Jahrtausende lang menschliche Gesellschaften prägten, wurden erst in den letzten paar hundert Jahren durch die demnach recht neuen Werte Gleichheit und Gerechtigkeit in Frage gestellt.

Hierarchien und Ungleichheit wurden in der Menschheitsgeschichte in den meisten Kulturen als natürlich bzw. als von göttlichen Mächten gegeben angesehen und oft wurde der Platz in der sozialen Hierarchie durch die Geburt bestimmt. Natürlich ist die Welt im 21. Jahrhundert weit davon entfernt, eine gerechte Welt mit Chancengleichheit zu sein, aber immerhin gibt es die Idee der Chancengleichheit und Gerechtigkeit, die fast überall den politischen Diskurs prägt. Hinsichtlich der biologischen Wertigkeit gelten alle Menschen als gleich, Rassismus wird abgelehnt. Die Ungleichheit der Menschen bzw. die Ungleichwertigkeit in der Gesellschaft sind somit rein sozialer und wirtschaftlicher Natur.

Rassistische Argumente dienten in der Menschheitsgeschichte immer wieder dazu, Ressourcen- und Landraub sowie Völkermord zu legitimieren. So galten die Eingeborenen Amerikas den Siedlern als unterlegene Rassen, die zur Schaffung neuer Siedlungsgebiete bekämpft, vertrieben und ermordet werden durften. Rassistische Wertigkeitshierarchien sind auch wissenschaftlich nicht haltbar, da der *Homo sapiens* die einzige überlebende Menschenart auf der Erde ist. Wir müssen also konstatieren, dass spätestens mit dem Aussterben der letzten anderen Menschenarten

(Denisova Mensch, Neandertaler) alle Menschen auf der Erde genetisch gleichwertig sind (nicht gleich – dann wären wir alle Klone voneinander).

Mit der absehbaren Möglichkeit, durch Eingriffe am menschlichen Genom „Verbesserungen" vorzunehmen, wird diese genetische Gleichheit bald der Vergangenheit angehören. Es sei denn solche Eingriffe lassen sich international dauerhaft bannen und verhindern. Wenn der *Homo sapiens* damit beginnt, aktiv sein Genom zu verändern, werden sich in kurzer Zeit genetische Ungleichheiten manifestieren, die tatsächlich dazu führen könnten, dass auch die genetische Gleichwertigkeit in Frage gestellt wird und dass es irgendwann tatsächlich de facto überlegene und vergleichsweise unterlegene Menschenarten gibt. Welche Faktoren den Zugang zur genetischen Optimierung von Menschen bestimmen, wird die Entwicklung entscheidend mitbeeinflussen. Je nachdem an welche gruppenbestimmenden Faktoren der Zugang zur genetischen Optimierung gekoppelt ist, werden genetische Ungleichheiten zwischen Ländern und gesellschaftlichen Schichten entstehen (80).

Kopplung an Reichtum

Unter dem derzeit global dominierenden neoliberalen Wirtschaftssystem erscheint es am wahrscheinlichsten, dass Zugang zur genetischen Selbstoptimierung bzw. der Nachwuchsoptimierung am ehesten von Reichtum abhängig sein wird. Möglicherweise werden unter denen, die es sich leisten können, gerade die maß- und hemmungslosesten am schnellsten „genetisch aufsteigen". Zur Gier nach Geld und Status wird die Gier nach genetischer Überlegenheit kommen. Genetische Optimierung, die an Reichtum gekoppelt ist hat somit eine doppelt erbliche Komponente: Erstens werden durch optimierende Keimbahneingriffe „bessere Erbanlagen" genetisch vererbt und zweitens wird der materielle, bzw. Geldreichtum vererbt, wodurch sich dem Nachwuchs reicher Eltern auch zu Lebzeiten mehr Möglichkeiten bieten, die Möglichkeiten moderner medizinischer und genetischer Verfahren in Anspruch zu nehmen.

Kopplung an Staatsangehörigkeit

Höherzüchtung der Menschen in einem Staat mag wie eine übermäßige Steigerung eines ethnisch-völkisch geprägten Nationalismus anmuten und somit im gegenwärtigen Diskurs eher Ablehnung hervorrufen. Allerdings sind der Staat oder die Nation als Stratifizierungsebene genetischer Optimierungsbemühungen alles andere als abwegig. Auch haben andere Nationen keine derart vorbelastete Geschichte, so daß die genetische Verbesserung der Staatsbürger salonfähiger wäre als in Deutschland.

Weltweit sind Solidarsysteme modernere Makrogesellschaften an die Organisationsebene „Staat" gekoppelt. Gerade in stark individualisierten Gesellschaften kann der Einzelne nicht mehr auf natürliche Solidarsysteme wie Familie oder Großfamilie und schon gar nicht auf Clan- oder Stammesstrukturen zurückgreifen.

Vielmehr ist in solchen modernen, individualisierten Gesellschaften der Staat die wichtigste Organisationsebene solidarischer Gemein- und Sozialsysteme. In Deutschland ist z.B. die Rentenversicherung über die „Deutsche Rentenversicherung" auf Staatsebene organisiert. Bei der tatsächlichen Implementierung sozialer Sicherungssysteme finden sich natürlich auch of Strukturen unterstaatlicher Ebenen, so sind z.B. berufsständische Versorgungswerke, wie die ärztlichen Versorgungswerke, auf Bundesländerebene organisiert. Dennoch gibt es auf Nationalstaatsebene koordinierende Instanzen, die dafür sorgen, dass auch auf Landes- oder Regionalebene organisierte Solidarsysteme im gegenseitigen Einvernehmen operieren.

Mit dem Staat oder der Nation als wichtigster Organsiationsebene der Solidarsysteme und der Ressourcenverteilung wird die Frage, wer zum Staat oder der Nation gehört, organisationspraktisch relevant. Wer gehört zu welchem Solidarsystem und wird im Bedarfsfall versorgt? Sollte sich die Leistungsauszahlung primär an Bedürftigkeit oder eher am geleisteteten Beitrag des Einzelnen zur Solidargemeinschaft orientieren? Die Aufnahme hunderttausender Einwanderer in Deutschland hat die Frage, ob sich Sozialleistungen eher an den vom Einzelnen z.B. durch Beiträge zur Solidargemeinschaft erbrachten Leistungen orientieren sollten oder ob doch eher die Bedüftigkeit ausschlaggebend sein sollte, beunruhigend weit oben auf der Liste offener politischer Herausforderungen angesiedelt.

Im 20. Jahrhundert waren der Staat bzw. die Nation das wichtigste Stratifizierungsniveau. Die Geschichte des 20. Jahruhunderts zeigt auch die Problematik nationalistischer Überhöhung auf. Im Deutschen Reich haben sich im 20. Jahrundert die wichtigstens Solidarsysteme wie die Unfall- Kranken- und Rentenversicherung etabliert. Diese waren auch Vorbild für Solidarsyteme in anderen Ländern der Erde. Auch war der technisch-wissenschaftliche Fortschritt im Deutschland des ausgehenden 19. und beginnenden 20. Jahrhundert beeindruckend. Allerdings war in Deutschland die völkisch definierte Nation auch die Diskriminierungsebene für Kriege und mörderisch selektionierende Eugenikmaßnahmen, die mit einer elaborierten rassistischen Selektionstheorie einhergingen. In Folge der Verbrechen des Dritten Reiches, erfuhr das Volk der Deutschen internationale Ächtung, aus der zuweilen ein bis heute wirkender Schuldkomplex abgeleitet wird. Hierdurch fällt es uns nach wie vor schwer über ethnische Differenzierungen in der Welt zu sprechen und auch über das Konzept der Nation und des Nationalstaats, auf dessen Ebene zahlreiche Solidarsysteme organisiert sind, wird in Deutschland nicht gerne geredet.

Lange bevor Solidarsysteme auf Nationalstaatsebene organisiert wurden, gehörte das Militär zu Staatsapparaten. Erst durch staatlich organisierte Armeen erlangten Kriege ihre volle destruktive Kraft und manifestierten sich als „totale Kriege", in denen, z.B. im Dreißigjährigen Krieg im 17. Jahrhundert, die Zivilbevölkerung voll und ganz in Mitleidenschaft gezogen wurde. Auch heute noch dominiert die Konkurrenz zwischen Staaten die weltpolitische

Agenda. Ob die Bürger der betroffenen Staaten einen Konflikt mit einem anderen Staat wollen, spielt gewöhnlich keine Rolle. Die demokratischen Elemente in repräsentativen Demokratien beschränken sich auf Legitimationsrituale wie Wahlen, erlauben jedoch kaum Mitsprache bei essentiellen politischen Entscheidungen wie denen über Krieg und Frieden (109, 110).

Ein genetisches Wettrüsten mit Bemühungen, den Genpool auf nationalstaatlicher Ebene hochzuzüchten, könnte also nur noch eine Frage der Zeit sein (oder gar schon auf dem Weg sein). Spekulationen darüber, welche Länder an einem genetischen Wettrüsten teilnehmen werden und sich belauern werden, überlasse ich dem Leser. Allerdings wird jedem klar sein, dass Zurückhaltung beim Einsatz genetischer Optimierungsmethoden sehr schnell zu einem genetischen Rückstand führen kann. Selbst bei breiter Ablehnung genetischer Optimierung, kann man sich plötzlich gezwungen sehen „mitzumachen".

Kopplung an rassistische Kriterien

Die eugenischen Verbrechen im Nationalsozialismus bezogen ihre pseudowissenschaftliche Legitimation aus einer zutiefst rassistischen Ideologie. Gerade in Deutschland können wir uns nach den vielen Toten, die diese Rassenideologie verursacht hat, kaum vorstellen, dass rassistische Kriterien eine neue Eugenikbewegung, diesmal durch gezielte genetische Manipulationen, befeuern könnten. Obgleich auch international die Rechtssysteme rassistische Diskriminierungen hinter sich gelassen haben, spielt

Rassismus nach wie vor eine große Rolle im Zusammenleben der Menschen bzw. beim Erschweren dieses Zusammenlebens. Multiethnische Gesellschaften sind z.B. auf dem Afrikanischen Kontinent üblich, da hier die Grenzen von Staaten unter vollkommener Ignoranz existierender Stammesgebiete von den Kolonialmächten definiert wurden. Die Machtzirkel um einen Staatspräsidenten werden oftmals bevorzugt mit Mitgliedern der eigenen ethnischen Gruppe besetzt und entsprechend wird dann Klientelpolitik zu Gunsten dieser Gruppe betrieben (111). Die ethnische Zugehörigkeit bei der Machtverteilung und Legitimierung durch Wahlen ist also wichtiger als politische Programme.

Bürgerkriege, wie der auf den Zerfall Jugoslawiens folgende Bürgerkrieg Mitte der 1990er Jahre werden nach wie vor entlang national-ethnischer Trennlinien ausgefochten. Noch deutlicher traten ethnisch-rassistische Trennlinien zwichen Hutus und Tutsis im ruandischen Bürgerkrieg zutage. Die Propagandanarrative waren ungehemmt rassistisch und gipfelten im ruandischen Völkermord im Jahr 1994, der etwa 1 Million Menschenleben kostete (112).

Hier liegt eines der größten Dilemmata deutscher Friedensforscher: Das Rassismuskonzept wird zwar abgelehnt, was zur ethisch und moralischen Gestaltung einer Gesellschaft sicherlich zu begrüßen ist, zur Beschreibung von Kriegen und Bürgerkriegen kommt man jedoch nicht darum herum, ethnische Trennlinien anzuerkennen. Das Wort Rasse ist dann lediglich durch ethnische Gruppe ersetzt worden.

Alle derzeit lebenden Menschen gehören der Art *Homo sapiens* an, haben also starke (> 99%) genetische Übereinstimmungen. Natürlich sind wir genetisch nicht alle vollkommen identisch (das wäre der Fall, wenn wir uns durch klonales Wachstum unter Weitergabe des kompletten gleichbleibenden Genoms über die Generationen entwickelt hätten). Es gibt genetische Unterschiede zwischen allen Individuen (außer bei eineiigen Zwillingen deren Genom tatsächlich identisch ist). Innerhalb einer ethnischen Gruppe sind die genetischen Unterschiede schwächer ausgeprägt als im Vergleich zum Rest der Menschheit. Dies macht leider prinzipiell die Entwicklung genetisch gesteuerter Massenvernichtungswaffen denkbar, deren Angriffpunkt eine bestimmte Genkonstellation ist, die sich nur bei einer bestimmten ethnischen Gruppe, hier dann aber bei allen Angehörigen dieser Gruppe findet. Gegen den Einsatz von Massenvernichtungswaffen sprechen bislang neben ethisch-moralischen Verhinderungsgründen auch rational-strategische Gründe. Insbesondere muss die einsetzende Gruppe damit rechnen, selbst massiv geschädigt zu werden (durch Exposition gegenüber der eigenen Massenvernichtungswaffe oder den Gegenschlag der Gegenseite). Das Schlimme an einer genetisch gesteuerten Massenvernichtungswaffe wäre die Tatsache, dass im Gegensatz zu allen anderen Massenvernichtungswaffen die Selbstschädigungsgefahr bei Einsatz der Massenvernichtungswaffe entfiele.

Weniger extrem als ethnisch differenzierende Waffen (und somit naheliegender) sind optimierende Eingriffe in das Genom von

Angehörigen einer bestimmten ethnischen Gruppe. Da Staaten und Gesellschaften heutzutage immer weniger ethnisch homogen sind, würden genetische Optimierungskampagnen, die sich auf eine ethnische Gruppe konzentrieren, im Gegensatz zur genetischen Optimierung auf Staats- oder Nationenebene, zu Trennlinien innerhalb von Gesellschaften bis hin zu einem System genetischer Kasten führen.

Eine denkbare Optimierung, die angestrebt werden könnte, ist die Verlängerung der Lebenszeit. Am ehesten wird solch ein Eingriff wohl reichen Menschen offenstehen.

Unsterblichkeit – Ray Kurzweil

Ray Kurzweil, Leiter der Entwicklungsabteilung bei Google und Millionär, möchte unsterblich werden. Nicht im Sinne von für immer in kollektiver Erinnerung zu bleiben, sondern im wörtlichen Sinne: Unsterblich. Er möchte für immer leben und zählt dabei auf exponentielle Fortschritte der Medizin, Gentechnik und Nanotechnik in den kommenden Jahren. Allerdings könnte es für ihn doch etwas eng werden. Selbst im Jahr 1948 geboren, hat er 2018 das 70te Lebensjahr überschritten. Die Endregionen unserer Chromosomen, die sogenannten Telomere, werden im Laufe des Lebens durch permanente Zellteilungen immer kürzer und büßen somit ihre das Chromosom stabilisierende und schützende Funktion immer mehr ein. Wenn also unser Genom mit uns altert, müsste für Kurzweils persönlichen Unsterblichkeitsplan entweder eine Methode entwickelt werden, auch das Genom zu verjüngen, oder er müsste, je nachdem, wann die ihm Unsterblichkeit einbringenden Methoden verfügbar sind, bis in alle Ewigkeit als alter oder sehr alter Mann leben. Für Ray Kurzweil selbst ist also die Frage, ob er lange genug überlebt, um für immer leben zu können. Hierbei zählt er auf drei Brücken zur Unsterblichkeit (113):

Brücke 1 (jetzt)

Das Ziel der ersten Brücke ist die Vermeidung der häufigsten Todesursachen, die gemäß Kurzweil die folgenden seien:

- Artherosklerose
- Übersäuerungsungleichgewicht im Säure-Basenhaushalt
- Blutzuckerhaushaltsstörungen aufgrund zu kohlenhydratreicher Nahrung

Entsprechend besteht Brücke 1 aus einem gesunden Lebensstil mit gesunder kohlenhydratarmer Ernährung, der Vermeidung zucker-, säure- und alkoholhaltiger Getränke und einem ausgewogenen Bewegungsregime.

Um in möglichst gutem Zustand die Brücken zur Unsterblichkeit zu überschreiten, betreibt Kurzweil einen erheblichen Aufwand, gesund zu leben, investiert täglich tausende von Dollar für vermeintlich gesunde Ernährung mit zahlreichen teuren Nahrungsergänzungsmitteln und allen möglichen Pillen und zählt darauf, dass die von ihm als Brücken zur Unsterblichkeit genannten Technologien Gestalt annehmen.

Brücke 2 (2025-2030)

Mit der zweiten Brücke komme die Biotechnologie ins Spiel, die aufgrund atemberaubender Fortschritte schon bald zur Lebensverlängerung und schließlich Unsterblichkeit beitragen würde.

Von pharmakologischer Seite glaubt Kurzweil an die baldige Verfügbarkeit eines Medikaments, das den Energiestoffwechsel des Körpers optimieren wird, so dass überschüssige Kalorienaufnahme nicht mehr länger zu Fettleibigkeit, Artherosklerose, Diabetes und anderen unserer zuweilen ungesunden „Überernährung" geschuldeten Wohlstandskrankheiten führe. Als Vorgängermedikament einer „sündenfreien Völlereipille" sieht er ein Medikament, dass übermäßige Nahrungsaufnahme verhindert, in dem es dem Körper die Einnahme einer Mahlzeit vortäuscht und ihn Fett verbrennen lässt, den Zuckerhaushalt optimieren lässt und Entzündungsprozesse eindämmt. Mit einem Medikament namens Fexaramin habe man bei Mäusen bereits vielversprechende Ergebnisse erzielt.

Für mich klingt dieses Medikament zunächst einmal nach einer für einen von aneorektischen Essstörungen betroffenen Menschen äußerst attraktiven Substanz, deren gesundheitsfördernder Effekt erst einmal demonstriert werden müsste. Heroinabhängige verlieren auch oft an Gewicht...

Wem pharmakologische, also an ein Medikament gebundene Ansätze zu altbacken erscheinen, für den hat Kurzweil noch andere Ansätze im Repertoire: Genetisch modifizierte Zellen, die sensitiv für erhöhte Blutfettspiegel sind und dem Körper ein Saturierungsgefühl vermitteln. Vorher fettgefütterte Mäuse, denen nach Implantation dieser Zellen weiterhin dieselbe hochkalorische Nahrung angeboten wurde, fraßen deutlich weniger und verloren ihr Übergewicht (114).

Brücke 3 (um 2045)

Die dritte Brücke ist für Kuzzweil die Integration technischer und biotechnischer Elemente in den Menschen. Auf mechanischer Ebene würden Nanoroboter in Zellgröße Körperfunktionen unterstützen und übernehmen, Infektionen bekämpfen, Schäden reparieren, Verschleiß sanieren und genetische Adaptationen nach Bedarf vornehmen. Durch Verschmelzung mit Körpersystemen sind auch gezielte Verbesserungen und Erwerb neuer „übernatürlicher Fähigkeiten" denkbar, wie der Fähigkeit unter Wasser zu atmen oder durch Anschluss an neuronale Netzwerke Computerwissen mit menschlichen Kognitivprozessen zu verbinden, so dass unser Hirn in der Lage sein werde, Wissen abzurufen, das extrazerebral (z.B. im Internet) abgelegt ist. Kurzweil bietet einen Fragebogen an, mit dem man spezifische Empfehlungen für die eigenen Bedürfnisse erhalten kann. Da ich in gutem Essen und Wein einen Quell großer Lebensqualität sehe, die ich mir nicht verderben möchte, habe ich davon abgesehen, weiter zu recherchieren, was der Fragenbogen enthält. Die auf der Fragebogenstartseite dargestellte „Diet supplementary" Packung sah für mich auch nicht unbedingt so aus, also könne Sie mir ebenso viel Lebensqualität bringen, wie eine schmackhaftbekömmlich, konventionell zubereitete Mahlzeit.

Prognosen sind schwierig, insbesondere, wenn sie die Zukunft betreffen. Wenn wir heute die Zukunftsszenarien voll fliegender Autos, die Anfang des 20. Jahrhunderts aufgestellt wurden betrachten, sind diese sicherlich amüsant, allerdings finden wir bestenfalls Elemente dieser Szenarien verwirklicht. Im Ganzen müssen wir feststellen, dass sie meist mit der eingetretenen Wirklichkeit wenig zu tun haben. Allerdings erscheint es durchaus realistisch, dass Verbesserungen am Menschen nur noch eine Frage der Zeit sind, wenn diese in der Umsetzung auch ganz anders ausfallen könnten, als es sich Kurzweil oder andere Zukunftspropheten ausgemalt haben. Was allerdings eine fast unvermeindliche Konsequenz von „Verbesserungen" am Menschen sein wird, ist die Frage, wer davon wie und unter welchen Bedingungen profitieren sollte. Und auf Wessen Kosten? Wenn alle Menschen länger lebten, oder gar unsterblich wären und sich dennoch weiterhin fortpflanzten, würde es bald sehr eng auf der Welt werden. Reiche und Priviligierte, die Ihr Leben verlängerten oder gar unsterblich würden, hätten also ein Interesse daran, dass der Großteil der Menschheit keinen Zugang zur Lebensverlängerung hat. Oder anders ausgedrückt: Die gewonnenen Lebensjahre der Priviligierten werden durch verlorene Lebensjahre anderer Menschen ausgeglichen werden.

Geburtenkontrolle im 21. Jahrhundert

Heute wird der Begriff der Geburtenkontrolle eher nicht mehr in seiner rassistisch selektierenden Interpretation aufgefasst, sondern eher als Konzept zur quantitativen Fortpflanzungsbegrenzung angesehen. Mit derzeit 7.6 Milliarden Menschen trägt unser Planet möglicherweise schon mehr *Homo sapiens*, als die Menschheit verträgt. Geburtenkontrolle im Sinne von quantitativer Fortpflanzungsbegrenzung scheint zumindest in Weltregionen mit hohem Bevölkerungswachstum wie Afrika, dem Nahen Osten oder dem indischen Subkontinent vor allem im Sinne der dort lebenden Menschen dringend geboten. Afrika wird zwischen 2015 und 2050 seine Bevölkerung von 1,2 Milliarden auf 2,5 Milliarden Menschen mehr als verdoppeln. Auf dem indischen Subkontinent ist das Bevölkerungswachstum inzwischen schon gesunken, allerdings ist die Bevölkerungsdichte hier bereits heute sehr hoch. Indien hatte 2019 eine Bevölkerungsdichte von 419 Einwohner pro km^2, Bangladesch von 1105 Einwohner pro km^2. In beiden Ländern ist das Bevölkerungswachstum inzwischen auf 1% zurückgegangen, was jedoch immer noch zu einer Bevölkerungsverdoppelung innerhalb von 70 Jahren führen würde, wenn dieses Wachstum anhielte. In Zukunft ist damit zu rechnen, dass insbesondere in den fruchtbaren und dicht besiedelten Flussdeltas des indischen Subkontinents Land verloren gehen wird, sei es durch

Anstieg des Meeresspiegels, Landabsenkung durch Grundwasserstockausbeutung und Baulastdruck oder aber auch Überflutungen mit Versalzung der Böden.

Somit müssen wir uns eingestehen, dass auch Elemente geographisch differenzierender Geburtenkontrolle erwägenswert sind. In Regionen, in denen heute schon Mangel und Armut herrschen sind Geburtenkontrollmassnahmen dringend notwendig, um katastrophenresilient zu sein. Gleichzeitig liegt das Bevölkerungswachstum in Europa, Russland und Japan bereits deutlich unter der für die Erhaltung der bestehenden Bevölkerung (ohne Zu- und Abwanderung) erforderlichen Quote von 2,1 Kindern pro Frau (90). Hier wäre eine höhere Geburtenrate sogar begrüßenswert.

Das Wort Geburtenkontrolle klingt jedoch etwas autoritär, als ob es sich zwangsläufig um eine von oben verordnete Zwangsmaßnahme handeln müsse. In den europäischen Ländern hat sich jedoch ein Rückgang der Geburten durch Einbeziehung des weiblichen Bevölkerungsteils in die Erwerbsarbeit ergeben. Im Rahmen der feministischen Ideologie wurde dies erfolgreich als Akt der Befreiung angepriesen. Für die kapitalistische Wirtschaft westlicher Länder wurde hierdurch ein enormes Arbeitskräftepotential freigesetzt. Die familiäre Lebensgestaltung wurde zunehmend gering geschätzt und der Beruf rückte ins Zentrum der Selbstverwirklichung. Für die Wirtschaft stieg das Angebot an Arbeitskräften, was die Lohnkosten reduzierte und ein beträchtliches Wirtschaftswachstum ermöglichte. Der ursprüngliche Akt der Befreiung durch Erwerbsarbeit ist für viele Frauen inzwischen von einer Möglichkeit zur Lebensgestaltung zu einem ökonomischen Sachzwang geworden.

In westeuropäischen Ländern sind die Reproduktionsziffern inzwischen deutlich unter der Reproduktionsziffer von 2,1. In Deutschland wurden 2019 etwa 1,5 Kinder pro Frau geboren, wobei diese Ziffer schon eine Steigerung durch Einwanderung gegenüber 1,3 bei deutschen Frauen ohne Migrationshintergrund darstellt. Sollte die angestrebte Integration von Einwanderern in die deutsche Gesellschaft mit der damit verbundenen Erwerbsarbeit gelingen, wird deren Fertilität ebenfalls wieder abnehmen.

Bemerkenswert ist die Entwicklung im Iran, wo 1988 nach Ende des mörderischen Irak-Irankrieges eine Volkszählung durchgeführt wurde, bei der das Bevölkerungswachstum von 3,9% als alarmierend eingestuft wurde, da das Land bei anhaltendem Bevölkerungswachstum in Armut und Umweltzerstörung versinken würde. Den iranischen Demographen gelang es damals, die religiöse Führung zu überzeugen, dass hohe Fruchtbarkeitsraten nicht mehr im Interesse des Landes waren. Die Regierung startete daraufhin eine „Lebensqualitätskampagne" mit Familienplanungskursen, Gratis-Verhütungsmitteln, die überall leicht verfügbar waren, sowie einer Bildungsoffensive, die das Bildungsniveau junger Frauen, insbesondere in ländlichen Gebieten, drastisch erhöhte. Der derzeit noch langsam erfolgende Bevölkerungsanstieg ist ausschließlich durch Zuwanderung, insbesondere aus Afghanistan, begründet, so dass inzwischen eine Wende in der Bevölkerungspolitik, die wieder zu mehr Kindern ermutigen soll, eingeleitet wurde (91).

Verwendung menschenmanipulierender Methoden für militärische Zwecke

„Science made us deadly" ziert den Innenumschlag des Buches „Sapiens" von Yuvel Harari. Mir als Wissenschaftler hat diese Feststellung zunächst einmal wehgetan, da ich den Wissenschaften gegenüber natürlich eine positive Grundhaltung einnehme. Wie schon bei den bewundernswerten Erkenntnissen der Physik im 20. Jahrhundert, die uns neue Weltbilder aber auch die Atombombe verschafften, ist auch bei den Biotechnologien zu befürchten, dass der wissenschaftliche Fortschritt von Ethik und Moral abgekoppelt voranschreitet. Angesichts zehntausender Toter in Hirohima und Nagasaki und der potentiellen Zerstörung der Menschheit durch Massenvernichtungswaffen, möchte ich den katholischen Klerikern des 16. und 17. Jahrhunderts zugestehen, dass es nicht zwangsläufig ein moralisch verwerfliches Konzept sein muss, sich wissenschaftlichen Erkenntnissen zu verschließen und sich dem Fortschritt in den Weg zu stellen.

Wissenschaft ist leider nicht frei von externen Interessen und die äußeren Interessen sind, wenn es um die Nutzung von Wissen und Technologien zum Nutzen durch Menschen in Machtpositionen geht, traditionell mit militärischen Anwendungen zur Unterwerfung oder Vernichtung von konkurrierenden Gruppen oder Völkern verbunden. Nazi-Deutschland war auch bei der physiologischen Optimierung von Soldaten für den Kampf in einer zweifelhaften Vordenkerrolle, wobei die Impulse 1945 von der US Army mehr oder weniger dankbar aufgenommen wurden. Damals waren genetische Eingriffe natürlich noch undenkbar, aber den Bemühungen der Nazis, pharmakologisch die Kampfkraft der Soldaten zu erhöhen, verdanken wir die noch heute weit verbreiteten Amphetamine. Pervitin, ein Amphetamin wirkte als Aufputschmittel und wurde von der Wehrmacht eingesetzt, um Soldaten die Angst zu nehmen und Müdigkeit und Erschöpfung zu überspielen, wobei sich jedoch schon bald zeigte, dass die Nebenwirkungen einem Wehrmachtsoldaten für mehrere Tage nach dem aufgeputschten Einsatz zusetzten und dass durch Pervitin verschobene Müdigkeit und Erschöpfung nach Abklingen der Droge umso stärker einsetzten (115).

Im Grunde baut das MKULTRA -Programm des amerikanischen CIA, welches von 1953 bis 1970 lief und zum Ziel hatte, Methoden der Bewusstseinskontrolle zu entwickeln, auf den Vorarbeiten der Nazis auf. Erforscht wurden Möglichkeiten zur Bewusstseinkontrolle aber auch zur Einschränkung der Fähigkeit, im Verhör Aussagen zu verdrehen oder zu verschweigen (z.B. durch Verabreichung eines zu entwickelnden „Wahrheitsserums"). Menschenversuche ohne Wissen der Versuchsteilnehmer und natürlich auch ohne deren Einwilligung waren fester Bestandteil des Programms, bei dem an Patienten, Soldaten und Gefängnisinsassen alle möglichen Substanzen, darunter LSD und Mescalin, erprobt wurden und bei denen es zu schweren Gesundheitsschäden und auch Todesfällen kam. Die Vorgänge wurden Mitte der 1970er Jahre durch das Church Commitee des US-Kongresses aufgearbeitet, welches zur Untersuchung der Aktivitäten amerikanischer Nachrichtendienste gegründet wurde. Der Abschlussbericht des Church Committes ist im Internet abrufbar, jedoch wird die komplette Durcharbeitung aufgrund der Länge nur für spezialisierte Wissenschaftler von Interesse sein (116). Dem interessierten Laien mag es genügen, den Wikipedia Artikel zum Church Commitee oder zum MKULTRA-Projekt zu lesen. Natürlich ist bei Wikipedia-Artikeln davon auszugehen, dass gerade solche Artikel über Machenschaften mächtiger Akteure zum Ziel mächtiger Organisationen werden und von diesen modifiziert werden. Dennoch genügen diese Artikel den Glauben zu verlieren, dass die Mechanismen zur Kontrolle von Machtmissbrauch und zum Schutz der persönlichen Freiheit und Selbstbestimmung in modernen Staaten sicher funktionieren.

Wir neigen dazu, dies als geschichtliche Vorgänge der (schlechteren und amoralischeren) Vergangenheit abzutun und gehen davon aus, dass politischen Systeme, auch durch Aufarbeitungsausschüsse wie das Church Commitee, sich seitdem gebessert haben. Dies ist wahrscheinlich eine Täuschung, die durch den allen Menschen innewohnenden Status-Quo-Bias leicht aufrechterhalten werden kann. Wir neigen dazu, den Zustand unserer Gesellschaft, in der wir leben, als gut, gerecht, moralisch und legitim zu erachten (117). Daraus folgt, dass wir diesen Zustand als auch für andere Menschengruppen erstrebenswert ansehen. Dieser Umstand lässt sich hervorragend propagandistisch ausschlachten, gerade heutzutage, da Kriege nicht mehr über rassistische Überlegenheitsmotive propagandistisch begründet werden.

In der Kriegspropaganda spielt, neben dem Aufbau eines Feindbildes (böser Diktator), die Idee, man würde den Bewohnern des zu überfallenden Landes die erstrebenswerten Zustände bringen, die man in der eigenen Gesellschaft vorfindet, eine wichtige Rolle (110).

Wir müssen also davon ausgehen, dass auch heutzutage gesetzeswidrige Aktivitäten in großem Maßstab durch mächtige Organisationen aus Politik und Geheimdiensten stattfinden. Solche kriminellen Aktivitäten aufzudecken wird vom Staatsapparat verfolgt (siehe den Umgang mit den prominenten Bürgerrechtlern Julian Assange, Edward Snowden und Chelsea Manning). Es werden also nicht die Menschen, die die eigentlichen Verbrechen begehen, verfolgt, sondern diejenigen, die diese aufdecken und ins Licht der Öffentlichkeit bringen. Berühmt geworden ist Edward Snowdens Zitat „Wenn das Aufdecken von Verbrechen wie ein begangenes Verbrechen behandelt wird, werden wir von Verbrechern regiert".

Den größten Militärapparat mit dem mächtigsten militärisch-industriellen Komplex haben im beginnenden 21. Jahrhundert die Vereinigten Staaten von Amerika. Entsprechend ist das Militär entweder direkt oder indirekt einer der größten Drittmittelgeber für die Wissenschaften in den USA. Somit darf es nicht überraschen, dass für die modernen gentechnischen Methoden, die gezielte Veränderungen von Organismen und auch des menschlichen Genoms ermöglichen, seitens des US Miltärs ein besonders großes Interesse besteht. Biologische Verbesserung der Leistungsfähigkeit von Soldaten, z.B. durch Verleihung stärkerer Muskelkraft oder Ausdauer, von geringerem Schlafbedürnis oder besseren Sinneswahrnehmungen (z.B. durch Infrarotnachtsichtvermögen) sind nur einige Anforderungen, die auf der Wunschliste zur Entwicklung des „Universal Soldiers" stehen. Neben diesen direkten physischen Optimierungsmaßnahmen zur Erhöhung der Kampfkraft stehen sicherlich auch einige psychische Veränderungen, die bei einem genetisch optimierten Soldaten von strategischem Interesse sein dürften, auf der Optimierungswunschliste, darunter die bessere Belastbarkeit und die leichtere Überwindung psychischer Traumata, aber wohl auch die leichtere Steuerbarkeit mit im Kampfeinsatz zuweilen nützlicher Enthemmung und Gewissenlosigkeit. Man kann wohl davon ausgeht, dass derartige Forschungs- und Entwicklungsaktivitäten oftmals im Verborgenen ablaufen, also der Geheimhaltung unterliegen. Demnach wären die nicht geheimen Programme nur die Spitze des Eisbergs, aber selbst diese ist beachtlich: Allein das Projekt „Living Foundries 1000 Molecules" zur Suche nach neuen Biomolekülen und biochemischen Werkstoffen zum Aufbau einer Syn-Bio basierten (Verteidigungs-) Industrie hat ein Projektvolumen von 110 Mio. US $ aus den Förderprogrammen des „Department of Defence"(118). (Die Gesamtausgabe für „Verteidigung" der USA im Jahr 2018 lagen bei 649 Milliarden US-Dollar gefolgt von China mit 250 Milliarden US-Dollar und Saudi Arabien mit 67,6 Milliarden US-Dollar (119). Russland folgt auf Platz 6 mit 61,5 Milliarden US-Dollar und Deutschland auf Platz 8 mit 49,5 Milliarden US-Dollar, wobei die derzeitige deutsche Regierung eine Steigerung der Ausgaben für

Waffen auf 80 Milliarden im Jahr 2025 anstrebt, was einer Ausgabenverdoppelung gegenüber 2014 entspräche).

15.   Demographie und Aussterben

Je größer eine Population einer Art ist, desto weiter sollte sie davon entfernt sein auszusterben. In einer linearen Gedankenwelt mit simpel kontruierten Direktkausalitäten mag dies plausibel erscheinen. Allerdings ist die große menschliche Population (die Weltbevölkerung erreichte im Jahr 2019 etwa 7,7 Milliarden Menschen) Ergebnis exponentiellen Bevölkerungswachstums in einer recht kurzen Zeit von wenigen hundert Jahren. Die für unsere Leben und Überleben notwendigen Ressourcen sind jedoch endlich. Exponentielles Wachstum in einem begrenzeten System kann nicht unbegrenzt erfolgen.

Über das Aussterben des *Homo sapiens*

Jeder Art stirbt irgendwann einmal aus. Möglicherweise entzieht sich der *Homo sapiens* gerade durch Ausbeutung der Ressourcen und Veränderung der Biosphäre („Klimawandel") die Lebensgrundlage. Zu diesen, almählich bedrohlich werdenden Prozessen, kommen weitere Bedrohungen akuter Vernichtung hinzu, darunter die atomarer und biologischer Massenvernichtungswaffen, die das Potential der direkten Menschheitsauslöschung in sehr kurzer Zeit in sich bergen. Das Aussterben des *Homo sapiens* ist nicht nur unvermeidlich, sondern erscheint auch schon bald denkbar zu sein. Somit ist es angebracht, wenn sich unsere Generation Gedanken darüber macht, ob man den zum Aussterben führenden katastrophalen Entwicklungen einfach ihren Lauf lassen sollte oder besser versucht, den „letzten Generationen" ein erträgliches, ja gar schönes Leben zu ermöglichen.

Zunächst einmal möchte ich zwei Begriffe voneinander abgrenzen: Massenaussterben und Massensterben. Beim Massenaussterben handelt es sich um das Verschwinden vieler (massenhafter) Arten. Beim Massensterben handelt es sich um das Sterben vieler (massenhafter) Individuen. Das letzte Massenaussterben komplexeren Lebens, dem auch die Dinosaurier zum Opfer gefallen sind, wurde vor 66 Millionen Jahren durch einen Kometeneinschlag verursacht, dessen Krater in der Karibik vor der mexikanischen Halbinsel Yucatan zu finden ist. Die anderen vier der fünf von Paläontologen als Massenaussterben komplexen Lebens deklarierten Massenaussterben in der Erdgeschichte sind in Tabelle 3 aufgeführt und wurden nach den vorliegenden Erkenntnissen alle durch Veränderungen der Lebensbedingungen an Land und im Wasser ausgelöst – Veränderungen der Biosphäre und Atmosphäre in relativ kurzer Zeit von Jahrtausenden, Jahrhunderttausenden oder Jahrmillionen.

Tabelle 3:   Fünf große Massenaussterben komplexer Arten

Zeit	Benennung des Massenaussterbens
vor 444 Mio. Jahren	**Ordovizisch-silurisches** Massenaussterben
vor 372 Mio. Jahren	Kellwasser-Ereignis (**spätdevonisches** Massenaussterben)
vor 252 Mio. Jahren	Massenaussterben an der **Perm-Trias**-Grenze
vor 201 Mio. Jahren	Massenaussterben an der **Trias-Jura**-Grenze
vor 66 Mio. Jahren	Massenaussterben an der **Kreide-Paläogen**-Grenze

Die Erde ist etwa 4,5 Milliarden Jahre alt. Die ersten Mikroorganismen gab es vor etwa 3,5 Milliarden Jahren, der Umbau der Erdatmosphäre von sauerstoffarm zu sauerstoffreich (Energie für das Leben durch Oxidationsreaktionen!) fand vor etwa 3 Milliarden Jahren statt. Vielzelliges Leben entstand vor etwa 1,5 Milliarden Jahren. Vor etwa 0,5 Milliarden (470 Millionen) Jahren gab es die ersten Pflanzen und Gliederfüßer (Insekten, Tausendfüßer, Krebstiere) an Land, vor etwa 0,4 Milliarden (400 Millionen) Jahren die ersten Wirbeltiere an Land. Das erste der fünf von Paläontologen als Massenaussterben komplexen Lebens deklarierten Massenaussterben fiel in diese Zeit, vor etwa 444 Millionen Jahren.

Wenn man die Entstehung der „Menschlinie" mit dem letzten gemeinsamen Vorfahre von Mensch und Schimpanse gleichsetzt, war dies vor etwa 0,006 Milliarden Jahren (6 Millionen) Jahren. Den *Homo sapiens* gibt es seit etwa 0,0003 Milliarden (0,3 Millionen) Jahren. Abgesehen von dem durch einen Kometeneinschlag ausgelösten Massenaussterben der Dinosaurier vor 66 Millionen Jahren dehnten sich die anderen Massenaussterben über Jahrtausende, Jahrhunderttausende oder Jahrmillionen. Man kann also vermuten, dass die individuellen Tiere die Veränderungen der Biosphäre, die schließlich zum Aussterben geführt hatten, überhaupt nicht spürten.

Sollte die derzeit stattfindende Anreicherung der Treibhausgase tatsächlich zu einer Veränderung der Biosphäre führen, die mit dem menschlichen Leben nicht mehr vereinbar ist, also ein Aussterben durch „Klimawandel", muss man sich vor Augen führen, dass diese Veränderungen ungleich viel schneller stattfinden. Während z.B. der CO_2-Gehalt der Atmosphäre in den vorindustriellen Jahrtausenden stabil bei 280 ppm (parts per million) lag, ist er innerhalb von 200 Jahren auf inzwischen über 410 ppm gestiegen (die atmosphärische Zusammensetzung der Vergangenheit lässt sich in Lufteinschlüssen in Eisbohrkernen messen). Auch befinden wir uns mitten in einem stattfindenden Massenaussterben anderer Tierarten, welches durch die globale Ausbreitung des *Homo sapiens* verursacht wird, da wir zu Land und zu Meer Lebensräume beanspruchen, die dann für andere Lebewesen nicht mehr zur Verfügung stehen, zerstört sind oder der für das Überleben der jeweils anderen Art notwendigen Ressourcen beraubt sind. Gleichzeitig habe wir einige domestizierte Arten gezielt vermehrt, so dass z.B. Hühner die individuenreichste Landwirbeltierart (Hühnerbestand von 23 Milliarden Tieren im Jahr 2019) sein könnten.

Massensterben gab es immer wieder in der Menschheitsgeschichte. Hungersnöte und Seuchen kosteten in der Vergangenheit immer wieder viele Menschenleben. Zahlenmäßig konnten die Massensterben vergangener Jahrtausende jedoch niemals so viele Menschenleben kosten, wie die Massensterben des 2 Jahrtausends christlich-abendländischer Zeitrechnung, da es erst in den letzten 500 Jahren zu einem deutlich spürbaren Bevölkerungswachstum gekommen ist. So lag die Weltbevölkerung im Jahr 1800 bei etwa 1 Milliarde Menschen (2019 etwa 7,7 Milliarden Menschen). Die größten Massensterben des Menschen in absoluten Todesopferzahlen fanden also alle im 20. Jahrhundert statt (bzw. stehen uns möglicherweise im 21. Jahrhundert und 22. Jahrhundert bevor). Die größten Massensterben sind menschgemacht: Im 20 Jahrhundert stechen hier die großen Kriege hervor. Am Bekanntesten sind in Deutschland natürlich der erste und der zweite Weltkrieg mit etwa 20 Millionen Toten im ersten und 50-60 Millionen Toten im zweiten Weltkrieg. Die Opferzahl der Spanischen Grippe-Pandemie von 1918 wird mit etwa 50 Millionen beziffert, somit deutlich höher als die des ersten Weltkriegs, dessen

Opferzahl mit etwa 20 Millionen angegeben wird (120, 121). Allerdings kann man sich fragen, ob der Krieg der Seuche nicht den Weg geebnet hat und ob die Spanische Grippe ohne den ersten Weltkrieg genauso viele Opfer gekostet hätte.

Auch ist es denkbar, dass Menschen, die im Jahr 1918 an anderen Ursachen verstarben als Opfer der Spanischen Grippe gezählt wurden. Insbesondere hochbetagte Menschen mit anderen Vorerkrankungen mögen anderen Todesursachen zum Opfer gefallen sein, aber dennoch den Opfern der Spanischen Grippe zugezählt worden sein. Allerdings gab es auch zahlreiche recht junge Tote, bei denen die Todesursachenzuordnung „Spanische Grippe" wohl meist korrekt war. Die Weltbevölkerung lag 1918 bei etwa 1,5 Milliarden, 1940 bei etwa 2,5 Milliarden Menschen . Millionen Menschen verhungerten im 20. Jahrhundert auf dem Indischen Subkontinent, in China und in Afrika. Auch nach dem 2. Weltkrieg sind Kriege Auslöser von Massensterben, so forderte der Vietnamkrieg etwa 3 Millionen Menschenleben und der Irak-Irankrieg von 1980-88 etwa 0,8 Millionen Menschenleben. Auch bei afrikanischen Kriegen, insbesondere den Kongokriegen und assoziierten Ereignissen wie dem ruandischen Völkermord verloren Millionen von Menschen ihr Leben (112).

Obwohl im 20 Jahrhundert so viele Menschen wie in keinem Jahrhundert zuvor durch Massensterben umgekommen sind, ist

deren Anteil an der Gesamtweltbevölkerung wieder vergleichsweise gering, da diese im 20 Jahrhundert einfach viel größer ist.
Der Dreißigjährige Krieg hat in Mitteleuropa ganze Landstriche
entvölkert und der Völkermord an den Ureinwohnern Amerikas
könnte 90-95% der 40-60 Millionen vor der europäischen Erobe-
rung im 16. Jahrhundert lebenden „Indianer" das Leben gekostet
haben (37). Die Beschränkung auf relative Zahlen (zusammen
mit einem verengten Blick auf westliche Gesellschaften und die
recht kurze Zeit nach dem 2. Weltkrieg) kann sogar zu der gewag-
ten Aussage führen, die Menschheit würde immer friedlicher werden (122). Ob es in Jäger-und-Sammler-Gesellschaften je solch
umfassende Völkermorde gab wie in Kriegen entwickelter sess-
hafter Gesellschaften, erscheint jedoch fraglich (40).

Kriegsbedingte Massensterben sind im Prinzip vermeidbar
(auch wenn die Propagandaorgane der Eliten der beteiligten
Kriegsparteien etwas anderes behaupten). Ob sich die Unbe-
wohnbarkeit der Erde noch vermeiden lässt, gilt hingegen als fraglich. Möglicherweise spielen sich inzwischen zu viele sich selbst
verstärkende Mechanismen ab, so dass die Entstehung einer mit
dem menschlichen Überleben nicht mehr vereinbaren Atmosphäre nicht mehr aufzuhalten wäre (123).

Auf individueller Ebene könnte man kalenderspruchphiloso-
phisch raten, jeden Tag so zu gestalten, als wenn es der letzte

sein könnte. Auf die Menschheit bezogen, könnte man ähnlich raten, das (Zusammen)-Leben so zu gestalten, als wenn die letzten Tage der Menschheit angebrochen wären.

Die Weltbevölkerung liegt derzeit bei 7,7 Milliarden Menschen und wächst weiter, wenn auch regional ungleich. Das stärkste Bevölkerungswachstum ist auf dem afrikanischen Kontinent festzustellen. Flächenmäßig ist Afrika wesentlich größer als wir gemeinhin annehmen, da die winkeltreue Mercator Projektion Regionen fern des Äquators wesentlich größer abbildet als äquatornahe Regionen (Winkeltreue ist für die Schiffsnavigation wichtiger als Flächentreue). Afrika liegt auf dem Äquator. Die Bevölkerungsdichte in Afrika liegt gerade mal bei 40 Einwohnern /km^2 (Deutschland 225 Einwohner /km^2). Rein flächenmäßig ist in Afrika also noch Platz. Allerdings sind 1/3 der Flächen Afrikas unbewohnbare Wüsten und schon jetzt zeichnet sich ab, dass viele landwirtschaftlich Regionen unter Wassermangel leiden und immer wieder Hungerkrisen drohen oder manifest werden. Da Wassermangel in Zukunft auch auf anderen Kontinenten ein die Agrarproduktion drosselnder Faktor werden dürfte, könnte auch die Nahrungsmittelhilfsbereitschaft anderer Weltregionen abnehmen (oder, zynisch ausgedrückt, deren Bedürfnis landwirtschaftliche Überschüsse nach Afrika abzuleiten.). Stattdessen kaufen Agrarkonzerne anderer reicherer Länder große Agrarflächen in Afrika auf („Land-Grabbing") um gewinnorientierte Plantagenlandwirtschaft zu betreiben oder Reserveflächen für die Sicherung des zahlungskräftigeren heimischen (außerafrikanischen) Bedarfs vorzuhalten. Die

Institutionen afrikanischer Staaten sind in der Regel schon unter Normalbedingungen schwach und kaum zur Bewältigung ernsthafter Krisen in der Lage. Die wachsenden Mega- und Großstädte des Kontinents werden durch Binnenmigranten aus ländlichen Regionen überschwemmt. Küstenstädte werden zudem vom Meer überspült, wobei das Versinken im Meer nur zum Teil durch den Anstieg des Meeresspiegels (Abschmelzen der Polkappen) verursacht wird. Lokale Prozesse wie die Ausbeutung der unter Städten liegenden Grundwasserschichten, der verringerte Schlickeintrag in Fluss-Deltas (Staustufen in Flüssen, Sandabbau für die Bauwirtschaft) und das schiere Gewicht der Betonbauten in den Küstenstädten führen zu einem Absinken der Städte. Zwischen 2015, als die afrikanische Bevölkerung bei etwa 1,2 Milliarden lag, und 2050 wird sich die Bevölkerung Afrikas auf 2,5 Milliarden Menschen mehr als verdoppeln.

Schon jetzt zeichnet sich ab, dass die europäischen Völker nicht bereit sind, Masseneinwanderung aus Nachbarregionen uneingeschränkt zu aktzeptieren. Auch fehlen die Migranten in den Auswanderungsregionen, da aus armen Ländern eben nicht die Armen und Geringqualifizierten auswandern, sondern in der Regel einigermaßen gut ausgebildete junge Mittelschichtmänner (124). Diese Abwanderung bedeutet für die Abwanderungsregionen einen „Brain Drain" und führt in den Zuwanderungsregionen zu erhöhter Konkurrenz auf dem Arbeitsmarkt und einem Ungleichgewicht der Geschlechterverteilung mit einem erheblichen Männerüberschuss in den reproduktiv aktiven Altersgruppen.

Hierdurch sinken die Chancen für jeden einzelnen Mann in den Zuwanderungsregionen, eine Partnerin zu finden, was zu Spannungen führen kann. In den Auswanderungsregionen bleiben die Armen und die Verarmten zurück. Gleichzeitig werden die Versorgungskosten der in Europa neu eingetroffenen Flüchtlinge auf das Entwicklungshilfebudget angerechnet, gehen also auf Kosten der im Heimatland verbliebenen Armen (in deren Familien auch keine Auslandsüberweisungen eintreffen, da, wie oben erwähnt, die Migranten meist junge Männer sind, die aus Familien stammen, die zumindest genug Resourcen haben, um die Migrationsinvestition aufzubringen). Kurzum: Migration und Flucht werden die Herausforderungen, denen der afrikanische Kontinent gegenübersteht, nicht lösen (125).

In der Geschichte der Menschheit waren dichtbevölkerte Regionen Katalysatoren für Fortschritt, Wachstum und Wohlstand (man denke z.B. an die Niederlande). Bleibt zu hoffen, dass das starke Bevölkerungswachstum in Afrika in den kommenden 2 Jahrzehnten mehr Wohlstand als Elend schafft.

Menschen mit einem ausgeprägten Gerechtigkeitssinn können an dieser Stelle einwenden, dass Ressourcenverbrauch und Treibhausgasausstoß des durchschnittlichen Europäers viel höher als des durchschnittlichen Afrikaners ist. Das mag sein, macht die Gesamtlage jedoch eher noch bedrohlicher, da davon auszugehen ist, dass Ressourcenverbrauch und Treibhausgasausstoß in Afrika mit steigendem Wachstum (und Wohlstand?) steigen und dass der Verbrauch eines in Europa angekommenen Afrikaners auf das Niveau der Europäer ansteigt. Da unbegrenztes Wachstum in begrenzten Systemen nicht möglich ist, muss auf lange Sicht global auch wachstumsfreier Wohlstand möglich sein.

Kann die Menschheit würdevoll und für den Einzelnen erträglich aussterben?

Wenn nun aber in den kommenden Jahrzehnten Ressourcenverbrauch und Biosphärenzerstörung das menschliche Leben und Überleben bedrohen, werden bei einer Weltbevölkerung von über 8 Milliarden Menschen Leiden und Massensterben von Millionen von Menschen zu denkbaren Horrorszenarien. Egal wie man es dreht und wendet: Ein würdevolles und für den Einzelnen erträgliches Aussterben der Menschen ist mit einer derart hohen Weltbevölkerung nicht möglich. Auch wenn der *Homo sapiens* die nächsten Jahrhunderte als Art überlebt, erscheinen Massensterben sehr wahrscheinlich. Unsere humanistische Weltsicht (im Sinne der Giordano Bruno Stiftung) bietet eine wertvolle Rahmenethik für unser Zusammenleben. Bedeutet diese Wertschätzung des menschlichen Lebens aber, dass wir einen hoffnungslos überbevölkerten Planeten begrüßen müssen, nur weil wir jedes individuelle menschliche Leben schon vor der Konzeption wertschätzen? Ist bei einem Massensterben oder einem Aussterben ein menschliches (Nicht/Niemals)-Individuum, dass niemals gezeugt wurde und somit nichtexistent ist, nicht besser als ein Individuum ohne Hoffnunung und Perspektive das leidet und elendig stirbt?

In Europa hat sich mit den Antinatalisten eine (Nicht)-Lebensphilosophie entwickelt, welche die Fortpflanzung ablehnt. Dort liegt die Fertilität allerdings schon seit Jahrzehnten unter der Reproduktionsquote von 2,1 Geburten pro Frau. Wachsende Bevölkerungszahlen in europäischen Ländern sind also gänzlich auf Zuwanderung zurückzuführen. Die regional unterschiedlichen Fertilitätsziffern drängen die Schlussfolgerung auf, dass während in Afrika ein Rückgang der Fertilität dringend wünschenswert erscheint, in Europa eine gegenteilige Entwicklung, nämlich ein (geringfügiger) Anstieg der Fertilität geboten scheint. Im Prinzip kann Europa aber auch einen deutlichen Bevölkerungsrückgang verkraften, da (zumindest Westeuropa) zu den am dichtesten besiedelten Gebieten der Erde gehört.

Wenn man die menschzentrierte humanistische Sichtweise verlässt und das Massenaussterben anderer Arten als katastrophalen Verlust betrachtet, wird die Einsicht, dass schlichtweg zu viele *Homo sapiens* auf der Erde leben, unausweichlich. Alle anderen Lebensformen auf der Erde leiden, wenn die menschliche Bevölkerung wächst. Die konsequenteste daraus folgende Philosophie wird von der „Voluntary Human Extinction Movement

(VHMET)" verfolgt. VHMET kannn man als Bewegung für das freiwillige Aussterben des Menschen oder Bewegung für das Freiwillige menschliche Aussterben übersetzen, wobei wohl die Doppel-
deutigkeit des englischen Wortes „Human" beabsichtigt ist. Kurz
zusammengefasst möchten die Anhänger dieser Bewegung, dass
der *Homo sapiens* von der Erde verschwindet, indem einfach die
menschliche Fortpflanzung eingestellt werden solle und die letzten Generationen das dann eintretende letzte Jahrhundert der
Menschheit unter angenehmen Umständen zubringen solle. Statt
Massenaussterbekatastrophen würde die (dann kurze) Zukunft
der Menschheit in einem menschenwürdigen „Auslaufenlassen"
bestehen. Ein völliges Sistieren der menschlichen Geburten erscheint aus heutiger Perspektive unwahrscheinlich. Leiden und
Sterben ließe sich aber in Generationen, die von katastrophalen,
zum Aussterben führenden Entwicklungen betroffen sind, nur mi-
nimieren, wenn es in der Periode des Aussterbens möglichst wenig Menschen gibt, also möglichst wenige Angehörige der dem
Umtergang geweihten Generationen geboren würden.

Die Anhänger der VHMET-Bewegung sehen sich also keineswegs als Menschenhasser, sondern sehen das freiwillige, menschenwürdige Aussterben als menschenwürdige Alternative zum
menschenunwürdigen katastrophalen Untergangsaussterben.
Dieses stehe uns nämlich unweigerlich bevor, wenn wir weiterhin
die Grenzen des Wachstums unter Leugnung der unvermeidli-
chen Konsequenzen überstrapazieren. Zudem spielt die Tatsa-

che, dass auf Erden gerade ein durch den *Homo sapiens* verursachtes Massenaussterben stattfindet, eine große Rolle in der Weltanschauung der VHMET Bewegung. Demnach solle der Mensch all diesen Arten, deren Existenz durch das Übergewicht des Menschen auf Erden gefährdet ist, die Erde zurückgeben.

Man muss nicht fordern, dass die Menschheit gänzlich von der Erde verschwindet um einige Überlegungen der unterliegenden Philosophie anzuerkennen: Ein Aussterben des *Homo sapiens* durch Habitatverlust (aber auch durch mit Massenvernichtungswaffen ausgefochtene Konflikte) ist mit viel Leid verbunden und würde den letzten Generationen der Menschheit ein menschenwürdiges Leben unmöglich machen. Selbst wenn wir unserere Überlebensperspektiven wesentlich optimistischer einschätzen als die VHMET Bewegung, müssen wir anerkennen, dass sie in einer Sache absolut recht hat: Die einzige Möglichkeit, menschenunwürdiges Massensterben zu vermeiden, ist ein Rückgang der Weltbevölkerung und der einzige menschenwürdige Weg, dies zu erreichen ist die Reduktion der Geburten. Auch wenn die Menschheit nicht in absehbarer Zeit ausstirbt, wäre die Geburtenmäßigung kein Fehler, da die Umweltbedingungen der unsere Lebensumstände ausmachenden Habitate und Biosphäre auf einer weniger stark bevölkerten Erde sich eher verbessern würden. Allerdings müssten Wohlstand und Wohlergehen vom Wachstum abgekoppelt werden. Vor dem weltweiten Wirtschaftszusammenbruch des Jahres 2020 fürchteten Ökonomen kaum etwas so stark wie eine Rezession, da diese zu Arbeitslosigkeit, Armut und

Verelendung führt. Wohlergehen ohne Wirtschaftswachstum klingt banal, aber scheint im derzeitigen Wirtschaftssystem kaum erreichbar zu sein.

16.   Lässt sich Eugenik 2.0 verhindern oder kontrollieren?

In der griechischen Mythologie enthielt die Büchse der Pandora das Schlechte der Welt und die Hoffnung. Als die Büchse geöffnet wurde, entwichen ihr die der Menschheit zuvor unbekannten Übel Arbeit, Krankheit und Tod, während die Hoffnung in der Büchse blieb. Heute sagen wir, die Büchse der Pandora sei geöffnet worden, wenn eine politische, gesellschaftliche oder technische Entwicklung eine schlechte Richtung genommen hat und diese nicht umkehrbar erscheint. Auch der Abwurf der Atombombe über Hiroshima wird zuweilen als eine Öffnung der Büchse der Pandora bezeichnet (126).

Inzwischen hat die Wissenschaft unzählig viele Pandora-Büchsen geöffnet, mit deren Folgen die Menschheit nun zurechtkommen muss. Man kann etwas erfinden, aber man kann nichts „entfinden". Ein Wissen, das in der Welt ist, kann nicht mehr aus der Welt entfernt werden, heute in einer vernetzten Welt mit ihrem gnadenlosen Gedächtnis noch weniger als je zuvor. Wir können theoretisch alle Atomwaffen beseitigen, wir können aber nicht die prinzipielle Fähigkeit des Menschen, Atomwaffen zu bauen, aus der Welt schaffen (58).

Auch die biotechnologischen Fertigkeiten, die der Mensch erlangt hat, haben das Potential zu einer existentiellen Gefahr für die Menschheit zu werden. Die Anwendung der Biotechnologie an sich mit Veränderungen an Prokaryoten und an Pflanzen ist inzwischen schon zu einer weitverbreiteten Technologie geworden, die sich nicht mehr aus der Welt entfernen lässt. Auch gentechnische Eingriffe an Säugetieren finden bereits statt und wenn die Behauptungen einer gezielten Veränderung des CCR-5-Gens von Zwillingsschwestern wahr sind und die Kinder im Spätjahr 2018 geboren worden sind, dann haben nun auch schon die gezielten genetischen Eingriffe am *Homo sapiens* begonnen.

Wie ließe sich Eugenik 2.0 regulieren?

In Deutschland wurde 1990 erstmals ein Gentechnikgesetz erlassen. Dieses Gesetz reguliert im Wesentlichen den kontrollierten Einsatz gentechnischer Methoden zur Manipulation von Mikroorganismen, Tieren und Pflanzen. Manipulationen des menschlichen Genoms spielen in diesem Gesetz keine Rolle.

Im Jahr 1991 trat das Embryonenschutzgesetz in Kraft, um die in-vitro-Fertilisation gesetzlich zu regulieren, insbesondere unterbindet es die Erzeugung menschlicher Embryonen zu anderen Zwecken als der Entstehung eines neuen Menschen. Die Forschung an menschlichen Embryonen oder die Herstellung menschlicher Embryonen für Forschungszwecke ist somit in Deutschland verboten. Als menschlicher Embryo im Sinne des Gesetzes wird hierbei schon die befruchtete Eizelle gewertet. Die Tatsache, dass schon die befruchtete Eizelle als Embryo gilt, stellt die medizinische Forschung und Entwicklung vor einige Probleme, da Embryonenforschung nicht nur akademische Interessen nach Wissen über die embryologische Entwicklung bedient. Vielmehr sind embryonische Stammzellen etwas ganz Besonderes:

Während Körperzellen bereits in ihren Anlagen so weit ausdifferenziert sind, dass sich aus einer Leberzelle nur andere Leberzellen und aus einer Muskelzelle nur eine andere Muskelzelle entwickeln können, also die „Spezialisierung" der aus einer Zelle hervorgehenden Tochterzellen vorgegeben ist, können sich embryonale Stammzellen in alle möglichen verschiedenen Körperzellen ausdifferenzieren. So kann sich eine frühe Stammzelle in verschiedenste Zelltypen ausdifferenzieren, z.B. in eine Nervenzelle, eine Muskelzelle, eine Leberzelle oder eine Blutzzelle. Sie wird enstprechend als eine „totipotente" Stammzelle (totus = lat. „ganz", potentia = Vermögen, Kraft, Potential) bezeichnet. Allerdings sind Stammzellen nur in sehr frühen Entwicklungsstatdien, bis zum 8-Zellstadium totipotent, nämlich dann, wenn sich aus ihnen noch vollständige Organismen entwickeln können. Bei Zellen aus fortgeschritteneren Embryonen handelt es sich um pluripotente Stammzellen, die sich noch in viele verschiedene Körperzellen ausdifferenzieren können, aber halt nicht mehr in alle. Auch kann aus einer pluripotenten Stammzelle kein vollständiger Organismus mehr entstehen.

Totipotente Stammzellen haben ein enormes Potential für die Reparatur von Schäden an unserem Körper. In Deutschland ist die Herstellung totipotenter Stammzellen verboten, da hierfür Embryonen getötet werden müssten. Jedoch ist in besonderen Ausnahmefällen der Import von Embryonen aus dem Ausland erlaubt, sofern diese durch eine künstliche Befruchtung erzeugt wurden.

Könnten die Vereinten Nationen gentechnische Eingriffe am Menschen verbieten?

Wäre es also an der Zeit, gentechnische Eingriffe zu verbieten? Nach der CCR5 Modifikation bei den chinesischen Zwillingen wurden ja derartige Stimmen laut. Aber wie und auf welcher Ebene, könnte man gentechnologische Eugenik am Menschen verbieten? Letztendlich müsste es ein weltweites Verbot sein. Die einzige Instanz, die ein weltweites Verbot aussprechen könnte, sind die Vereinten Nationen (UNO). Allerdings wissen wir von anderen weltweiten Regeln der UNO, dass diese wirkungslos sind, wenn sie nur für einige UN-Mitglieder zu gelten scheinen, während mächtige UN-Mitglieder nach Gutdünken UN-Regeln ignorieren, verbiegen oder zum eigenen Nutzen instrumentalisieren, sobald dies vorteilhaft erscheint. Das Gewaltverbot wurde nach dem 2. Weltkrieg zu einem essentiellen Bestandteil der Charta der Vereinten Nationen. Zugleich wurden 3 Ausnahmeregeln verankert, in denen Gewalt in einer Art nationaler Notwehr gestattet sein kann. Diese drei Gewalt-legitimierenden Situationen sind:

Gegenwehr (Verteidigung) des Landes bei einer Aggression von außen

Unterstützung eines anderen Landes zur Verteidigung, nachdem das bedrängte Land um Unterstützung gebeten hat.

Kriegerische Maßnahmen mit einem Mandat des UN-Sicherheitsrats

Länder, die ein starkes Militär haben, brechen das UN-Gewaltverbot immer wieder, allen voran die weltweite Imperialmacht USA, die immer wieder illegale Kriege zur Sicherung und Aneignung von Rohstoffen oder zur Sabotage konkurierender wirtschaftlicher Entwicklungen geführt hat (78). Sollte sich ein genetischer Wettlauf abzeichnen, kann ich mir nicht vorstellen, dass die Vereinigten Staaten nicht alles daransetzen werden, ganz vorne mit dabei zu sein. Auch die sich abzeichnende chinesische Konkurrenzmacht im 21. Jahrhundert würde sich wohl kaum zurückhalten lassen. In Deutschland würden wir aufgrund der in der Nazizeit im Namen der Eugenik verübten Verbrechen starke Vorbehalte gegenüber einem genetischen Wettrüsten haben und wahrscheinlich zurückbleiben. Kurzum, ich denke nicht, dass sich gentechnische Eingriffe am Menschen dauerhaft verhindern lassen. Auch wenn Keimbahneingriffe in vielen Rechtstexten untersagt sind und auch in Zukunft untersagt bleiben werden, müssen wir davon ausgehen, dass sie stattfinden und eine neue Eugenikphase einläuten werden. Auf lange Sicht erscheint es geradezu unmöglich, diese Entwicklungen zu verhindern, also bleibt nur zu hoffen, dass es gelingt, sie so zu regulieren, dass sie das Zusammenleben der Menschen nicht zur Hölle werden lassen.

Eugenik zur Anpassung an eine sich schnell ändernden Biosphäre

Menschliche Zivilisationen verändern die Umwelt. Von einst ausgedehnten Wäldern in den Ländern der Mittelmeerregion sind nach jahrhundertelanger Ausbeutung der Ressource „Holz" nur noch kümmerliche Reste (z.B. auf der wunderschönen Insel Korsika) übrig geblieben und die Gebiete Nordafrikas, die einst die Kornkammer des römischen Reiches waren, sind nun wasserarme Wüsten. In den letzten 200 Jahren haben sich die Veränderungen der Biosphäre insbesondere durch Umweltverschmutzung und die Verbrennung fossiler Brennstoffe zur Energiegewinnung beschleunigt und sind ein globales Phänomen geworden. Wenn früher eine Region oder eine Stadt durch Umweltzerstörung für Menschen unbewohnbar wurde (z.B. mangels Wasser), gab es immer noch andere Regionen, in denen die Menschen weiterexistierten. Die Biosphäre und die Athmosphäre haben sich in der Erdgeschichte und der Geschichte des Lebens immer wieder verändert. Vor 300 Millionen Jahren, im Karbon war der CO_2-Gehalt der Atmosphäre mit 800 ppm zweimal höher als heute (über 400 ppm) und fast 3-mal höher als 1750 vor Beginn der Industrialisierung (280 ppm). Der Sauerstoffgehalt der Atmosphäre im Karbon, vor etwa 300 Millionen Jahren lag bei bei 35 % (heute 21 %), was neben der üppigen Flora auch die Entwicklung von Insekten enormer Größe begünstigte (Libellen mit 70 cm Flügelspannweite, 2 m lange Tausendfüßler). Der in den Lebensformen des Karbons gespeicherte Kohlenstoff lagerte sich nach deren Absterben und Zersetzung im Erdreich ab. Hierdurch führten insbesondere die Kohlesümpfe des Karbons zur Entstehung von Kohleflözen, die zum Namensgeber dieser Erdära wurden und die wir als Energieträger heutzutage ausbeuten.

Was die derzeit stattfindende Biosphärenveränderung einmalig macht, ist die Geschwindigkeit, mit der sie sich vollzieht. Manchmal wird das Paläozän-Eozän-Temperaturmaximum (PETM) vor 56 Millionen Jahren herangezogen, um eine Vorstellung davon zu bekommen, wie sich der Anstieg der Treibhausgase auf das Klima in der Biosphäre auswirkt. Während des PETM stieg die CO_2-Konzentration der Atmosphäre von etwa 800 ppm auf über 2000 ppm in einem sehr kurzen Zeitraum von etwa 10.000 Jahren und die Temperaturen stiegen um 5–8 Grad Celsius.

Natürlich lässt sich das PETM nicht eins zu eins mit heute vergleichen. Die Polkappen waren eisfrei und die gesamte Erde war ein sehr warmer Ort mit feuchtwarmer tropischer Vegetation oder trockenen Wüsten. Die Mischung aus Tropenklima und hohem Kohlenstoffangebot ließ das pflanzliche Leben auf der Erde geradezu explodieren und machte die Landmassen der Erde zu einer grünen Hölle. In den Ozeanen hatte die Erwärmung jedoch wesentlich lebensfeindlichere Effekte. Viele Zooplanktonarten waren für die hohen Wassertemperaturen einfach nicht gemacht; zudem wurde das Wasser durch den kohlensäurebildenden CO_2-Eintrag saurer. Hierdurch wurden zum Beispiel die Kalk-Gehäuse der sogenannten benthiformen Foraminiferen instabil, die uns bis heute als Fossilien kleiner Planktonlebewesen erhalten geblieben sind. Für die Landsäugetiere und Reptilien war das PETM jedoch eine gute Zeit. Die Primaten zum Beispiel entwickelten sich während des PETM prächtig.

Wie kam es zu diesem unheimlichen schnellen Anstieg an kohlenstoffhaltigen Treibhausgasen wie CO_2 und Methan? Hierzu gibt es verschiedene Theorien, bei denen die Freisetzung von gebundenem Kohlenstoff eine Rolle spielt. Bei üppiger Vegetation würden großflächige, weitverbreitete Waldbrände viel CO_2 freisetzen, ebenso das Abfackeln von Kohleflözen. Durch den Temperaturanstieg könnte es zu einer Freisetzung von Methan in den im Permafrost und an den ozeanischen Kontinentalschelfen gelegenen Methanhydratfeldern gekommen sein, was den Treibhauseffekt wiederum verstärkte. In geologischen Zeitdimensionen hielt das PETM nicht sonderlich lange an. Schon nach 3 Millionen Jahren, vor etwa 53 Millionen Jahren, fielen die Temperaturen wieder und vor 34 Millionen Jahren waren die Polkappen wieder vollkommen vereist. Wie es hierzu kam ist ebenfalls Gegenstand von Spekulationen. Chlorophyllhaltige Wasserpflanzen (Azola), die vor 49 Millionen Jahren die Meere überwucherten, banden demnach CO_2 und nahmen es beim Absterben mit in die Tiefe. Der Entzug des Treibhausgases CO_2 aus der Atmosphäre hätte demnach zu einer Abkühlung geführt.

In der Erdvergangenheit gab es immer mal wieder Zeiten, in denen die CO_2-Konzentration und die Temperaturen deutlich höher waren als heute. Zuweilen waren dies Jahrmillionen, in denen das Leben florierte und zum Beispiel im Kambrium geradezu explodierte. Warum sind wir dann ob des menschgemachten CO_2-Anstiegs so beunruhigt? Das Einmalige an diesem Anstieg ist die Schnelligkeit, mit der er erfolgt. Selbst in geologischen Zeitdimensionen sehr schnelle Anstiege wie der PETM erfolgten um mehrere Zehnerpotenzen langsamer als der jetzige Anstieg. Für eine evolutionäre Anpassung der menschlichen Spezies (und anderer

Spezies) ist dieser CO_2-Anstieg viel zu schnell (127). Vielleicht können wir uns durch (bio)technologischen Fortschritt und intelligente Lösungen anpassen.

Arbeitsmedizinische Studien, die den Effekt der Luftqualität in Büroräumen auf Menschen untersuchten, ergaben, dass schon CO_2-Konzentrationen unter 1000 ppm die Leistungsfähigkeit beeinträchtigen können oder zumindest als unangenehm empfunden werden (128-130). (Die athmosphärische CO_2- Konzentration liegt etwa bei 415 ppm und lag bei 280 ppm vor Beginn der Industrialisierung vor 300 Jahren). Akute Gesundheitsschäden (Schwindel und Kopfschmerz) treten zwar erst ab CO_2-Konzentrationen um die 40.000 ppm (entspricht etwa der CO_2-Konzentration in der Ausatemluft) auf, jedoch wissen wir nicht wie sich permanent erhöhte CO_2-Konzentration auf das Gedeihen des *Homo sapiens* auswirken. Das im Jahr 2020 weltweit breitflächig angeordnete Tragen von Mund-Nasen-Bedeckungen („Masken") führt zu einer Erhöhung der CO_2-Konzentration in der Atemluft, da die Ausatemluft einen CO_2 Gehalt von etwa 4% (40.000 ppm) hat und die Luft unter der Maske eine Mischung aus Ausatem- und Umgebungsluft ist. Die Menschen ermüden schneller und das körperliche Wohlbefinden wird beeinträchtigt. Ob es durch das mehrstündige Tragen von Masken zu dauerhaften Gesundheitsschäden kommt ist bislang unbekannt.

Selbst unter Ausblendung der Effekte, die CO_2 auf die Biossphäre hat (Klimawandel) kann es für das Überleben des *Homo sapiens* notwendig werden, dauerhaft in einer Atmosphäre mit höheren CO2 Konzentrationen als in den letzten 800.000 Jahren, in denen sich der Mensch evolutionär enttwickelt hat, leben zu können. Die Frage, ob das Maskentragen die Anpassung des *Homo sapiens* an erhöhte CO_2-Konzentration in der Luft fördern könnte, überlasse ich den Spekulationen des Lesers.

Aus Eisbohrkernen kann die Luftzusammensetzung in früheren Zeiten ermittelt werden. Der CO_2-Gehalt der Erdatmosphäre war während der gesamtem Existenzzeit des *Homo sapiens* bis etwa 1750 stabil bei 280 ppm (parts per million). Inzwischen ist der CO_2-Gehalt deutlich über 400 ppm gestiegen. Derzeit ist nicht nur eine Zunahme der CO_2-Werte festzustellen, sondern eine Zunahme der Zunahme der CO_2-Werte (exponentielles Wachstum). Noch vor Ende des Jahrhunderts werden die atmosphärischen CO_2-Werte 600 ppm überschreiten. Bei solchen Konzentrationen in Büro- oder Schulräumen werden kognitive Leistungen und die Konzentrationsfähigkeit beeinträchtig. Wenn erst einmal die ganze Erdatmosphäre derart hohe CO2 Konzentrationen aufweist, stellt Lüften keine Abhilfe mehr da. CO_2 wird im menschlichen Körper zu 85% in den Erythrozyten durch das Enzym Carboanhydrase mit Wasser zu Kohlensäure verstoffwechselt, wodurch der Körper „versauert". Etwa 8% des CO_2 werden im Blut physikalisch gelöst und die verbleibenden 7% als Carbaminoverbindung an die Beta-Ketten des Hämoglobins gebunden (131). Ob hier irgendwo Ansatzpunkte liegen, den menschlichen Organismus CO_2-resistenter zu machen, kann ich nicht beurteilen, jedoch könnte ein an höhere CO_2-Konzentrationen angepasster Organismus in ein paar hundert Jahren notwendig sein, um in der dann vorherschenden Luft leben zu können. Hierzu wäre aber nicht zwangsläufig eine gentechnische Anpassung nötig, da es plausibel erscheint, dass der menschliche Organismus sich anpaßt. Völker, die in hohen Lagen zu Hause sind, zeigen nicht nur die physiologische Anpassung an die Höhenbedingungen (niedrigerer Sauerstoffgehalt, niedrigerer Luftdruck), sondern Zeichen von Anpassungen auf Genom-Ebene. So haben Tibeter weitere Gefäße, in denen mehr Sauerstoff bei Reduzierung der Thrombenbildungsgefahr transportiert werden kannn. Interesanterweise findet sich die für Höhenanpassungen typische Sequenzfolge der Tibeter im sogenannten *EPAS1* Gen auch beim Denisova Mensch, der bis vor vor 60.000 Jahren lebte und dessen DNS aus einem im südsibirischen Altai Gebirge gefundenen Fingerknochen isoliert werden konnte. Inzwischen wurde ein Unterkieferknochen eines Denisova Menschen im Tibetanischen Hochland gefunden (39).

17. Transhumanismus - der Status Quo im Jahr 2020

Ursprünglich sollte die Überschrift dieses Kapitels „Transhumanismus - der Status Quo im 21. Jahrhundert" lauten, aber da dies hier eher eine Querschnittsbetrachtung zum jetzigen Zeitpunkt darstellt und ich mich auch nicht in der Lage sehe, die Zukunft der kommenden 80 Jahre vorherzusagen, habe ich mich für das Jahr 2020 entschieden. In diesem Jahr kommt es durch die Covid-19 Restriktionen zu einer Beschleunigung im Wandel der Kommunikationskultur: Immer größere Teile dienstlich-beruflicher Kommunikationsvorgänge, aber auch Austausch im Rahmen von Lehrveranstaltungen, erfolgen über digitale Medien. Während totaler Lockdowns sind Besprechungen ohne Zwischenschaltung digitaler Medien überhaupt nicht möglich, wenn man nicht riskieren will, Opfer polizeilicher Übergriffe wegen Vergehen gegen die Verwaltungsanordnungen zu werden.

Die Apologeten des Transhumanismus betonen gegenüber der Öffentlichkeit, dass die Hauptmotivation von Verschmelzungen der menschlichen Welt mit der Welt der Maschinen darin liege, das Leben zu verbessern und Krankheit und Siechtum zu bekämpfen. Als Beispiele werden dann technische Errungenschaften der Prothetik und technische Hilfen zur Überwindung von Krankheiten und Behinderungen, z.B. Exoskelette zur Mobilisierung von Muskelschwachen oder Hör- oder Sehhilfen, genannt. Die Sinnhaftigkeit dieser Prothesen steht außer Frage, jedoch sollten sie nicht darüber hinwegtäuschen, dass Schnittstellen zwischen Menschen und Maschinen auch Missbrauchspotential bergen.

Durch Whistleblower wie Edward Snowden, Chelsea Manning und Julian Assange wissen wir bereits, wie stark die staatlichen Überwachungs-, Datensammel- und Kontrollmechanismen vor Covid-19 etabliert waren. Hierbei ist nicht von einer Überwachung im Sinne von „alles wird mitgehört" auszugehen. Vielmehr können Kommunikationen im Prinzip einfach aufgezeichnet und abgespeichert werden. Wenn dann irgendwo auf der Welt ein Mensch durch Rufmord ausgeschaltet werden soll, müssen die Aufzeichnungen nur nach kompromittierenden Inhalten durchsucht werden, die dann durch gezieltes Framing für Angriffe auf die Person instrumentalisiert werden können. Ein Beispiel der näheren Vergangenheit war die Ausschaltung des damaligen Bundespräsidenten Christian Wulff (132). Vor Gericht wurde er im Nachhinein von sämtlichen Korruptionsvorwürfen freigesprochen, jedoch war er zu diesem Zeitpunkt bereits aus seinem Amt vertrieben worden. Wulff war vorgeworfen worden, dass er sich als Ministerpräsident von Niedersachsen von einem Filmproduzenten zu einem Oktoberfestbesuch mit Hotel und Bewirtung einladen ließ und sich danach bei Siemens für eine Unterstützung dessen Filmprojekts eingesetzt hatte. Zudem hatte er einen Privatkredit für seine Eigenheimfinanzierung zu günstigen Konditionen angenommen. Besonders unter Druck geriet Wulf schließlich, nachdem er unüber-

legte Worte auf der Mailbox des Chefs der „Bild" Zeitung hinterlassen hatte. Wulf war durch sein hohes Amt besonders exponiert.
In Zukunft könnte aber jeder Mensch exponiert sein, da einfach
durch die unglaubliche Masse an gespeicherten Daten bei jedem
instrumentalisierbare Aussagen zu finden sein werden. Aufgrund
der Wandlungen des Zeitgeistes kann auch keiner mehr sicher
sein, dass Handlungen und Verhaltensweisen, die heute als vollkommen normal gelten, nicht später kriminalisiert oder zumindest
sozial geächtet werden können. „Social Credit" Systeme können
unterwürfig-regelkonformes Verhalten aller Menschen in einer
Gesellschaft in Echtzeit anstoßen. (Der englische Begriff
„Nudging" steht dafür, bestimmte Verhaltensweisen durch sanften
Zwang zu induzieren). Rohe Gewalt mit körperlicher Folter und
Ermordung von Systemgegnern oder Kritikern, wie in Orwells‘
1984 beschrieben, halte ich für eher unwahrscheinlich. Wahrscheinlich werden eher Sanktionen benutzt, die die Freiheit und
vor Allem die soziale Stellung angreifen. In einer Welt, in der elektronische Zahlungssysteme sich immer mehr verbreiten und möglicherweise in Kürze nicht-elektronische Zahlungssysteme (z.B.
Bargeld) gänzlich verdrängen werden, kann der Leviathan die Geschäftsfähigkeit seiner Untertanan problemlos graduell bis vollum-
fänglich einschränken. Der Prozess der Einschränkungen kannn
hierbei hochstandardisiert und regelkonform erfolgen, z.B. durch
automatische Kopplung des Sanktions- und Belohnungssystems
an den „Social Credit Score". Somit muss kein Mensch im Macht-
apparat mehr persönlich strafend tätig wirken, da die Strafe auto-

matisch durch das System verhängt wird. Es muss sich also niemand mehr die „Finger schmutzig machen". Es erfolgen Sanktionstaten ohne Täter.

Im Beruf kannn ich mich Telekonferenzen nicht entziehen, wenn ich nicht ganz ins Abseits geraten möchte und selbst der Totalverzicht auf ein Mobiltelephon könnte im Berufsleben auf Dauer Nachteile bringen. Aber immerhin kannn ich mein Mobiltelefon noch abschalten und im Prinzip kann ich auch ohne Mobiltelefon leben und mich frei bewegen. Auch bin ich im Moment noch ohne Mobiltelefon oder irgendein technisches Gerät gesellschafts- und geschäftsfähig (wenn auch schon etwas eingeschränkt). Physisch sind also Mensch- und Maschinenwelt noch getrennt. Der Informationsausstausch zwischen Mensch und Maschine (oder zwischen Menschen mit zwischengeschalteter Maschine) erfolgt über geschriebene Wörter, akustische Signale und optische Reize. Die Schnittstelle läßt sich also (noch) jederzeit kappen oder unterbrechen. Aber schon durch die immer zahlreicher werdenden, momentan immerhin noch physisch getrennten Schnittstellen zwischen Menschen und Technik, erscheint der Weg in eine Überwachungsgesellschaft kaum noch zu vermeiden.

Inzwischen gibt es Tech-Propheten, die uns den Mikrochip unter der Haut schmackhaft machen wollen. Hiermit wäre eine Dauerschnittstelle zur Anbindung an die Maschinenwelt geschaffen. Der Entzug des Menschen aus der Maschinenwelt kann dann prinzipiell unmöglich gemacht werden. Die meisten Menschen werden wahrscheinlich die Einpflanzung eines solchen Chips zunächst ablehnen und ich gehe nicht davon aus, dass auf großer Fläche Zwang angewendet werden wird, gehe aber auch davon aus, dass dies gar nicht notwendig ist.

Wenn man die Schnelligkeit der Fortschritte in Nano- und Computertechnologie betrachtet, ist davon auszugehen, dass die Verquickung der Menschen- und Maschinenwelt allmählich und geradezu unbemerkt erfolgt. Möglicherweise sogar aus Versehen, z.B. wenn Moleküle wie Scannercodes detektiert werden können. Denken wir uns einen hypothetischen Stoff, der in alle Menschen gelangt und sich in jedem Menschen zu einer für das Individuum einzigartigen Molekülstruktur verbindet. Dann müsste nur noch eine Detektionstechnologie für jenen Stoff gefunden werden und schon können sich die Maschinen in jeden Menschen auf der Welt „einhacken". Weniger elegant aber leichter steuerbar wäre die Beimischung von Nanorobotern in ubiqitäre Stoffe, die von jedem Menschen auf der Welt aufgenommen werden (z.B. in Nahrung, Wasser oder Luft).

Im Jahr 2020 wurden elektronische Impfpässe zum Gegenstand öffentlicher Debatten und Methoden zur bio-digitalen Markierung eines Impfstatus scheinen auch erwogen zu werden. Wenn man mit einem Impfstoff ein digital lesbares Markermolekül beimengen könnte, liesen sich Individuen, die den Impfstoff bekommen haben von denen unterscheiden, die ihn nicht bekommen haben. Entsprechend könnte man z.B. zur Seuchenbekämpfung die Reisefreiheit auf Menschen mit bio-digitalem Impfnachweis beschränken. Die „Digital Identity Alliance" hat sich die Schaffung digitaler Identitäten als Ziel gesetzt (https://id2020.org). Gemäß der Internetpräsenz der Initiative soll die Digitale ID vor allem für mehr Gerechtigkeit sorgen und insbesondere arme Menschen ohne Pass oder Kreditkarte schützen und ihnen Geschäftsfähigkeit sichern. Die digitale ID soll also allen Menschen dieser Welt die Möglichkeit zur politischen, sozialen und wirtschaftlichen Teilhabe sichern. Die Initiative erklärt die „Fähigkeit, beweisen zu können, wer Du bist zu einem fundamentalen, universellen Menschenrecht". Inwiefern eine globales Digitalidentitätensystem auch Nachteile haben könnte, überlasse ich den Überlegungen des Lesers.

Die Verdrängung realer sozialer Räume (durch virtuelle)

New York entwickelte sich während der Covid-19 Pandemie zu einem Hotspot hinsichtlich sowohl der Fallzahlen als auch der Medienberichterstattung. Gouverneur Andrew Cuomo profilierte sich als zupackender, strenger Krisenmanager, der nicht zögerlich war, drastische Freiheitsbeschränkung für die Gesundheitssicherheit zu verordnen. In der abklingenden Epidemie konferierte Cuomo mit Silicon Valley-Größen, um Chancen, die diese Krise birgt, wahrzunehmen. So hat Cuomo eine Expertenkommission für die Neukonzeption des Staates New York für die „Nach-Corona-Zeit" einberufen, die unter Leitung des ehemaligen

Google-Geschäftsführers Eric Schmidt steht. Schmidt hat schon klare Ankündigungen, wohin die Reise gehen soll, verlautbaren lassen (133, 134):

„Oberste Priorität bei dem, was wir tun wollen, haben Telemedizin, Onlineunterricht und Breitband."

Schmidt sieht sich hinsichtlich seiner Zukunftsvisionen im Einklang mit anderen Silicon Valley-Größen, vor allem mit Bill Gates, den er als Visionär sieht, mit dessen Hilfe und dessen Produkten ein „eleganteres Bildungssystem" möglich werde.

„... all diese Gebäude, alle diese materiellen Klassenräume – warum das, bei all der Technologie, die uns zur Verfügung steht?"

Sicherlich bieten moderne Kommunikationstechnologien viele Möglichkeiten im Bildungsbereich. Diese sollen hier gar nicht in Frage gestellt werden. Allerdings bedrohen Schmidts Visionen die meisten realen sozialen Interaktionsräume, die z.B. Bildungseinrichtungen darstellen. Wenn sämtliche zwischenmenschlichen Interaktionen über Computer erfolgen, müsste man jedem Menschen nur noch eine Wabe (Wohnung) zuweisen, die nur noch selten verlassen wird, im Bedrohungsfall (z.B. bei einer so deklarierten Pandemie) auch nur noch nach Einholen einer digitalen Genehmigung und unter Mitnahmepflicht einer digitalen Kennung (z.B. eines Smartphons). Das Zuhause würde nicht mehr der ausschließliche Rückzugsort sein, sondern über das Internet auch Schule, Arztpraxis, Sportstudio und in bestimmten Fällen (z.B. im Pandemiefall) Schutzort oder auch Gefängnis, z.B. wenn ein automatisches Social Credit System freiheitseinschränkende Sanktionen verhängt (133). Die Versorgung (Fütterung) könnte durch Lieferdienste sichergestellt werden und Bezahlsysteme würden nach Abschaffung des Bargelds auf dem Austausch von Daten beruhen.

Die digitale Schock-Strategie der Silicon Valley Milliardäre dürfte auch starke Unterstützer im amerikanischen Politapparat finden, da sie als entscheidend im strategischen Wettbewerb mit der Konkurrenzmacht China gilt. Nach einem von Schmidt verfassten Gutachten für die „National Security Commission on Artificial Intelligence (NSCAI)", führe die Überwachungskultur Chinas zu einem strategischen Vorteil gegenüber den USA in allen digitalen Schlüsseltechnologien und Bereichen wie z.B. der künstlichen Intelligenz in der Medizin, beim autonomen Fahren, bei smarten Städten und beim bargeldlosen Handel. China habe 3,5-mal mehr Menschen und somit Konsumenten als die USA, von denen im Gegensatz zu den US-Bürgern viele, aus der Armut kommend, erst neu als Konsumenten etabliert werden und somit direkt „digital" angebunden werden können, sei es bei Lieferdiensten oder digitaler Bezahlung. Aufgrund des Mangels an Ärzten in China besteht für viele Chinesen auch ein großer Bedarf hinsichtlich der Inanspruchnahme digitaler medizinischer Leistungen. Besonders hebt Schmidts NSCAI Gutachten die wirkmächtigen öffentlich-privaten Partnerschaften bei der Massenüberwachung und Datenerhebung als Wettbewerbsvorteil hervor.

Die öffentlich-privaten Partnerschaften sind aber keineswegs ein chinesisches Phänomen. Gerade in den USA besteht eine lange Tradition darin, strategisch relevante Technologien staatlich zu fördern und die entstandenen Produkte zur Gewinnabschöpfung in private Hände zu übergeben (135). Alle modernen computertechnologischen Entwicklungen, aus denen die großen internationalen Firmen des Silicon Valley hervorgegangen sind, wurden (und werden) durch staatliche Gelder, oft aus den in den USA besonders üppigen Pentagon-Budgets, gefördert bzw. profitierten von staatlich geförderter Forschung z.B. an Universitäten. Erzählungen über geniale Innovationen in Hinterhofgaragen durch weltfremde Nerds taugen für moderne Legenden, jedoch nicht zur Erfassung dessen, was wirklich die Digitalisierung vorantreibt. Das sind in erster Linie Geld und Macht. Durch das Heraufbeschwören der „Gelben Gefahr" kann Schmidt die Geldschleusen der amerikanischen Regierung öffnen.

Die technologischen Innovationen, welche die transhumanistischen Verschmelzungsprozesse zwischen Mensch und Maschine vorantreiben, sind also auch die Schlüsseltechnologien, um die sich lokal und global Macht und Kontrolle sowie wirtschaftlicher

Erfolg und Reichtum entwickeln. Demgegenüber erscheinen Werte wie gesellschaftliche und individuelle Freiheit und Demokratie wie David gegen Goliath. Nach der neolithischen Revolution setzte sich der Fortschritt (fortschrittlichere sesshafte Bauerngesellschaften) gegenüber der Freiheit (freiere und egalitäre Jäger-und-Sammlergesellschaften) durch.

18. The Great Reset – der große Neustart

Der in diesem Buch schon mehrfach erwähnte Historiker Yuval Harari war im Jahr 2018 zum Weltwirtschaftsforum in Davos eingeladen wo er einen an sein Buch „Homo Deus" angelehnten Vortrag hielt:

Die folgenden Vortragsabschnitte sind jeweils im Originalenglisch mit folgender Übersetzung wiedergegeben:

"I want to talk to you today about the future of our species and really the future of life. We are probably one of the last generations of *Homo sapiens*. Within a century or two earth, will be dominated by entities that are more different from us than we are different from neanderthals or chimpanzees. Because in the coming generations we will learn how to engineer bodies and brains and mind. These will be the main products of the economy, of the 21st century. Not textiles and vehicles and weapons, but bodies and brains and minds. But how exactly will the future masters of the planet look like? This will be decided by the people, who own the data. Those who control the data control not only the future of humanity, but the future of life itself."

" Ich möchte heute zu Ihnen über die Zukunft unserer Art reden und tatsächlich über die Zukunft des Lebens. Wir sind wahrscheinlich ein der letzten Homo sapiens Generationen. Innerhalb

eines oder zwei Jahrhunderten wird die Erde von Wesen bevölkert sein, die sich stärker von uns unterscheiden, als wir uns von Neandertalern oder Schimpansen unterscheiden. Denn in den kommenden Generationen werden wir lernen, Körper und Gehirne und Geist zu erschaffen. Diese werden die Hauptprodukte der Wirtschaft des 21. Jahrhunderts werden. Nicht Textilien, Fahrzeuge und Waffen, sondern Körper, Gehirne und Geist. Aber wie genau werden die zukünftigen Herrscher des Planeten aussehen? Dies wird von den Menschen, die die Daten besitzen entschieden werden. Die, welche die Daten kontrollieren, werden nicht nur die Zukunft der Menschheit kontrollieren, sondern die Zukunft selbst."

Today data is the most important asset in the world. In ancient times land was the most important asset. Too much land became concentrated in too few hands. Humanity split into aristocrats and commoners. Then in the modern age, in the last two centuries, machinery replaced land as the most important asset. And if too many of the machines became concentrated into few hands, humanity split into classes, into capitalists and proletariats. Now data is replacing machinery as the most important asset. And if too much of the data becomes concentrated in too few hands, humanity will split, not into classes, it will split into species.

Heutzutage sind Daten das wichtigste Vermögen der Welt. In früheren Zeiten war Land das wichtigste Vermögen. Zu viel Land war in zu wenigen Händen konzentriert. Die Menschheit spaltete sich in Aristokraten und Gemeine auf. Dann in der Moderne, in den letzten zwei Jahrhunderten, ersetzten Maschinen das Land als das wichtigste Vermögen. Und wenn zu viele Maschinen in zu wenigen Händen konzentriert waren, spaltete sich die Menschheit in Klassen, in Kapitalisten und Proletarier. Jetzt ersetzen Daten die Maschinen als die wichtigsten Vermögen. Und wenn sich zu viele der Daten in zu wenigen Händen konzentrieren, wird die Menschheit sich spalten, nicht in Klassen, sondern in Arten.

Now, why is data so important? It is important, because we have reached the point, when we can hack not only computers, we can hack human beings and other organisms. (….). So what do you need to hack a human being? You need a lot of data and a lot of computing power. Actually, biometric data, not data about what I buy, or where I go, but data about what is happening inside my body and inside my brain. (….)

Nun, warum sind Daten so wichtig? Sie sind wichtig, da wir einen Punkt erreicht haben, an dem wir nicht nur Computer hacken können, sondern Menschen und andere Organismen. (…). So, was braucht man, um einen Menschen zu hacken? Man braucht viele Daten und viel Computerrechenleistung. Tatsächlich braucht man biometrische Daten, also nicht Daten darüber, was ich kaufe oder wohin ich gehe, sondern Daten darüber, was innerhalb meines Körpers und innerhalb meines Gehirns passiert.

You can really summarize a 150 years of biological research since Charles Darwin in three words: 'Organisms are algorithms'. (....) And we are learning how to decipher these algorithms. Now, when the two evolutions merge, when the infotech revolution merges with the biotech revolution, what you get is the ability to hack human beings. (....). Once we have algorithms that can understand me better than I understand myself they could predict my desires, manipulate my emotions and even take decisions on my behalf. And if we are not careful the outcome might be the rise of digital dictatorships.

Tatsächlich kann man 150 Jahre biologischer Forschung seit Charles Darwin in drei Worten zusammenfassen: ‚Organismen sind Algorithmen". (…) und wir lernen dieser Algorithmen zu entschlüsseln. Jetzt, da die beiden Evolutionen verschmelzen, da die Infotechnologie mit der Biotechnologie verschmilzt, was entsteht ist die Fähigkeit, Menschen zu hacken. (…). Wenn wir erst einmal Algorithmen haben, die mich besser verstehen, als ich mich verstehe, können diese meine Begehren vorhersagen, meine Gefühle manipulieren und sogar an meiner Stelle Entscheidungen treffen. Und wenn wir nicht vorsichtig sind, könnte das Aufkommen digitaler Diktaturen das Ergebnis sein.

In the 20th century democracy generally outperformed dictator-ship, because democracy was better at processing data and mak-ing decisions. We are used to thinking about democracy and dic-tatorship in ethical or political terms, but actually these are two different methods to process information. Democracy processes information in a distributed way. It distributes the information and the power to make decisions between many institutions and indi-viduals. Dictatorship on the other hand concentrates all the infor-mation and power in one place.

Im 20. Jahrhundert war die Demokratie der Diktatur überlegen, da die Demokratie Daten besser verarbeiten und Entscheidungen treffen konnte. Wir haben uns daran gewöhnt, über Demokratie und Diktatur in ethischen oder politischen Begriffen zu reflektie-ren, aber tatsächlich sind sie zwei verschiedene Methoden der Datenverarbeitung. Demokratie verarbeitet Daten über verteilte Instanzen. Die Informationen und die Entscheidungsmacht wer-den über verschiedene Institutionen und Individuen verteilt. Dik-taturen hingegen konzentrieren alle Informationen an einer Stelle.

Now, given the technological conditions of the 20th century, dis-tributed data processing worked better than centralized data pro-cessing, which is one of the main reasons, why democracy out-performed dictatorship and why, for example the US economy out-performed the soviet economy. But this is true only under the unique technological conditions of the 20th century. In the 21st century new technological revolutions, especially AI and machine learning, might swing the pendulum in the opposite direction. They might make centralized data processing far more efficient than distributed data processing. And if democracy cannot adapt to these new conditions then humans will come to live under the rule of digital dictatorships. (…)

Nun, unter den Bedingungen des 20. Jahrhunderts funktioniert die verteilte Datenverarbeitung besser als die zentralisierte, welches eine der Hauptgründe sein dürfte, warum die Demokratie der Diktatur überlegen war und die US-Wirtschaft die Sowiet-Wirtschaft übertrumpfte. Aber dies gilt nur unter den einmaligen technologischen Bedingungen des 20. Jahrhunderts. Im 21. Jahrhundert könnten neue Technologien, besonders KI und Maschinenlernen, das Pendel in die andere Richtung schwingen. Sie könnten zentralisierte Datenverarbeitung weit effizienter machen als verteilte Datenverarbeitung. Wenn die Demokratie sich nicht an diese neuen Bedingungen anpassen kann, werden die Menschen unter der Macht einer digitalen Diktatur leben.

But control of data might enable human elites to do something even more radical than just build digital dictatorships. By hacking organisms elites may gain the power to reengineer life itself. (…) And if indeed we succed in hacking and engineering life, this will be not just the greatest revolution in humanity. This will be the greatest revolutions since the very beginning of life 4 billion years ago. (…) All of life was subject to the laws of natural selection and to the laws of organic biochemistry. But this is now about to change. Science is replacing evolution by natural selection with evolution by intelligent design.

„Aber die Kontrolle von Daten könnte menschliche Eliten zu etwas noch Radikalerem als dem Aufbau digitaler Diktaturen ermächtigen. Durch das Hacken von Organsimen, könnten Eliten die Macht gewinnen, das Leben selbst neu zu erschaffen. (…). Und wenn wir es tatsächlich schaffen, Leben zu hacken und neu zu erschaffen, wird dies nicht nur die größte Revolution der Menschheitsgeschichte sein. Dies wird die größte Revolution seit Beginn des Lebens vor 4 Milliarden Jahren sein. (…) Alles Lebende war bisher den Gesetzen der natürlichen Selektion und denen der Organischen Biochemie unterworfen. Aber das ändert sich gerade. Die Wissenschaft ersetzt die Evolution durch natürliche Selektion durch Evolution durch intelligentes Design.“

Science may enable life to break out into the inorganic realm. So after 4 billion years of organic life shaped by natural selection we are entering the era of inorganic life shaped by intelligent design. This is why the ownership of data is so important. If we don't regulate it, a tiny elite may come to control not just the future of human societies, but the shape of life forms in the future. (…) How do we regulate the ownership of data? The future, not just of humanity, but the future of life itself may depend on the answer to this question."

„Die Wissenschaft könnte es dem Leben ermöglichen in das Reich des Anorganischen vorzudringen. Nach 4 Milliarden Jahren organischen Lebens, geformt durch natürliche Selektion, dringen wir in das Zeitalter des Anorganischen Lebens, geformt durch intelligentes Design ein. Deshalb ist der Datenbesitz so wichtig. Wenn wir diesen nicht regulieren, dürfte eine kleine Elite nicht nur dazu kommen die künftigen menschlichen Gesellschaften zu kontrollieren, sondern die Beschaffenheit der Lebensformen in der Zukunft. (…) Wie kann man den Besitz von Daten regulieren? Die Zukunft, nicht nur der Menschheit, aber des Lebens selbst dürfte von der Antwort auf diese Frage abhängen."

Warum interessiert sich das Weltwirtschaftsforum für den Philosophen Harari?

Harari selbst ist zweifellos einer der visionären Denker unserer Zeit und ich habe seine Bücher immer auch als Warnung vor einer dystopischen Zukunft verstanden. Auch die Rede vor dem Weltwirtschaftsforum hat er wahrscheinlich mit guten Absichten gehalten. Wahrscheinlich wollte er davor warnen, dass Datenmachtkonzentration in wenigen Händen zu unheimlich großen, noch nie dagewesenen Ungleichheiten führt, zu einer Gesellschaft, in der die meisten Menschen zur vollkommen versklavten Klasse der Überflüssigen gehören werden.

Die maßgeblichen Akteure des Weltwirtschaftsforum haben sicherlich offene Ohren für Hararis Analysen, könnten aber anders gelagerte Intentionen haben. Hararis Intention möge darin liegen, vor entstehenden Ungleichheiten zu warnen. Die derzeitigen „Supermächtigen" mögen aber eher daran interessiert sein, die von Harari dargelegten gesellschaftlichen Phänomene so zu steuern, dass eigene Macht und Privilegien erhalten bleiben. „Supermächtige" sind in der Regel superreiche Individuen, die über multinationalen Organisationen (Firmen, Stiftungen) organisiert sind und durch Erbe und die Mechanismen des „The winner takes it all capitalism" zu Ihrer Stellung gekommen sind. Als Durchsetzungsorganisationen dienen, Think Tanks, Stiftungen, Internationale Organisationen, Politiker, Lobbyisten, Lehr- und Bildungssysteme, Finanzorganisationen und Geld. Selbst wenn diese Supermächtigen Individuen mehr gute als schlechte Absichten haben sollten, werden sich die Absichten durchsetzen, die den wirtschaftsdarwinistischen Mechanismen folgen.

Dass Harari beim Weltwirtschaftsforum (WWF) in Davos sprechen durfte ist sicherlich kein Zufall. Das WWF wird von uns als Veranstalter von Konferenzen, vor allem dem Jahrestreffen der Reichen und Mächtigen in Davos wahrgenommen, dabei dürfte diese als Stiftung organisierte Organisation weit mehr sein, als ein Konferenzveranstalter. Das selbsterklärte Ziel des WWF lautet

„den Zustand der Welt zu verbessern", woraus sich der Anspruch, die Welt aktiv zu gestalten ablesen lässt.

Diese aktive Gestaltung der Welt versucht das WWF derzeit durch die „Great Reset" Initiative, deren Ziel die Transformation der gesamten Weltwirtschaft ist, durchzusetzen. Die „Great Reset Initiative" soll eine 4. Industriellen Revolution zu einer digital-pharmazeutisch dominierten Ökonomie bewirken. Die erklärten Ziele des WWF enthalten fairere Märkte und mehr Gleichheit und Nachhaltigkeit in einer „stakeholder economy". Auf der Eingangsseite der „Great Reset" Initiative steht Covid-19 im Zentrum. Die Great Reset Initiative will demnach die globalen „stakeholder" dazu aufrufen, den Konsequenzen von Covid-19 mit der „Great Reset Initiative" zu begegnen, um die Welt zu verbessern (https://www.weforum.org/great-reset/).

De-facto ist es durch die Covid-19 Maßnahmen zu einem drastischen Einbruch der Weltwirtschaft gekommen, wobei insbesondere kleinere Unternehmen und Selbstständige leiden, während die großen Digitalkonzerne und auch die Pharmazeutische Industrie große Gewinne verbuchen. Hinsichtlich der Lieferwege kommt es zur Zerstörung der kleinen Geschäfte und einem Ausbau einiger weniger Firmen, allen voran Amazon, welche die weltweiten Vertriebsketten monopolisieren – eine Amazonisierung der Weltwirtschaft.

Die Ziele, die der WWF nach eigenem Bekunden mit dem „Great Reset" befolgt, sind durchaus wohlmeinende. Sie strukturieren sich um die „Sustainable Development Goals" (Nachthaltigen Entwicklungsziele) der Vereinten Nationen. Diese sind 1) Armut beenden 2) Ernährung sichern 3) Gesundes Leben 4) Bildung für alle 5) Gleichstellung der Geschlechter 6) Wasser und Sanitärversorgung 7) Nachhaltige und moderne Energie 8) Nachhaltiges Wirtschaftswachstum und Vollbeschäftigung 9) Widerstandsfähige Infrastruktur und nachhaltige Industrialisierung 10) Ungleichheit verringern 11) Nachhaltige Städte und Siedlungen 12) Verantwortungsvoller Konsum 13) Klimawandel bekämpfen 14) Bewahrung und nachhaltige Nutzung der Ozeane 15) Landökosysteme schützen 16) Frieden, Gerechtigkeit und starke Institutionen 17) Umsetzungsmittel und globale Partnerschaft stärken.

Diese Ziele sind alle sehr wohlklingend. Kritiker sagen, dass 17 Unterpunkte zu viel sind, als dass ein Mensch sie überblicken könnte. Befürworter argumentieren, dass eine komplexe Welt sich nur durch komplexe Konzepte erfassen läßt. Wenn also die Vereinten Nationen und die sie steuernden Organisationen und Lobbygruppen versuchen, ein derart umfassendes, möglichst vollständiges Bild der Ziele abzugeben, sollte man mal genauer hinsehen, welche Werte explizit nicht erwähnt sind. Hierbei fällt auf, dass Freiheitsrechte und demokratische Mitbestimmung mit Selbstbestimmung der Völker und Individuen nicht im Vordergrund stehen.

Eugenischer Transhumanismus als gerechtes Menschheitsprojekt?

Es ist nur noch eine Frage der Zeit, bis der Mensch gezielt in die Evolution der eigenen Art eingreifen wird. Diese Verbesserung einfach geschehen zu lassen, könnte aber zu schweren gesellschaftlichen Verwerfungen führen, wenn biologisch unterlegene Menschenarten mit biologisch überlegenen Menschenarten zusammenleben müssen. Aldous Huxley hat in seinem utopischen Roman „Brave New World" eine fiktive Gesellschaft, die durch genetische Klassen strukturiert ist, beschrieben, wobei die Zufriedentheit mit der eigenen Klassenzugehörigkeit genetisch mitverankert ist, so dass die Menschen zwar unfrei, aber zufrieden sind.

Entscheidend ist auch, ob genetische Verbesserungen im Wesentlichen über die Keimbahn erfolgen werden („Designerbabys") oder ob ein lebender *Homo sapiens* „verbessert" werden kann (kann ich mich durch Genmodifikation zu Lebzeiten intelligenter machen, den Alterungsprozess aufhalten und unsterblich werden?). Der Weg über die Keimbahn erfordert eine altruistische Elterngeneration, die den Kindern einen Vorteil verschaffen möchte. Theoretisch wäre die allmähliche Verbesserung der gesamten Menschheit von Generation zu Generation möglich, sozusagen als gemeinsames Menschheitsprojekt. Die Unterdrückung und Ausbeutung der jeweilig lebenden „unterlegenen Art" durch die zeitgleich lebende „überlegene Art" könnte so auch verhindert werden, da es sich bei der unterlegenen Art um die Eltern oder Großeltern der überlegenen Art handelte. Durch diese von Generation zu Generation erfolgende Optimierung könnte man sich die

Höherzüchtung des Menschen sogar als einigermaßen harmonisch ablaufende Utopie jenseits der grauenhaften, faschistoiden Szenarien, die einem sonst bei diesem Begriff in den Sinn kommen, vorstellen. Voraussetzung wäre aber ein weltweit koordiniertes Vorgehen. Und hier wird es dann eben doch wieder totalitär anmutend, da die freie Entscheidung des Individuums über den eigenen Körper, bzw. stellvertretend über die Genetik der eigenen Kinder, mit einem weltweit abgestimmten Vorgehen schwer vereinbar ist. Wer entscheidet, wie und wann Genommodifikationen für die nächste Generation auszusehen bzw. zu erfolgen haben? Welche Bedeutung haben Individualität und Elternschaft noch, wenn der Nachwuchs sowieso genetisch angeglichen wird? Und wie kann sichergestellt werden, dass die Genommodifikationen der Folgegeneration dann auch weltweit einheitlich durchgesetzt werden und nicht allerorten eigene, kompetitiv vorteilhafte Modifikationen eingebracht werden? Und was ist mit den sicherlich zahlreichen Menschen, die sich weigern, sich oder ihre Kinder genetisch modifizieren zu lassen?

Wenn wir aber den sich abzeichnenden eugenischen Transhumanismus den „Kräften des Marktes" überlassen, wird die Höherzüchtung des Menschen zu einem reinen Elitenprojekt werden. Genetische Optimierungen werden nur von reichen Menschen der globalen Oberschichten wahrgenommen werden können. Die der Erklärung der Menschenrechte zugrunde liegende Annahme, dass alle Menschen frei und wertgleich sind, würde hinfällig werden. Wahrscheinlich wäre es tatsächlich das Beste, den eugenischen Transhumanismus zu verhindern, allerdings bezweifle ich, dass das noch möglich ist. Schließlich ist dieses Übel bereits aus der Büchse der Pandora entwichen.

Insbesondere Eingriffe, die zur deutlichen Verlängerung des Lebens führen bis hin zum Konzept prinzipiellen Unsterblichkeit werfen neue existentielle Fragen für Gesellschaften und die ganze Menschheit auf: Wie könnte die Menschheit einem Überbevölkerungskollaps in wenigen Generationen entgehen, wenn plötzlich alle Menschen viele Hundert Jahre lebten und sich weiterhin fortpflanzten? Lebenszeit und Fortpflanzungsrechte würden dann zu einer zu verteilenden Ressource werden.

Durch die Verschmelzung von Mensch und Maschine können sich transhumanistische Kasten bilden mit priviligierten Schichten, die weitergehende Zugangsrechte im Internet haben und bessere Implantate tragen, deren Interaktion sie selbst stärker steuern können als Menschen niederer Sklavenkasten (Großteil der Menschheit). Ein „Offline"-Privileg, dass nur die obersten Kasten haben, ist z.B. denkbar, während der Masse der niederen Kasten dieses Privileg nicht zugestanden wird und diese auch kaum Steuerungsmöglichkeiten und somit keinerlei Privatsphäre mehr haben wird. Zugänge zu Macht und Einfluss lassen sich auch im virtuellen Raum über Zugangsrestriktionen streng regulieren. Gleichzeitig muss natürlich dafür gesorgt werden, dass die Menschen dennoch zufrieden, also zumindest materiell versorgt, sind und Zugang zu fesselnd unterhaltsamen und angenehmen virtuellen Welten erhalten. Im Grunde kann man ja jedem Individuum eine virtuelle Welt zugestehen, die dem Individuum gehört und in der das Individuum Macht und Einfluss, Wohlstand und Zufriedenheit,

Erfüllung und Befriedigung erfährt. Dann ist die höchste (oder niederste?) nur vorstellbare Ebene der Sklaverei erreicht, nämlich die Situation, in der sich die Sklaven gegen ihre eigene Versklavung nicht mehr erheben, sondern sich stattdessen mit ihr identifizieren. Würden Transhumanismus und Eugenik so ihre Vollendung finden?

19.   Epilog

Hararis' „Wer die Daten hat, der hat die Macht" enthält im Kern die altbekannte Weisheit „Wissen ist Macht". Harari warnt zu Recht vor einer Konzentration der Daten bei den wenigen Superreichen (und Mächtigen) der Welt. Die Netzwerke dieser Mächtigen operierten bisher meist im Verborgenen und auch heute noch dürften viele der mächtigsten Akteure weitgehend unbekannt sein. Allerdings ist diese Macht der Wenigen über die Vielen (Humes' Paradoxon) derzeit bedroht. Das Internet ermöglicht es nämlich den vielen sich zu vernetzen und Informationen ans Licht zu zerren und auszutauschen.

Im Jahr 2020 tobte der Kampf der Mächtigen um den Erhalt ihrer Macht und untereinander um die Macht besonders heftig. Solche Machtkämpfe dürften nichts Neues sein, jedoch sind diese Kämpfe im Jahr 2020 plötzlich auch für die Vielen, der Macht Unterworfenen, spürbar geworden. Natürlich sind nicht alle Reichen und Mächtigen „böse". Es ist sogar davon auszugehen, dass die „Vielen" der Macht unterworfenen auch mächtige Unterstützer unter den Reichen haben, die Frieden und Freiheit aller Menschen fördern. Ohne solch mächtige Unterstützung ist eine „Befreiung" der Menschen schwerlich denkbar. Allerdings besteht auch wieder die Gefahr, dass die „Vielen" passiv bleiben und auf einen „Erlöser" hoffen. Voraussetzung ist aber, dass genügend Menschen sich selbst „innerlich befreien", also ihr Handeln weniger von externen Einflüssen leiten lassen. Natürlich kann ein Mensch in einer komplexen Gesellschaft nicht vollkommen frei sein. Alltagsfreiheiten waren jedoch vor 2020 weltweit so ausgeprägt, dass die meisten Menschen die existierenden (Schein?) Freiheiten als zufriedenstellend empfanden. Erst die enormen globalen Freiheitseinschränkungen des Jahres 2020 haben dazu geführt, dass viele Menschen sich externer Unterdrückung- und Freiheitseinschränkungen erst bewusst geworden sind. Für viele der „Vielen" hat geradezu ein Prozess des Erwachens eingesetzt.

Viele der „Vielen" dürften auch zum ersten Mal gespürt haben, dass sie de facto eben nicht frei sind. Auch spürt man eine massive Erschütterung des Vertrauens in die „Regierenden". Ich schreibe absichtlich „spürt", da dieser Vertrauensverlust vielen gar nicht bewusst ist oder geradezu geleugnet wird. Man möchte sich nicht eingestehen, dass man sich im Grunde eben nicht den Herrschenden anvertrauen kann. Dies erschüttert jedoch ein tiefes Urvertrauen, dass in der menschlichen Evolution entstanden ist. Der Mensch hat eine jahrelange Abhängigkeitsphase (Kindheit), in der das Vertrauen auf die elterliche Macht ein Überlebensvorteil ist. Ohne Autoritäten, denen wir vertrauen können wollen, fühlen wir uns einsamer und verlorener.

Vertrauen ist an sich kein schlechter Zug, kann aber leider missbraucht werden. Das weltweite Ausmaß von Machtmissbrauch wird heutzutage dank unabhängiger Jedermann-Medien-portale ausgeleuchtet. Der Machtmissbrauch ist im Grunde leicht zu sehen. Der schwierigste Schritt scheint der vom „Sehen" zum „Einsehen" zu sein (unterbewusstes Leugnen des Gesehenen überwinden). Dieses Leugnen wird massiv von systemtreuen Medien gestützt. Die Medien sind entscheidend, wenn es darum geht Demokratische Elemente in der Entscheidungsfindung zu ermöglichen. Mehrheit und Wahrheit sind immerhin zwei verschiedene Stiefel. Mehrheitsentscheidungen können Wahrheiten schaffen und idealerweise fördern demokratische (Mehrheits-) Entscheidungen im Durchschnitt das Gemeinwohl. Dies setzt jedoch voraus, dass die individuelle Meinungsbildung durch unabhängige Informationen zu Stande kommt. Die „Systemmedien" und die wenigen internationalen Nachrichtenagenturen liegen jedoch sehr stark konzentriert in den Händen weniger Medienkonzerne. Dadurch war es diesen globalen Kartellen in den letzten Jahrzehnten möglich, die Meinung zu steuern. Formell galt in den westlichen Ländern Meinungsfreiheit. Wenn die Menschen Ihre Meinung frei äußern dürfen, ist es für die Machtausübenden wichtig sicherzustellen, dass die Mehrheitsmeinung deren Macht stützt. Durch die Freiheiten des Internets wird dieses Meinungsbildungskartell und damit die bestehende Macht angegriffen.

Wenn wer die Daten hat, die Macht hat, müssen, wenn die Macht verteilt werden soll, auch die Daten verteilt werden. Dezentralisierung statt Zentralisierung! Bei den Informationsmedien haben sich inzwischen viele unabhängige Akteure herausgebildet.

Diese werden zwar von den global-mächtigen Akteuren, die ihre über internationale Nachrichtenagenturen organisierte Propagandamacht herausgefordert sehen, bekämpft. Jedoch scheint wird sich die Wahrheitsfindung der Vielen nicht dauerhaft unterdrücken lassen. Die unabhängige Medienlandschaft ist inzwischen so weit verbreitet, dass die Mächtigen diese auf lange Sicht nicht eindämmen werden können. Die Zahnpasta ist aus der Tube!

Die vielen unabhängigen Akteure sind, wenn nach Kriterien der evolutionären Selektion betrachtet, aufgrund Ihrer Vielfalt und dezentralen Organisation auch resilient, bzw. antifragil. Je mehr zensiert und unterdrückt wird, umso stärker entlarvt sich das Medienmachtmonster der mächtigen Reichen. Im Gegensatz zu großen Medienhäusern und Nachrichtenagenturen haben die „kleinen Unabhängigen" auch viel mehr „Haut im Spiel". Hierdurch ist das Mediensystem der vielen Kleinen als Ganzes antifragil (wenn auch der einzelne Akteur viel stärker bedroht ist als ein gut bezahlter, systemkonformer Redakteur in einem großen Medienhaus). Das schädigende Prinzip der Mächtigen und der mächtigen Medienhäuser liegt darin, dass sie Macht ausüben, dabei jedoch nicht zur Verantwortung gezogen werden, wenn durch diese Macht Schaden entsteht. Diese Macht ohne Verantwortung wird durch die vielen kleinen Medienschaffenden immer deutlicher sichtbar gemacht (136).

Die traumatisierenden Entwicklungen, die uns im Jahr 2020 aufgezwungen wurden, mögen zwar für jeden einzelnen schmerzhaft und traumatisierend sein, lassen aber hoffen, dass immer mehr Menschen „erwachen", nach echter Selbstbestimmung streben, ihre Souveränität anstreben. Wenn hier eine kritische Masse erreicht wird, kann das Volk wenigstens zum Teil, die pro forma deklarierte Rolle als Souverän zurückholen, statt sich den Superreichen und internationalen Konzernen gänzlich zu unterwerfen.

Hinsichtlich der Transhumanistischen Entwicklungen, ist eine weltweite breite Diskussion notwendig, wie die Schnittstelle zwischen Menschen und Maschinenwelt zu gestalten und vor zu enger und irreversibler Verschmelzung zu schützen ist. Diese Schnittstellen sind derzeit unsere Sinne (sehen, spüren, hören). Mit implantierten Schnittstellen (z.B. Mikrochip unter der Haut oder im Muskelgewebe) würde die Schnittstelle der Eigenkontrolle entzogen. Wenn der Mensch frei bleiben will darf die Schnittstelle zwischen Mensch und Maschine nicht inkorporiert werden. Wir sind die Vielen. Wir schaffen das.

20. Referenzliste

1.   Taleb NN. Antifragile. Things that gain from disorder. London: Penguin Books; 2012.

2.   Fitts CA. Narco-Dollars for Beginners. "How the Money Works" in the Illicit Drug Trade. https://ratical.org/co-globalize/narcoDollars.html. .Zuletzt eingesehen am 28.9.2019. Narco News Bulletin. 2001.

3.   Staubach S. Woher wissen wir, wie alt die Erde ist? Vom Schöpfungsmythos zur modernen radiometrischen Datierung. http://www.forschung-frankfurt.uni-frankfurt.de/66791096/FoFra_2017_01_Messbare_Zeit_Woher_wissen_wir_wie_alt_die_Erde_ist.pdf. Zuletzt eingesehen am 10.2.2019. Forschung Frankfurt. 2017;1.

4.   Dawkins R. The Selfish Gene. 30th Aniversary Edition 2006. Oxford University Press. 1976.

5.   Ryan F. Virolution. . Harper Collins, London. 2009.

6.   Yong E. Note 3 in chapter 1. Living Isalnds in: I contain multitudes. The Microbes within us and a grander view of life. Vintage Penguin Random House, London. 2017.

7.   Watson T. The trickster microbes that are shaking up the tree of life. Nature. 2019;569(7756):322-4.

8.   Dodd MS, Papineau D, Grenne T, Slack JF, Rittner M, Pirajno F, et al. Evidence for early life in Earth's oldest hydrothermal vent precipitates. Nature. 2017;543(7643):60-4.

9.   Yong E. I contain multitudes. The Microbes within us and a grander view of life. Vintage Penguin Random House, London. 2017.

10. Dawkins R. The Gene Machine. In The Selfish Gene. 30th anniversary edition 2006. Oxford University Press. 1976.

11. SPON. Kambrium. Pflanzen sollen Explosion des Lebens verursacht haben. https://www.spiegel.de/wissenschaft/natur/kambrium-pflanzen-sollen-explosion-des-lebens-verursacht-haben-a-637148.html. Zuletzt eingesehen am 1. Juni 2019. SPON. 2009.

12. Knauth LP, Kennedy MJ. The late Precambrian greening of the Earth. Nature. 2009;460(7256):728-32.

13. Schwarz NG. Das Pandora Prinzip. Die zerstörerische Kraft der Schöpfung. BoD (Books on Demand) Hamburg-Norderstedt. 2019.

14. Rauchhaupt Uv. Fünfmal ging die Welt schon unter. http://www.faz.net/aktuell/wissen/massenaussterben-fuenfmal-ging-die-welt-schon-unter-14424429.html. Zuletzt eingesehen am 13.3.2018. FAZ. 2016.

15. Sobolev SV, Sobolev AV, Kuzmin DV, Krivolutskaya NA, Petrunin AG, Arndt NT, et al. Linking mantle plumes, large igneous provinces and environmental catastrophes. Nature. 2011;477(7364):312-6.

16. Bryson B. A Short History of Nearly Everything. Black Swan Books. 2003.

17. Pääbo S. Die Neandertaler und wir. Meine Suche nach den Urzeit-Genen. Fischer Taschenbuch. Frankfurt / Main. 2018.

18. Burger B. Australopithecus – The Taung Child (July 2018 Monthly Fossil). https://www.youtube.com/watch?v=p6LSLrAufn4. Zuletzt eingesehen am 27.1.2019. 2018.

19. Kimbel WH, Villmoare B. From Australopithecus to Homo: the transition that wasn't. Philos Trans R Soc Lond B Biol Sci. 2016;371(1698).

20. Kupferschmidt K. Die ersten Schlachter. https://www.tagesspiegel.de/wissen/urmenschen-die-ersten-schlachter/1901908.html. Zuletzt eingesehen am 14.6.2019. Der Tagesspiegel. 2010.

21. Biologie-Schule. Homo erectus. Homo erectus - Vorfahre des Menschen? http://www.biologie-schule.de/homo-erectus.php. Zuletzt eingesehen am 3.8.2019.

22. Dirks PH, Roberts EM, Hilbert-Wolf H, Kramers JD, Hawks J, Dosseto A, et al. The age of Homo naledi and associated sediments in the Rising Star Cave, South Africa. Elife. 2017;6.

23. Wesiberger M. What Made Ancient Hominins Cannibals? Humans Were Nutritious and Easy Prey. https://www.livescience.com/65431-ancient-human-cannibalism-calories.html. Zuletzt eingesehen am 29.9.2019. Live Science. 2019.

24. Prufer K, Racimo F, Patterson N, Jay F, Sankararaman S, Sawyer S, et al. The complete genome sequence of a Neanderthal from the Altai Mountains. Nature. 2014;505(7481):43-9.

25. Sutikna T, Tocheri MW, Morwood MJ, Saptomo EW, Jatmiko, Awe RD, et al. Revised stratigraphy and chronology for Homo floresiensis at Liang Bua in Indonesia. Nature. 2016;532(7599):366-9.

26. Warren M. Move over, DNA: ancient proteins are starting to reveal humanity's history. Nature. 2019;570:433-6.

27.   Callaway E. 'Hobbit' relatives found after ten-year hunt. Nature. 2016;534(7606):164-5.

28.   Callaway E. Did humans drive 'hobbit' species to extinction? https://www.nature.com/news/did-humans-drive-hobbit-species-to-extinction-1.19651. Zuletzt eingesehen am 29.9.2019. Nature News. 2016.

29.   Weyrich LS, Duchene S, Soubrier J, Arriola L, Llamas B, Breen J, et al. Neanderthal behaviour, diet, and disease inferred from ancient DNA in dental calculus. Nature. 2017;544(7650):357-61.

30.   DPA. Domestizierung. Wie der Wolf zum Hund wurde. http://www.spiegel.de/wissenschaft/natur/evolution-wie-der-wolf-zum-hund-wurde-a-1158578.html. Zuletzt eingesehen am 25.03.2019. SPON. 2017.

31.   Shook K. The Invaders: How Humans and Their Dogs Drove Neanderthals to Extinction, by Pat Shipman. https://www.timeshighereducation.com/books/the-invaders-how-humans-and-their-dogs-drove-neanderthals-to-extinction-by-pat-shipman/2019718.article#survey-answer. Zuletzt eingesehen am 25.03.2019. 2015.

32.   Sample I. Neanderthals may have feasted on meat and two veg diet. https://www.theguardian.com/science/2010/dec/27/neanderthals-cooked-diet-us-research. Zuletzt eingesehen am 5.8.2019. The Guardian. 2010.

33.   Stober D. Human culture, not smarts, may have overwhelmed Neanderthals, say Stanford researchers. https://news.stanford.edu/2016/02/04/neanderthals-feldman-culture-0204/. Zuletzt eingesehen am 5.8.2019. Stanford News. 2016.

34. Harari YN. Sapiens. A Brief History of Humankind. 2014.

35. Wolff H, Greenwood AD. Did viral disease of humans wipe out the Neandertals? Med Hypotheses. 2010;75(1):99-105.

36. Diamond J. Guns, Germs, and Steel. . WW Norton. 1997.

37. Mann CC. 1493. How Europe's Discovery of the Americas Revolutionized Trade, Ecology and Life on Earth. Granta Publications, London. . 2011.

38. Sanders R. Neanderthal genome shows evidence of early human interbreeding, inbreeding. https://news.berkeley.edu/2013/12/18/neanderthal-genome-shows-evidence-of-early-human-interbreeding-inbreeding/. Zuletzt eingesehen am 23.02.2019. Berkeley News. 2013.

39. Chen F, Welker F, Shen CC, Bailey SE, Bergmann I, Davis S, et al. A late Middle Pleistocene Denisovan mandible from the Tibetan Plateau. Nature. 2019;569(7756):409-12.

40. Diamond J. The World Until Yesterday. Penguin Books. 2013.

41. Kockott G, Fahrner EM. Band 9. Sexualstörungen des Mannes. In: Schulte D, Grawe K, Hahlweg K, Vaitl D. Fortschritte der Psychotherapie. Manuale für die Praxis. Hogrefe Verlag für Psychologie Göttingen Bern Toronto Seattle. 2000.

42. Hauch M. Lust auf Dissens. Heterosexualität in der De/Re/Konstruktion. In: Dannecker M, Reiche R. Sexualität und Gesellschaft. Festschrift für Volkmar Sigusch. Campus Verlag GmbH Frankfurt/Main. 2000:215-31.

43. Gromus B. Band 16. Sexualstörungen der Frau. In: Schulte D, Grawe K, Hahlweg K, Vaitl D. Fortschritte der Psychotherapie. Manuale für die Praxis. Hogrefe Verlag für Psychologie Göttingen Bern Toronto Seattle. 2002:3-8.

44.   Bräutigam W. Sexualmedizin im Grundriß. Georg Thieme Verlag Stuttgart. 1978:1-277.

45.   Sigusch V. Das Sex ABC. Notizen eines Sexualforschers. Campus Verlag Frankfurt / New York. 2016:1-316.

46.   Frickmann H. Der Einfluss von sexueller Erregung und Schlafentzug auf Neurotransmitter- und Neuropeptidsysteme des Goldhamsters (Mesocricetus auratus; Waterhouse 1839): Interaktionen mit dem Nucleus suprachismaticus, dem circadianen Oszillator der Säugetiere. Hochschulschrift . 2006:1-230.

47.   Birbaumer N, Schmidt RF. Motivation und Emotion. In: Schmidt RF, Schaible HG. Neuro- und Sinnesphysiologie. 4. Auflage. Berlin Heidelberg New York Barcelona Hongkong London Mailand Paris Singapur Tokio Springer. 2000:455-76.

48.   Frickmann H. Lustimpulse – Eine Novelle. In: Frickmann H. Blicke in Dunkel. Adoleszente Träume vom Bösen als Macht und ethischem Prinzip. BoD – Books on Demand, Norderstedt. 2018:363-541.

49.   Hatt H. Geruch. In: Schmidt RF, Schaible HG. Neuro- und Sinnesphysiologie. 4. Auflage. Berlin Heidelberg New York Barcelona Hongkong London Mailand Paris Singapur Tokio Springer. 2000:455-76.

50.   Sigusch V. Somatische Behandlungsversuche bei sexuellen Perversionen und sexueller Delinquenz. In: Sigusch V. Therapie sexueller Störungen. 2. Neubearbeitete und erweiterte Auflage. Georg Thieme Verlag Stuttgart New York. 1980:266-90.

51.   Haversath J, Garttner KM, Kliem S, Vasterling I, Strauss B, Kroger C. Sexual Behavior in Germany. Dtsch Arztebl Int. 2017;114(33-34):545-50.

52. Moeller ML. Die Wahrheit beginnt zu zweit. Das Paar im Gespräch. Rowohlt Taschenbuch Verlag GmbH Reinbek bei Hamburg. 1992:8-282.

53. Kanitscheider B. Das hedonistische Manifest. Hirzel Verlag Stuttgart. 2011:1-303.

54. Houellebecq M. (Übersetzer: Federmair, L.). Ausweitung der Kampfzone. Verlag Berlin: Wagenbach. 2012:1-172.

55. Houellebecq M. Les Particules Elementaires. Flammarion. Editions J'ai lu. 1998.

56. Mausfeld R. Angst und Macht. Herrschaftstechniken der Angsterzeugung in kapitalistischen Demokratien. Westend Verlag. 2019:107.

57. Laertius D. Leben und Meinungen berühmter Philosophen. Reich K (Herausgeber), Otto A (Übersetzer), Eberhardt M (Mitwirkender), Zekl HG (Mitwirkender). Felix Meiner Verlag Hamburg. 2015:1-739.

58. Schwarz NG. Das Pandora Prinzip. Die zerstörerische Kraft der Schöpfung. ISBN 9783748158110. BoD (Books on Demand) Hamburg-Norderstedt. 2019.

English Edition: The Pandora Principle. The destructive power of creation. 2019.

59. Frank F. Die Kausalität der Nagetierzyklen im Lichte neuer populationsdynamischer Untersuchungen an deutschen Microtinen. Zeitschrift für Morphologie und Ökologie der Tiere. 1954;43:321-56.

60. Calhoun JB. Population density and social pathology. Sci Am. 1962;206:139-48.

61.   Calhoun JB. Population density and social pathology. Calif Med. 1970;113(5):54.

62.   Rötzer F. Japan: Die Libido trocknet aus. https://www.heise.de/tp/features/Japan-Die-Libido-trocknet-aus-3369684.html. Zuletzt eingesehen am 1.9.2019. Telepolis. 2015.

63.   Milton K. Ernährung und Evolution der Primaten. https://www.spektrum.de/magazin/ernaehrung-und-evolution-der-primaten/821143. Zuletzt eingesehen am 13.10.2019. Spektrum der Wissenschaft. 1993;10:68.

64.   Peterson JB. 12 Rules for Life. An antidote to chaos. Allen Lane. Penguin House UK. 2018.

65.   von Kittliz A. Die Hummergesellschaft. Warum wir uns weniger auf die "Natur" berufen sollten. Die Zeit. 2018;52.

66.   Lorenz K. Das sogennate Böse. Zur Naturgeschichte der Aggression. dtv Verlag Sachbuch. (Erstauflage 1963). 1974.

67.   Thieme H. Lower Palaeolithic hunting spears from Germany. Nature. 1997;385(6619):807-10.

68.   Arnold F. Lernen von Joseph Schumpeter. Der Unordnungspolitiker. https://www.spiegel.de/wirtschaft/oekonom-joseph-schumpeter-und-der-prozess-der-schoepferischen-zerstoerung-a-823853.html. Zuletzt eingesehen am 1.10.2019. Spiegel Online. 2012.

69.   Hlubik S, Berna F, Feibel C, Braun D, Harris JW. Researching the Nature of Fire at 1.5 Mya on the Site of FxJj20 AB, Koobi Fora, Kenya, Using High-Resolution Spatial Analysis and FTIR Spectrometry. Current Anthropology. 2017;58(Suppl. 16):S243-S57.

70.   Kaplan M. Million-year-old ash hints at origins of cooking. https://www.nature.com/news/million-year-old-ash-hints-at-

origins-of-cooking-1.10372. Zuletzt eingesehen am 1.10.2019. Nature News. 2012.

71.   Stahlschmidt MC, Miller CE, Ligouis B, Hambach U, Goldberg P, Berna F, et al. On the evidence for human use and control of fire at Schoningen. J Hum Evol. 2015;89:181-201.

72.   Roebroeks W, Villa P. On the earliest evidence for habitual use of fire in Europe. Proc Natl Acad Sci U S A. 2011;108(13):5209-14.

73.   Bröckers M. Lebewesen haben sich nicht egoistisch im Kampf, sondern durch Kooperation und Symbiose entwickelt. Eine Rezension des Buches "Der symbiotische Planet" von Lynn Margulis. Nachdenkseiten. 2018.

74.   Schmudlach D. Archäologisches Lexikon. Mit Feuerstahl und Zunder: Das Schlagfeuerzeug. http://www.landschaftsmuseum.de/Seiten/Lexikon/Feuerzeug.htm. Zuletzt eingesehen am 13.8.2019. . 2010.

75.   Robbins J. What Ever Happened to Public Transportation? Zuletzt eingeshen am 20.12.2018. The Huffington Post. 2010.

76.   Seewald B. Gegen diesen Skandal ist VWs Dieselgate ein Klacks. https://www.welt.de/geschichte/article150014809/Gegen-diesen-Skandal-ist-VWs-Dieselgate-ein-Klacks.html. Zuletzt eingesehen am 1.10.2019. Wlet online. 2015.

77.   Lüders M. Wer den Wind sät: Was westliche Politik im Orient anrichtet. Beck Verlag. 2015.

78.   Ganser D. Illegale Kriege. Wie die NATO Länder die UNO sabotieren. Eine Chronik von Kuba bis Syrien. Orell Füssli Verlag. 2016.

79.   Gutjahr M, Ridgwell A, Sexton PF, Anagnostou E, Pearson PN, Palike H, et al. Very large release of mostly volcanic carbon during the Palaeocene-Eocene Thermal Maximum. Nature. 2017;548(7669):573-7.

80.   Harari YN. Homo Deus. A Brief History of Tommorrow. Vintage, Penguin Random House. 2016.

81.   Harari YN. 21 Lessons for the 21st century. Vintage, Penguin Random House. 2018.

82.   Commerce. Co. Student Loan Statistics. https://www.chamberofcommerce.org/student-loan-statistics/. Zuletzt eingesehen am 1.10.2019.

83.   Dennett DC. From Bacteria to Bach. The Evolution of Minds. Penguin Books, London. 2017.

84.   Werner P. Zum Verhältnis Charles Darwins zu Alexander v. Humboldt und Christian Gottfried Ehrenberg. https://www.uni-potsdam.de/romanistik/hin/hin18/werner.htm. Zuletzt einegesehen am 2.10.2019. Internationale Zeitschrift für Humboldt Studien. 2009;18.

85.   GBS. Giordano Bruno Stiftung. Die große Harari-Ver(w)irrung. Waren die Nazis wirklich „Humanisten"?. https://www.giordano-bruno-stiftung.de/meldung/die-grosse-harari-verwirrung. Zuletzt eingesehen am 06.07.2019. 2017.

86.   Mies U, Wernicke J. Fassadendemokratie und tiefer Staat. Promedia Verlag. 2017.

87.   Heid L. Wie die jüdischen Deutschen vogelfrei wurden. https://www.sueddeutsche.de/politik/nuernberger-blutgesetze-wie-die-juedischen-deutschen-vogelfrei-wurden-1.3728865. Zuletzt eingesehen am 25.12.2019. Süddeutsche Zeitung. 2017.

88.   Koop V. Dem Führer ein Kind schenken. Die SS-Organisation "Lebensborn e.V." Böhlau Verlag, Köln. 2007.

89.   Herman ES, Chomsky N. Manufacturing Consent: The Political Economy of the Mass Media. Neudruck Auflage. Pantheon Books, New York 2002, ISBN 978-0-375-71449-8.

90.   Signer D. Weniger Kinder, mehr Wachstum. https://www.nzz.ch/international/demografie-in-afrika-weniger-kinder-mehr-wachstum-ld.1308410. Zuletzt eingesehen am 16.5.2018. Neue Züricher Zeitung. 2017.

91.   Neshani F. Neue Familienpolitik in der Islamischen Republik. http://iranjournal.org/gesellschaft/neue-familienpolitik-in-der-islamischen-republik. Zuletzt eingesehen am 21.10.2019. Iran Journal. 2011.

92.   Karberg S. Berliner Erfinderin der Gen-Schere äußert sich zu Crispr-Babys. https://www.tagesspiegel.de/wissen/keimbahneingriff-mit-crispr-berliner-erfinderin-der-gen-schere-aeussert-sich-zu-crispr-babys/23690716.html. Zuletzt eingesehen am 8.9.2019. Tagesspiegel.

93.   Normile D. CRISPR bombshell: Chinese researcher claims to have created gene-edited twins. https://www.sciencemag.org/news/2018/11/crispr-bombshell-chinese-researcher-claims-have-created-gene-edited-twins. Zuletzt eigesehen am 19.03.2019. 2018.

94.   Maier R, Akbari A, Wei X, Patterson N, Nielsen R, Reich D. No statistical evidence for an effect of CCR5-32 on lifespan in the UK Biobank cohort. Nat Med. 2019.

95.   Zhou M, Greenhill S, Huang S, Silva TK, Sano Y, Wu S, et al. CCR5 is a suppressor for cortical plasticity and hippocampal learning and memory. Elife. 2016;5.

96.   Joy MT, Ben Assayag E, Shabashov-Stone D, Liraz-Zaltsman S, Mazzitelli J, Arenas M, et al. CCR5 Is a Therapeutic Target for Recovery after Stroke and Traumatic Brain Injury. Cell. 2019;176(5):1143-57 e13.

97.   Regelado A. China's CRISPR twins might have had their brains inadvertently enhanced. https://www.technologyreview.com/s/612997/the-crispr-twins-had-their-brains-altered/. Zuletzt eingesehen am 23.03.2019. MIT Technology Reviews. 2019.

98.   Fredericks A, Spolar M. The Story of Dolly the Cloned Sheep. https://www.youtube.com/watch?v=tELZEPcgKkE. Retro Report. The New York Times. Zuletzt angesehen 23.03.2019. 2013.

99.   Cibelli J. More lessons from Dolly the sheep: Is a clone really born at age zero? http://theconversation.com/more-lessons-from-dolly-the-sheep-is-a-clone-really-born-at-age-zero-73031. Zuletzt eingesehen am 30.03.2019. The Conversation. 2017.

100.   Sinclair KD, Corr SA, Gutierrez CG, Fisher PA, Lee JH, Rathbone AJ, et al. Healthy ageing of cloned sheep. Nat Commun. 2016;7:12359.

101.   The University of Edinburgh. Centre for Regenerative Medicine. The Life of Dolly. http://dolly.roslin.ed.ac.uk/facts/the-life-of-dolly/. Zuletzt eingesehen am 30.03.2019. 2016.

102. Shukman D. China cloning on an 'industrial scale'. https://www.bbc.com/news/science-environment-25576718. Zuletzt eingesehen am 30.03.2019. BBC News. 2014.

103. Fu F, Huu VAN, Duan Y, Kermany DS, Valentim CCS, Zhang R, et al. Clinical applications of retinal gene therapies. Precision Clinical Medicine. 2018;1(1).

104. Miraldi Utz V, Coussa RG, Antaki F, Traboulsi EI. Gene therapy for RPE65-related retinal disease. Ophthalmic Genet. 2018;39(6):671-7.

105. Marshall E. Gene therapy death prompts review of adenovirus vector. Science. 1999;286(5448):2244-5.

106. Singh R, Hatt L, Ravn K, Vogel I, Petersen OB, Uldbjerg N, et al. Fetal cells in maternal blood for prenatal diagnosis: a love story rekindled. Biomark Med. 2017;11(9):705-10.

107. Taneja PA, Prosen TL, de Feo E, Kruglyak KM, Halks-Miller M, Curnow KJ, et al. Fetal aneuploidy screening with cell-free DNA in late gestation. J Matern Fetal Neonatal Med. 2017;30(3):338-42.

108. Piketty T. Le Capital au XXIe siècle. Editions du Seuil. Paris. 2013.

109. Chmosky N. Who rules the world? Hamish Hamilton. 2016.

110. Mausfeld R. Warum schweigen die Lämmer? Wie Elitendemokratie und Neoliberalismus unsere Gesellschaft und unsere Lebensgrundlagen zerstören. Westend Verlag. 2018:128.

111. Meredith M. The State of Africa. A History of the Continent since Independance. Simon & Schuster. London. . 2013.

112.   Meredith M. The Graves are not yet full. In: The State of Africa. A History of the Continent since Independance. Simon & Schuster. London. . 2013:485-523.

113.   Kurzweil R, Grossman T. Three Bridges to Immortality. https://transcend.me/pages/three-bridges-to-immortality. Zuletzt eingesehen am 27.03.2019. Transcend. 2019.

114.   Rossger K, Charpin-El-Hamri G, Fussenegger M. A closed-loop synthetic gene circuit for the treatment of diet-induced obesity in mice. Nat Commun. 2013;4:2825.

115.   Dorn J. Mit Speed in den Blitzkrieg. https://www.faz.net/aktuell/gesellschaft/gesundheit/die-karriere-des-crystal-meth-14113009.html. Zuletzt eingesehen am 29.12.2019. FAZ. 2016.

116.   Commitee. C. Final report of the Select Committee to Study Governmental Operations with Respect to Intelligence Activities, United States Senate : together with additional, supplemental, and separate views. https://archive.org/details/finalreportofsel01unit. Zuletzt eingesehen am 26.9.2019. Boston Public Library. 1976.

117.   Mausfeld R. Angst und Macht. Herrschaftstechniken der Angsterzeugung in kapitalistischen Demokratien. Westend Verlag. 2019:86-7.

118.   Passoth N. CRISPR/Cas - Technologische und ethische Implikationen des genetischen Enhancements für die Wehrmedizin. . Wehrmedizinische Monatsschrift. 2019;63(9):322-31.

119.   Tian N, Fleurant A, Kuimova A, Wezeman PD, Wezeman ST. Trends in World Military Expenditure, 2018. SIPRI Fact Sheet. April 2019. https://www.sipri.org/sites/default/files/2019-

04/fs_1904_milex_2018_0.pdf. Zuletzt eingesehen am
29.12.2019. 2019.

120.   Centre européen Robert Schuman. Partenariat Educatif.
Grund TVIG 2009-2011. Bilanz in Ziffern des Ersten Weltkrieges.
http://www.centre-robert-
schuman.org/userfiles/files/REPERES%20-%20Modul%201-1-
1%20-%20Notiz%20-
%20Bilanz%20in%20Ziffern%20des%20Ersten%20Weltkrieges
%20-%20DE.pdf. Zuletzt eingesehen am 12.4.2018. 2011.

121.   Kloth M. Grippe-Katastrophe von 1918/19: "Nehmen Sie
alle Tischler und lassen Sie Särge herstellen".
http://www.spiegel.de/einestages/grippe-katastrophe-von-1918-
19-a-948269.html. Zuletzt eingesehen am 13.4.2018. Spiegel
Online. 2008.

122.   Pinker S. The Better Angels of Our Nature: Why Violence
Has Declined. Viking Books. 2011.

123.   Wallace-Wells. The Uninhabitable Earth. A Story of the
Future. Penguin Random House, UK. 2019.

124.   Hofbauer H. Kritik der Migration. Wer profitiert und wer
verliert. Promedia Verlag, Wien. 2018.

125.   Collier P. Die unterste Milliarde. Warum die ärmsten
Länder scheitern und was man dagegen tun kann.
Originalenglisch „The Bottom billion, Random Haus 2007"
Pantheon Verlag, München. 2017.

126.   Gupta OD. Angst vor der Bombe. Serie: Albtraum
Atombombe (1). http://www.sueddeutsche.de/politik/serie-
albtraum-atom-leben-mit-der-angst-vor-der-bombe-1.983703.
Zuletzt eingesehen am 8.3.2018. Süddeutsche Zeitung. 2010.

127.   Steffen W, Sanderson A, Tyson PD, Jäger J, Matson PA, B. M, et al. Global Change and the Earth System: A Planet Under Pressure. http://www.igbp.net/download/18.1b8ae20512db692f2a6800077 61/1376383137895/IGBP_ExecSummary_eng.pdf. Zuletzt eingesehen am 15.3.2019. 2004.

128.   Allen JG, MacNaughton P, Satish U, Santanam S, Vallarino J, Spengler JD. Associations of Cognitive Function Scores with Carbon Dioxide, Ventilation, and Volatile Organic Compound Exposures in Office Workers: A Controlled Exposure Study of Green and Conventional Office Environments. Environ Health Perspect. 2016;124(6):805-12.

129.   Satish U, Mendell MJ, Shekhar K, Hotchi T, Sullivan D, Streufert S, et al. Is CO_2 an indoor pollutant? Direct effects of low-to-moderate CO_2 concentrations on human decision-making performance. Environ Health Perspect. 2012;120(12):1671-7.

130.   Umweltbundesamt. Gesundheitliche Bewertung von Kohlendioxid in der Innenraumluft. Mitteilungen der Ad-hoc-Arbeitsgruppe Innenraumrichtwerte der Innenraumlufthygiene-Kommission des Umweltbundesamtes und der Obersten Landesgesundheitsbehörden. Bundesgesundheitsblatt. 2008;51:1358-69.

131.   Spomedial. Kohlendioxidtransport und Pufferung. http://vmrz0100.vm.ruhr-uni-bochum.de/spomedial/content/e866/e2442/e4446/e4451/e4515/i ndex_ger.html. Zuletzt eingesehen am 26.1.2019. 2009.

132.   Greven L. Wulff-Freispruch. Endlich Schluss. Zeit Online. https://www.zeit.de/politik/deutschland/2014-06/wulff-staatsanwaltschaft-urteil-rechtskraft-kommentar. Zuletzt eingesehen am 3. Juni 2020. ZON. 2014.

133. Klein N. Digitale Schock-Strategie. New Yorks Gouverneur Andrew Cuomo will gemeinsam mit US-Milliardären eine High-Tech-Dystopie errichten. Übersetzung des Originaltextes von Naomi Klein „Screen New Deal" durch Matthias Thomsen. https://www.rubikon.news/artikel/digitale-schock-strategie. Zuletzt eingesehen am 5 Juni 2020. Rubikon. 2020.

134. Klein N. Screen New Deal. Under Cover of Mass Death, Andrew Cuomo Calls in the Billionaires to Build a High-Tech Dystopia. https://theintercept.com/2020/05/08/andrew-cuomo-eric-schmidt-coronavirus-tech-shock-doctrine/. Zuletzt eingesehen am 11.3.2021. The Intercept. 2020.

135. Chomsky N. Knowledge and Power. In Masters of Mankind. Essays and lectures, 1969-2013. Haymarket Books, Chicago, 2014. 1970.

136. Taleb NN. Skin in the Game. Hidden Asymmetries in Daily Life. Penguin Random House UK. 2018.

Notizen